U0231730

本书是教育部人文社会科学研究一般项目《"水合同"制度研究：水资源合理配置的私法路径探索》（12YJA820048）和甘肃省财政厅高校基本科研业务费项目《西部缺水地区节水型城市建设的制度保障》（甘财教［2012］129号）的研究成果。

马育红 刘欢欢 著

水合同制度研究

水资源合理配置的私法路径探索

SHUIHETONG ZHIDU YANJIU
SHUIZIYUAN HELI PEIZHI DE SIFA LUJING TANSUO

中国政法大学出版社

2017·北京

图书在版编目（CIP）数据

水合同制度研究/马育红，刘欢欢著．—北京：中国政法大学出版社，2017.10
ISBN 978-7-5620-7836-4

Ⅰ.①水…　Ⅱ.①马…　②刘…　Ⅲ.①水资源管理－研究－中国
Ⅳ.TV213.4

中国版本图书馆CIP数据核字(2017)第263468号

出 版 者　中国政法大学出版社
地　　址　北京市海淀区西土城路25号
邮寄地址　北京100088信箱8034分箱　邮编100088
网　　址　http://www.cuplpress.com（网络实名：中国政法大学出版社）
电　　话　010-58908586(编辑部)　58908334(邮购部)
编辑邮箱　zhengfadch@126.com
承　　印　固安华明印业有限公司
开　　本　880mm×1230mm　1/32
印　　张　10.625
字　　数　260千字
版　　次　2017年10月第1版
印　　次　2017年10月第1次印刷
定　　价　46.00元

前　言

|PREFACE|

水资源短缺正在成为21世纪最紧张的资源问题，中国亦处于水资源危机的漩涡之中。为应对水资源危机，解决水资源紧缺问题，我们应当合理配置水资源，以实现其高效利用。从世界各国水资源配置的状况来看，水资源配置的手段主要是计划配置（政府配置或行政配置）和市场配置。在我国社会主义市场经济体制下组合运用两种配置手段才能真正实现水资源的合理配置。对于水资源市场的调整应当建立水资源财产权及其流转法律制度，涉及民法中的物权制度和合同制度。具体而言，需要建构水资源物权法律制度和水资源物权流转法律制度——“水合同”制度。学界从物权角度对水资源私法制度的研究较为深入，但除有关水权转让合同的研究之外，甚少从合同制度的角度来分析这一重大理论与现实问题。基于环境合同制度的理论证成，初始水权分配、水权市场、水权交易及水所有权的移转都可以且需要合同作为其外在形式并可依据合同作为确定相应权利义务关系的依据。其中，水权出让合同即是为用水人设定水权，属于设定用益物权的合同；水权转让合同是移转水权的合同；供用水合同则可以使用水人取得水所有权。

CONTENTS 目　录

CHAPTER1

第一章

水资源合理配置的模式选择与私法实现路径

水资源短缺正在成为21世纪最紧张的资源问题，中国亦处于水资源危机的漩涡之中。人均占有水资源量极低、水资源分布不均、水资源污染问题严重、水资源浪费问题突出、庞大的人口总量等原因造成了我国当下的水资源危机。为应对水资源危机，解决水资源紧缺问题，我们应当合理配置水资源，以实现其高效利用；建设节水型社会，避免水资源的浪费；控制水污染、加强水污染治理、提高水质，以增加可用水量。从世界各国水资源配置的状况来看，水资源配置的手段主要是计划配置（政府配置或行政配置）和市场配置。在我国当下社会主义市场经济体制下组合运用两种配置手段才能真正实现水资源的合理配置，因此，水资源合理配置模式应为有计划的市场配置模式。对于水资源配置的法律调整应当有两套基本的法律制度体系，一是水资源计划法律制度；二是水资源财产权及其流转法律制度，涉及民法中的物权制度和合同制度。具体而言，需要建构水资源物权法律制度和水资源物权流转法律制度——“水合同”制度。

第一节　水资源危机及其应对

一、水资源概述

（一）水资源的概念

1. 学界对水资源的概念从不同角度加以界定

有的学者认为：从自然资源的概念出发，水资源可定义为与人类生产和生活相关的天然水源。广义的水资源应为一切可被人类利用的天然水，狭义的水资源是指被人类开发利用的那部分水。有的学者认为：水资源一般是指生活用水、工业用水和农业用水，此称为狭义的水资源；广义的水资源还包括航运用水、能源用水、渔业用水以及工矿水资源与热水源等，概言之，一切具有利用价值、包括各种不同来源或不同形式的水，均属于水资源范畴。有的学者认为：水资源包含水量和水质两个方面，是人类生产生活及生命存在不可替代的自然资源和环境资源，是在一定的经济技术条件下能够为社会直接利用或待利用，参与自然界水分循环，影响国民经济的淡水。有的学者认为：水资源是具有一定的赋存形态、数量和质量的，能够被人们以不同形式所利用并为其带来福利或形成利用价值的水源。它不仅包括原生水，也包括通过人工活动还原为不同自然赋存形态的次生水；它不仅包括人们在日常社会生活和各类生产经营中直接加以利用的水源，而且也包括通过其他途径被人们加以利用的水源。[1]有的学者认为，水资源是一种可以循环往复不断更新的动态资源，水资源广义上是指地球上所有形式存在

---

〔1〕 参见王新程：《水资源有计划市场配置理论》，中国环境科学出版社 2005 年版，第 9~10 页。

的水体，包括气态水、固态水和液态水。但水资源一般是指与人们的生产和生活关系密切而且可以逐年更新与恢复，并且长时间保持动态平衡的淡水资源量。〔1〕有的学者认为："水资源是一个总括性概念，既包括咸水，亦包括淡水；既包括液态水，又包括气态水和固态水；既包括地表水，亦涵括地下水。"〔2〕有的学者认为："水资源是指自然界通过大气水文循环系统和人工活动生成的各种可供人类以不同形式利用的淡水，它包括冰川、河流、湖泊、水库中的地表水、地下水，处理以后的污水、洪水及经过技术处理后的脱盐水。其中各种自然生成的地表水和地下水均属于原水，是自然界的生命之源。"〔3〕

对于从各种不同角度对水资源的界定，裴丽萍教授认为："因为水资源是水文、水利、环境资源、经济、法律等学科都广泛涉及的一个概念，所以存在不同角度、不同含义的定义是自然的，由于其出发点不同，相对应特定的学科领域而言，这些不同都具有合理的因素。"〔4〕而所有这些对水资源概念的定义对我们从法学学科的角度界定水资源的概念具有重要的参考价值。

2. 法律所调控的水资源概念的界定

1977年联合国教科文组织（UNESCO）建议将其定义为："水资源应指可以利用或有可能被利用的水源，这个水源应具有足够的数量和可用的质量，并能在某一地点满足某种需要而可被利用。"这一定义包含以下内涵：①水资源能够满足人类需

〔1〕许有鹏等：《城市水资源与水环境》，贵州人民出版社2003年版，第2页。

〔2〕彭诚信、单平基："水资源国家所有权理论之证成"，载《清华法学》2010年第6期。

〔3〕王新程：《水资源有计划市场配置理论》，中国环境科学出版社2005年版，第10页。

〔4〕裴丽萍：《可交易水权研究》，中国社会科学出版社2008年版，第2页。

求，能够满足人类需求的物品才有效用，而效用是价值的源泉，也就是说，水资源具有内在价值。②水资源必须能够为人类控制和利用，这就是为什么目前水资源通常仅指淡水资源，而且为立法所规范的水资源仅指地表水和地下水。"法律所调控的水资源仅指能为人类所控制的淡水资源。"[1]③水资源应当具有一定的数量和质量。人们对水资源的利用方式主要有两种，一种是消耗性用水，即将水抽取出来加以利用，如工业生产用水、农业灌溉用水、生活用水等；一种是非消耗用水，即不离开原来的水体进行使用，如养殖、航运、发电、观赏、娱乐等。无论哪种方式，都对水量和水质有一定的要求。如果水资源不能够达到一定的数量和质量要求，就不能满足人类的需要，就不具有使用价值。水资源属于一种流动资源，"流动资源的数量可用单位时间的体积或能量单位等尺度来衡量"。[2]同一种资源，不同的用途有不同的质量要求，比如，饮用水水质标准比工业用水水质标准要求就应当更加严格，水资源的不同质量属性亦影响着它的使用价值。因此，可衡量的数量和质量是水资源不同使用价值的重要体现，离开数量和质量就无法界定水资源的价值。

我国水法和其他各国立法一样，都采用列举的方式对水资源范围作了近似的界定。例如，我国《水法》第 2 条第 2 款规定："本法所称水资源，包括地表水和地下水。"1991 年《以色列水法》第 2 条规定："水资源是指泉水、溪流、江河、湖泊以及所有的其他各种水流和水面，不论它们是地面的还是地下的，自然的还是经过人工调节的，或者是已经做了开发的，也不论

---

〔1〕 单平基：《水资源危机的私法应对——以水权取得及转让制度研究为中心》，法律出版社 2012 年版，第 21 页。

〔2〕 流动资源的利用必须是及时的，当时未加有效利用、收集或储存的这种资源，过后再也得不到了。……流动资源一旦储存起来，就变成储存资源。［美］阿兰·兰德尔：《资源经济学》，施以正译，商务印书馆 1989 年版，第 14 页。

其中的水是流动的还是静止的，是经常过水的还是间断过水的（包括排水和排污）。”1997年《南非共和国水法》第1条规定：“水资源包括水道、地表水、河口和地下含水层。”

这种界定方法“虽然比较直观，但没有揭示出水资源的基本构成要素，亦无助于我们借助定义认识水资源的本质”。[1]建议在我国未来的相关立法中采用概括和列举相结合的方式对水资源进行界定，即水资源是指在现阶段经济技术条件下，人类可以控制、利用的水资源，包括大气降水形成的地表径流，流入江河、湖泊、沼泽和水库中的地上水资源，渗入地下的地下水资源以及其他人类可以控制、利用的水资源。

需要特别指出的是，对水资源进行界定受到当代科学技术水平的制约，我国《水法》第2条第2款的定义具有“静态”的特征。然而，我们不能忽视科学技术迅猛发展、人类开发利用水资源能力不断增强的客观事实，不应当将水资源的定义僵化为固定不变的术语，从而丧失定义的前瞻性和涵摄性，故而对水资源进行界定还应当关注其“动态”的特征。换句话说，理想的定义是既能够服从目前科学技术发展的一般水平，使定义符合社会实际，具有可操作性；又能兼顾今后新技术和人类开发利用水资源的新能力。事实上，《水法》第24条也明确规定，在水资源短缺的地区，国家鼓励对雨水和微咸水的收集、开发、利用和对海水的淡化和利用。因此，在上述定义中最后预留了一个弹性条款“其他人类可以控制、利用的水资源”。

（二）水资源的主要特征

1. 稀缺性

水资源的稀缺性有一个时间和范围的问题，在一定时期的

〔1〕裴丽萍：《可交易水权研究》，中国社会科学出版社2008年版，第5页。

一定地区，水资源的存量对经济社会发展起决定性的作用。水资源的稀缺性首先表现在水资源的存量上，其次才表现为水资源的增量上，而且自然界也需要大量的生态环境用水。水资源的空间和时间分布不均衡会加剧缺水地区水资源稀缺程度。水资源分布较多的地区和季节，水资源稀缺程度就相对小一些。当水资源的存量不足、而增量又无法满足人类需要时，就要从水资源富足的地区调水，进行水资源的跨区域配置，以缓解水资源自然分布不均和供需突出的矛盾。所以，在理解水资源的稀缺性时，我们应当知道"有时水权是完全没有价值的，因为水量很多，足以满足每个人的任何需要。但当水很稀少，无法满足各种需要或全部需要时，控制和利用水的权利就变得有价值，并有了价格。在这种情况下，水就变成一种财产，就得建立法律和制度来保护水的产权"。[1]当然，当代社会中无论是从世界范围来看还是从我国的实际情况来看，水资源短缺的危机都是一个普遍性的问题。

2. 公共性

水是流动的，要把水资源看成是一种公共资源，这是由水资源的自然属性决定的；同时，许多部门、行业都要使用水，又要求把水资源看成是一种公共资源，这是由水资源的社会属性决定的。因此，我国《水法》规定，水资源属于国家所有，任何单位和个人引水、截（蓄）水、排水，不得损害公共利益和他人的合法权益。

3. 整体性

在自然界，各个水体共同构成一个复杂的水资源系统，其相互间具有十分紧密的联系。例如，河流、水库、湖泊和地下

〔1〕［美］理查德·T. 伊利、爱德华·W. 莫尔豪斯：《土地经济学原理》，腾维藻译，商务印书馆 1982 年版，第 143 页。

水等各种水体之间和河流的上下游、干支流之间通常具有一定的水力联系；水源和供水、用水、排水等各方面也会相互影响和制约等。同时，水资源与其他自然资源以及人类活动之间也存在着相互影响和制约的关系。因此，水资源的开发利用必须综合考量环境、资源和经济的协调发展。

4. 多用途性

水是人类生活最重要的资源，是维持人体生理功能的重要化合物，水资源对人类的农业生产和现代工业也有着巨大的影响。从长期以来人类对水的广泛利用可以看出，水资源是一种重要的经济资源，同时还具有环境生态价值。水资源在社会经济和生态环境系统中的地位和作用都是不可替代的。[1]正是由于水资源的多用途性，在合理配置水资源时就必须考量在多个具有一定竞争性的用途之间如何确定优先顺序的问题。

（三）水资源的分类

（1）按照水的运动形态可以分为地表水和地下水。地表水是在河川湖泊运动的水体。在一国水资源的构成中，绝大部分属于地表水。地下水是在地下含水岩层中运动的水体。在地表水不够人类使用时，地下水就成为重要的供人类利用的水资源，它通常通过山泉或人工掘井的方式为人类所利用。

（2）按照水的用途来分可以分为城乡生活用水、灌溉用水、水能（水力）资源、水运资源。城乡生活用水，主要用于供人畜生活饮水，关系到人畜的生命安全，而水又是生命存在与发展的不可缺少的元素。因此，供人畜饮水的水资源质量等级要求最高，在满足次序上也居于优先的地位。灌溉用水，需求量较大，一般要超过城乡人畜饮水的水资源需求量的若干倍。这

〔1〕裴丽萍：《可交易水权研究》，中国社会科学出版社2008年版，第8页。

不仅是因为植物本身含水量高而需要水资源，而且是因为一些水性农作物本身是在水环境中正常成长的。因此，满足灌溉用水，是保证农业增产和农民增收的关键。但供农业灌溉用的水资源质量等级要低于人畜饮水的水质要求。水能（水力）资源，具有流速落差的江河水资源可产生巨大的动力，并以此用来发电或作为其他工业动力用途，尤其是利用水能发电是人类利用水资源的又一重要方式，比火力发电具有节约成本、保护环境、高效持续等优点。水运资源，具有平稳流速和一定深度、规模的江河湖泊可供人类行船通航，带动人力、物力资源的流动，从而服务于人类社会的经济发展。

（3）按是否凝结人类劳动可分为商品水或产品水、天然水（或称原生水）。商品水或产品水是为了适应和满足城乡人畜饮水需要，水经营主体通过一定的技术手段改良水质，并通过市场向用水单位或消费者销售的水体，如自来水、纯净水、矿泉水等。在市场经济条件下，大多数城镇居民生活用水均属于商品水，商品水的权利变动离不开市场买卖过程和价格机制，是水资源市场配置的基础。天然水（或称原生水）是指大自然通过自我循环生成的、未经过人类加工处理形成的淡水水体，如地表水和地下水。目前在我国农村有相当部分地区的人畜饮水、农业灌溉用水以及用于水能发电、航运的水资源均属于天然水。

二、我国水资源危机现状及其成因分析

水资源短缺正在成为21世纪最紧张的资源问题。曾经充足、近乎免费、简单易用的水资源，如今正因为城市化、工业化、饮食结构、生物燃料和气候变化等因素，变得稀缺、昂贵，

需要进行复杂处理。[1]中国亦处于水资源危机的漩涡之中。如果按正常用水需求和不超采地下水，我国年缺水量约300亿至400亿立方米，倘若遇到大旱年份，缺额更多。全国668座城市中有400多座缺水，其比例高达2/3，日缺水量1600万立方米，每年影响工业产值2300亿元。农业每年缺水300亿立方米，在农村尚有2400多万人饮水困难。[2]

（一）人均占有水资源量极低

中国的可再生水资源总量约为每年28 410亿立方米，位居世界第六。但是中国的年人均水资源拥有量——2007年估计为2156立方米——只有世界平均水平（8549立方米）的1/4，是世界上人均拥有量最低的国家之一。[3]据水利部统计数据显示，2015年我国水资源总量为27 267亿立方米，人均水资源量2039立方米。（如表1-1所示）

表1-1　我国水资源总量和人均水资源量（2000~2015年）[4]

年份	水资源总量（亿立方米）	地表水资源量（亿立方米）	地下水资源量（亿立方米）	地表水与地下水资源重复量（亿立方米）	人均水资源量（立方米/人）
2000	27 701	26 562	8502	7363	2194
2005	28 053	26 982	8091	7020	2152

〔1〕［澳］科林·查特斯、［印］萨姆尤卡·瓦玛：《水危机：解读全球水资源、水博弈、水交易和水管理》，伊恩、章宏亮译，机械工业出版社2012年版，第44页。

〔2〕单平基：《水资源危机的私法应对——以水权取得及转让制度研究为中心》，法律出版社2012年版，第4~5页。

〔3〕谢剑：《应对水资源危机：解决中国水资源稀缺问题》，中信出版社2009年版，第2页。

〔4〕参见中华人民共和国水利部编：《2016中国水利统计年鉴》，中国水利水电出版社2016年版，第23页。

续表

年份	水资源总量（亿立方米）	地表水资源量（亿立方米）	地下水资源量（亿立方米）	地表水与地下水资源重复量（亿立方米）	人均水资源量（立方米/人）
2006	25 330	24 358	7643	6671	1932
2007	25 255	24 243	7617	6605	1916
2008	27 434	26 377	8122	7065	2071
2009	24 180	23 125	7267	6212	1816
2010	30 906	29 798	8417	7308	2310
2011	23 257	22 214	7215	6171	1730
2012	29 529	28 371	8416	7261	2186
2013	27 958	26 840	8081	6963	2060
2014	27 267	26 264	7745	6742	1999
2015	27 963	26 901	7797	6735	2039

（二）水资源分布不均

从地域来看，我国水资源南多北少，北方地区人均水资源量903立方米（严重缺水），而南方则是达到了3302立方米每人，其与南北气候、地形等原因有关。首先，中国南部多为亚热带季风气候而北部则多为温带大陆性气候以及温带季风气候，这使得降雨量南多北少。其次，受地形影响南部多大江大河，水流量较北方大。同时，南部地区森林植被覆盖率高，水土流失不严重，相较北方能更好地保留水资源。我国水资源东多西少，这主要是由内陆地区降水量小以及植被稀疏导致水土流失造成的。

从时间来看，我国水资源存在夏秋多、冬春少的现象。大部分地区年内连续4个月降水量占全年的70%以上，这种年内分配不均的现象导致我国旱涝灾害频发，对人们的生活工作产生了很大的影响。

以河流流域分析，便会发现我国水资源还存在黄河流域少，长江、珠江流域多的现象。根据2015年统计资料，黄河流域人均占有年径流量为628立方米，长江流域人均占有年径流量为2449立方米，珠江流域人均占有年径流量为1098立方米。（如表1-2所示）

表1-2　我国七大河基本情况〔1〕

河名	流域面积（亿立方米）	年径流量（亿立方米）	多年平均（50年平均值）			
			径流量（亿立方米）	人均占有年径流量（立方米每人）	耕地（千公顷）	耕地亩均占有年径流量（立方米）
长江	1 808 500	9513	9280	2449	23 467	2636
黄河	752 443	661	628	683	12 133	345
松花江	557 180	762	733	1437	10 467	467
辽河	228 960	148	126	371	4400	191
珠江	453 690	3338	3360	1098	4667	4800
海河	263 631	228	288	262	11 333	169
淮河	269 283	622	611	430	12 333	330

在全国各地区普遍缺水的情形下，部分地区的水资源情况尤其令人担忧。根据水利部统计数据，我国华北地区、西北地区普遍处于极度缺水的状态，北京2015年人均水资源量仅为124立方米，宁夏人均水资源量也仅为138.4立方米。最缺水的华北地区承担着最多的农业生产任务，河南、河北、山东三省的耕地灌溉面积均超过了400万公顷，承担着如此庞大的农业

〔1〕参见中华人民共和国水利部编：《2016中国水利统计年鉴》，中国水利水电出版社2016年版，第4页。

生产负担。(如表 1-3 所示) 华北地区稀缺的水资源无法保证该地区人民的生活需求，因此才实施了南水北调工程。

表 1-3 部分省市 2015 年水资源量 (按地区分)〔1〕

地区	水资源总量/亿立方米	地表水资源量/亿立方米	地下水资源量/亿立方米	地表水与地下水资源重复量/亿立方米	降水总量/毫米	人均水资源量/立方米每人
全国	27 962. 6	26 900. 8	7797. 0	6735. 2	660. 8	2039
北京	26. 8	9. 3	20. 6	3. 1	583	124
天津	12. 8	8. 7	4. 9	0. 8	536. 1	84
河北	135. 1	50. 9	113. 6	29. 4	510. 7	182
山东	168. 4	84. 3	133. 1	49. 0	575. 7	172
河南	287. 2	186. 7	173. 1	72. 6	704. 1	304
陕西	333. 4	309. 2	120. 6	96. 4	630. 1	881
甘肃	164. 8	157. 3	100. 9	93. 4	270. 2	635
宁夏	9. 2	7. 1	20. 9	18. 8	287. 8	138

(三) 水资源污染问题严重

根据《中国统计年鉴》2015 年的数据，我国 2015 年废水排放总量为 735 亿吨。其中化学需氧量 2223. 50 万吨、总氮 461. 33 万吨，由于其中一部分工业废水的处理成本很高，大多数工厂都是简单处理之后排放，造成了严重的水污染问题。在持续污染的状况下，中国水体水质恶化，一些主要河流的水质情况均不乐观。(如表 1-4 所示) 在国家监控的 27 个主要湖泊

〔1〕 参见中华人民共和国水利部编:《2016 中国水利统计年鉴》，中国水利水电出版社 2016 年版，第 25 页。

和水库中，只有29%达到二类和三类标准，23%属于四类和五类，48%属于劣五类。（如表1-5所示）

表1-4　2015年河流水质状况（按水资源分区分）[1]

水资源一级区	评价河长/千米	分类河长占评价河长百分比/%					
		Ⅰ类	Ⅱ类	Ⅲ类	Ⅳ类	Ⅴ类	劣Ⅴ类
全国	235 024.2	8.1	44.3	21.8	9.9	4.2	11.7
松花江区	14 369.5		23.4	46.4	18.2	3.0	9.0
辽河区	5273.7		35.3	16.4	14.6	9.7	24.0
海河区	14 508.2	3.0	16.9	14.3	12.6	7.4	45.8
黄河区	27 804.4	8.1	44.4	13.5	8.4	5.4	20.2
淮河区	24 569.8		11.5	33.6	26.7	8.1	20.1
长江区	67 686.6	7.3	47.3	24.2	8.6	5.0	7.6

表1-5　2015年全国重点湖泊水质及富营养化状况[2]

湖泊名称	所属行政区	水质类别	营养状况
太湖（含五里湖）	江苏	Ⅳ	中度富营养
白洋淀	河北	劣Ⅴ	中度富营养
查干湖	吉林	劣Ⅴ	中度富营养
巢湖	安徽	Ⅴ	中度富营养
鄱阳湖	江西	Ⅳ	中营养
洞庭湖	湖南	Ⅳ	轻度富营养
纳木错湖	西藏	劣Ⅴ	中营养

---

〔1〕参见中华人民共和国水利部编：《2016中国水利统计年鉴》，中国水利水电出版社2016年版，第27页。

〔2〕参见中华人民共和国水利部编：《2016中国水利统计年鉴》，中国水利水电出版社2016年版，第28页。

（四）水资源浪费问题突出

我国水资源的浪费存在于各个领域。在农业方面我国有效灌溉地区多数采用的是落后的传统灌溉方式和引洪灌溉的方式，而较少采用先进的渗灌、滴灌、喷灌方法，在浪费了大量的水资源的同时还降低肥料的肥效。在生活废水方面，由于我国污水处理设施相对落后，仅有一半以下的生活污水经过处理后能得到重复利用；又因为我国部分地区群众的水资源保护意识不足，生活中不控制用水量，导致我国人均生活废水量较高。工业方面，因为我国近几年城市化建设加快和工业发展速度居高不下，工业废水的增加不可避免，而我国很多工厂对于工业废水的处理能力有限，因此工业废水也较以前有所增加。

（五）庞大的人口总量

我国水资源危机最重要的原因是在自身水资源总量并不丰富的情况下却负载了庞大的人口总量。13多亿人口每年的生活用水就达到了794.2亿立方米。而为了13多亿人的粮食安全问题，必须开垦、灌溉大量耕地种植农作物。2015年我国农业用水量达到了3851.5亿立方米，占据了总供水量的一半以上。[1]基数巨大并且还在不断增长的人口使得中国很难脱离水资源短缺的困境，同样也不可避免地威胁着中国的水资源安全和粮食安全。

三、我国水资源危机的应对措施

为应对水资源危机，解决水资源紧缺问题，有学者认为我国已经开始进行水资源管理体制的改革。与建立和完善市场经

---

〔1〕 中华人民共和国水利部编：《2016中国水利统计年鉴》，中国水利水电出版社2016年版，第96页。

济体制的总体战略相适应，改革的重点在于明确政府、社会和市场的角色和相互关系，提高水资源管理机构的运行效率，建设水市场并尽可能采用基于市场的管理手段。有学者提出了“解决水资源稀缺问题的行动计划”，其中包括：改善水治理，加强水权管理、建立水市场，提高供水定价的效率和公平性，运用市场化的生态补偿机制保护流域生态系统，控制水污染，提高突发事件应急能力、预防污染灾难事件等。[1]笔者在此基础上从以下三个方面阐述我国水资源危机的应对措施。

（一）合理配置水资源

水资源短缺加之我国各地区以及各部门之间存在的水资源竞争，使得水资源的合理配置在我国显得尤其重要，这也是应对我国所面临的水资源危机的重要措施。根据各地区水资源和需水量的不同现状，在紧急情况下进行跨行政区的水量配置可以解决缺水地区民众的用水问题。而根据经济发展状况，优化水资源的配置可以加快地区的经济发展，并促进经济和环境的协调发展。进行水资源的合理配置也可以提高水资源的利用率，使水资源的经济收益提高。在合适的时间对水资源进行合理的配置，还能减少旱涝灾害对地区的影响，预防水资源短缺导致的灾难性事件。

在水资源的管理与保护实践中，世界各国普遍认为实行水权制度、建立水市场，通过水权交易来实现水资源的优化配置是解决水资源危机、促进水资源可持续利用的有效方法。水权交易的实现过程一般需要经历两个阶段：第一阶段是水权的初始分配；第二阶段是获得初始水权的用水主体将其所持有的多余配水量权在市场上交易，促进水资源向高效率的地方流动，

---

〔1〕谢剑：《应对水资源危机：解决中国水资源稀缺问题》，中信出版社2010年版，第4~17页。

这是水权的再分配，是对第一阶段配置效率的修正。笔者认为，包括水权初始分配、水权市场、水权交易制度等在内的水权制度都可以或者需要合同作为其外在形式并可依据合同作为确定相应权利义务关系的依据。完善水权的分配制度，促进水资源的优化配置，提高水资源利用效率是解决水资源危机问题的有效应对措施之一。关于水资源合理配置的问题，将在之后三节的内容中详细论述，此处不再赘述。

（二）建设节水型社会

1．“节水型社会”的内涵

《关于国民经济和社会发展第十个五年计划纲要的报告》（以下简称《报告》）中提出：“要把节水放在突出位置，建立合理的水资源管理体制和水价形成机制，全面推行各种节水技术和措施，发展节水型产业，建立节水型社会”，首次把“建立节水型社会”作为政府工作目标。我国《水法》第8条亦明确规定：“国家厉行节约用水，大力推广节约用水措施，推广节约用水新技术、新工艺，发展节水型工业、农业和服务业，建立节水型社会。”至此，“节水型社会”的概念在政策和立法层面得以确立。《报告》与《水法》的规定两相比较，《报告》中的“节水型社会”可以理解为广义的“节水型社会”，包括水资源管理体制、水价形成机制的完善和具体的节水措施。《水法》的规定则聚焦于节水的具体措施方面，可以理解为狭义的“节水型社会”。

然而，学界对“节水型社会”概念的界定多从广义角度加以界定。有的学者认为，“‘节水型社会’是这样一种社会运行形态，就是为了实现我国水资源的可持续利用和支持我国经济社会的可持续发展，以提高水资源的利用效率和效益为中心，在全社会建立起节水的管理体制和以经济手段为主的节水运行机制，在水资源开发利用的各个环节上，实现对水资源的配置、节约和保护，最终实现资源、经济、社会、生态的和谐发展”。[1]有的学者认为，“所谓‘节水型社会’，是通过体制创新和制度建设，建立起以水权管理为核心的水资源管理制度体系、与水资源承载力相协调的经济结构体系、与水资源优化配置相适应的水利工程体系；形成政府宏观调控为主的节水机制和自觉节约水资源的社会风尚，切实转变全社会对水资源的粗放利用方式，促进人与水和谐相处，改善生态与环境，实现水资源可持续利用，保障国民经济和社会的可持续发展”。[2]还有学者认为，节水型社会是指在社会再生产的生产、流通、消费诸环节的全过程，通过建立法制、健全机构、调整结构、推进科技进步、加强管理、加大宣传教育力度，并通过经济激励、实行法治等手段，动员和激励全社会节约和高效利用水资源，以尽可能少的水资源消耗，满足人们不断增长的物质文化需求，是以较少的水资源消耗支撑全社会较高福利水平和良好生态环境的社会发展模式。[3]

笔者认为，可以从广义、狭义两个角度理解和界定“节水型社会”。从广义角度而言，“从实然的角度看，‘节水型社会’是一种社会运行状态；从应然角度看，是一种应当被选择的社会发展模式。在‘节水型社会’这种社会运行状态或发展模式中，珍惜、保护、节约水资源作为一种抽象的观念得到全社会

---

〔1〕参见张乾元、王修贵：“节约型社会建设的先导性探索——节水型社会建设的实践经验和政策取向”，载《科技进步与对策》2005年第11期；刘丹等：“‘节水型社会’建设模式选择研究”，载《中国农村水利水电》2004年第12期。

〔2〕代志刚：“浅析制度建设在节水型社会中的重要性”，载《科技信息（学术版）》2008年第7期。

〔3〕王治：“制度创新是建设节水型社会的关键”，载《水利发展研究》2005年第7期。

的普遍认同；‘只有节约水资源才能实现水资源的可持续利用，从而支撑人类社会经济的可持续发展’，已经内化为全社会的一种共识，根植于人们的理念之中，并切实外化于人们的各种制度和行为中。在‘节水型社会中’，水资源的节约利用仍然离不开政府的宏观调控、指导、扶持、激励和监管，但是更多地依赖社会主体广泛参与的市场化运作，通过梯形水价、惩罚性水费，或者水权、水市场，使得人们的水消费行为成为与经济收益直接挂钩的日常的市场行为。‘节水型社会’包含一系列与之配套的水资源管理体制、经济结构体系、水利工程体系、社会管理体系，‘节水型社会’的建设以一系列的制度变迁为核心，总体上是规模浩大的社会系统工程，而不仅仅是政府主导的政治运动”。〔1〕广义的“节水型社会”概念涵盖了水资源综合管理体制、水资源市场法律制度以及节水的具体措施等与节水问题相关的所有制度和措施（而未考虑其关联程度），从应对水资源危机和我国水资源开发、利用、管理等一系列制度改革目标的伟大意义的角度看，这一概念界定具有重要的理论价值和现实意义。从狭义角度而言，《水法》第 8 条中的“节水型社会”强调的就是“节水”本身，是从其本来意义出发，规定的是节水的具体措施，而不是与节水有关的其他制度。这样理解和界定的有益之处在于“节水型社会”建设的目标明确，具体措施可操作性强、针对性强，有利于取得良好的节水效果。

2. 节水型社会建设的具体措施

（1）明确主管部门，分离政府公共管理和经营管理职能，健全节水机构。节水型城市建设的前提是实现水资源统一管理。目前，一些城市水资源管理、防洪、城镇供水、排水、污水处

〔1〕成红、陶蕾、顾向一：《中国节水立法研究》，中国方正出版社 2010 年版，第 247 页。

理、水环境管理等水管理职能由不同部门来行使，各部门之间存在职能交叉，缺乏必要的协调机制。因此，应当设立独立的节水组织机构，赋予其明确的行政管理职权，全面负责辖区内节水管理和节水型社会建设，对当地节水型社会建设工作进行组织、规划、协调、监督和检查。同时，有关部门和企事业单位应当配备专职的节水管理人员，形成一个完整的管理网络，有效推动节水管理的工作。

（2）积极进行节约用水的宣传教育，加强人民的节水意识，尽可能减少生活用水的浪费。我国民众对水资源重视程度不够，对水安全的危机感不足，普遍节水意识薄弱，用水粗放，浪费现象严重。对此，应当加大宣传力度，各地节水主管部门应当深入社区，进行节约水资源的宣传活动，向民众普及我国水资源危机的现状以及极度缺水地区民众生活的实际情况。同时，从长远来看，尽可能地在各级各类教育教学（特别是义务教育）中加入有关我国水危机现状及节约用水的内容，使得青少年儿童在深刻了解水资源的重要性的同时产生危机感并自觉形成节约用水的良好习惯。

（3）增加水资源的回收利用。21 世纪的污水处理技术按照程度分为一级、二级和三级处理。一级处理主要去除污水中的悬浮物质；二级处理主要去除污水中的胶体物质和部分有机污染物；三级处理可处理难降解的有机物和部分以无机化合物形式存在于污水中的氮、磷等元素，较先进的方法有活性炭吸附法、离子交换法、电渗析方法等。由于我国很多城市发展滞后，并不能整体达到三级处理的要求，很多城市的污水处理仅限于二级处理阶段甚至一些相对落后城市还停留在一级处理水平上（一级处理水平达不到污水处理的排放标准）。因此，提升各地的污水处理水平可以提高处理后水资源的质量，使得可重复利用的水资源增加，是节水的有效措施之一。

（4）通过科学方法有效减少农业用水。农业用水占用水总量的比重最大，因此，节约利用农业用水是节水型社会建设的重要方面。首先是我国农业的灌溉方法问题。传统的漫灌方法存在耗水量大、灌溉效果差、灌溉不均匀并会产生严重的水土流失问题，在浪费水资源的同时还会减少土壤的肥力。相比传统的漫灌方法，新式的灌溉方法通过计算机精准控制，既节约了水资源，又省时省力，减少了大量的劳动力的浪费。新式的灌溉有喷灌（主要用于公园草坪等）、滴灌、渗灌等，其中滴灌多用于农业，配合铺置防止蒸发的地膜可以最大程度的节约农业用水、提高水资源利用率。

（5）合理调整水价。首先，应当实行差别化水价，这样有利于引导居民合理、节约用水，同时对用水过多的居民有一定的约束效果。例如，2014 年北京市的阶梯水价调整方案，方案一与方案二都采用了差别化水价的调整方法。其中方案二设定了三个阶梯，第一阶梯户年用水量不超过 180 立方米，每立方米水价 5 元；第二阶梯户年用水量在 181～260 立方米之间，每立方米水价为 7 元；第三阶梯户年用水量为 260 立方米以上，每立方米水价为 9 元。在此方案中有 90%的居民年用水量在第一阶梯范围内，做到了对居民节约用水的鼓励效果。其次，整体上应当有所增长，基础水价应当在原来的价格上适当的增长。推动水价上涨一方面是因为水价是水资源自身内价值的体现，另一方面也是为了使居民节约用水，但只实行差别化水价不能对整体居民起到鼓励节水的作用，而只能对 10%左右用水量很大的居民起到促进节水的作用。总体上我国居民的生活用水量不会有明显的减少，这与促进我国居民节约用水的目的是不相符合的。因此第一阶梯用户的水价也应当适当增长，而增长的幅度过小无法引起居民的重视，幅度过大可能会影响部分居民的日常生活。2014 年北京市的阶梯水价调整方案一和方案二均提高了第一阶梯居民水价（方案一由每立方米 4 元提升至每立方米 4.95 元、方案二由每立方米 4 元提升至每立方米 5 元）。水价的上涨可以促进居民节约用水，同时也能对水资源的合理配置产生正面影响。

此外，还有很多具体的节水措施。例如，限制自备水源的开采和使用，积极发展公共供水，在公共供水覆盖范围内，严格控制并逐步关闭自建供水设施，特别是要加强对自备水井的限期关闭工作；推广节水器具应用，会同有关部门实施节水器具认证制度和市场准入监管工作，通过住宅建设管理和物业管理，大力普及节水器具使用；降低供水管网的漏失，通过实施相关标准和考核制度，促进城市政府和供水企业加强管网改造，严格控制自来水漏损；推进水的循环与再生利用，严格要求缺水地区在建设污水处理设施的同时，必须配套建设再生水处理和利用设施；鼓励企事业单位、住宅小区使用中水；积极开展雨水收集利用工作。

（三）控制水污染、加强水污染治理、提高水质

以饮用水为例，近年来，我国多所城市出现水污染事件，使得我国饮用水安全现状令人担忧。2013 年 1 月 5 日，河北省邯郸市区的自来水突然停止供应，停水的原因是 2012 年 12 月 31 日 7 时 40 分，位于山西省长治市的山西天脊煤化工集团股份有限公司的输送管破裂导致苯胺泄漏，污染物沿河流入河北省、河南省境内致漳河流域水源受到污染。事故造成山西省沿途 80 公里河道禁止人、畜饮用自来水。时隔不久，2014 年 4 月 10 日，甘肃省兰州市发生了自来水苯含量超标事件。经兰州市威立雅水务公司监测显示，出厂水苯含量已超出我国卫生部颁布

的《生活饮用水卫生标准》规定的限值10微克/升。4月11日16时，兰州市政府发布通告："兰州市自来水苯含量超出国家限制标准，未来24小时内不宜饮用自来水。"兰州自来水苯含量超标的原因是中国石油天然气公司兰州石化分公司一条管道发生了泄漏，污染了供水企业的自流沟。从我国目前水资源水质现状来看，由于大量的工业废水、城市生活污水以及其他含毒废弃物的污染，作为供水水源的江、河、湖泊、水库的水质均已经出现不同程度的污染。

申言之，我国人口年均拥有水资源量比重仅占世界平均水平的1/4，根据我国的水资源分布特点，北京、天津、河南、河北处于水资源严重匮乏状态。随着2014年12月12日南水北调中线工程中丹江口水库放水工作正式启动，缓解了我国北方省份用水量紧缺的困境。然而，从水质的角度审视我国的饮用水安全的现状，除了西南、西北部分河区水质评价为优，长江、松花江河区水质评价为中以外，黄河、辽河、海河、太湖、巢湖的水质监测结果均为差。所以，我国水资源水质整体形势仍十分严峻，全国大部地区饮用水安全问题亟待解决与保障。

我国政府已认识到水污染的严重性，并将之列为中国面临的污染问题之首。如《水污染防治法》以保障饮用水安全作为立法目的，从微观上和具体操作上弥补了饮用水安全保障法律体系的不足，同时加重了对造成水污染行为的处罚力度，强化了环保部门的执法权能，将"保障饮用水安全"提升到了首要位置。《南水北调工程供用水管理条例》于2014年2月16日公布施行。该条例明确了节约用水，提高水资源利用效率，防治水污染，保障供水安全的立法宗旨。该条例第3条规定："南水北调工程的供用水管理遵循先节水后调水、先治污后通水、先环保后用水的原则，坚持全程管理、统筹兼顾、权责明晰、严格保护，确保调度合理、水质合格、用水节约、设施安全。”

但是，水污染的治理仍然存在诸多不足之处，如水污染控制的投资不足，仍有大量污水未经处理，许多水污染防治计划的目标没有实现，究其原因，严重的水污染可归因于多种体制和政策的缺陷，需要更加详细的分析许多法律和政策问题。“对于水污染的控制，可从以下几个方面入手：第一，改进污染控制规划。污染控制不应被视为最终目标，而应被视为获得清洁、健康的水环境的途径，应当制定长期、综合但具有高度针对性的水质保护战略，规划中应包括融资、实施、监测、评估等机制。第二，统一和加强污染监测系统。就短期而言，应加强各监测系统之间的协调，采用统一的监测标准，根据相同的程序、通过同一渠道发布水质信息。就中期而言，可将这些不同的监测系统加以整合，由一个独立于各部（环保部、水利部、住房和城乡建设部等）的第三方机构进行管理。第三，增加对市场缺位领域的财政支持。这些领域包括：①跨省区的污染控制和管理；②重要生态区和水源保护；③影响到国际水体的污染事故处理；④其他具有全国性影响而地方政府不能有效解决的问题。此外，还应当强化污水排放许可证制度、更多采用基于市场的手段控制和治理水污染、建立保护公共物品的诉讼制度等等。”〔1〕

第二节　水资源配置模式概述

水资源的配置是指水在不同时间、不同地域、不同用途之

〔1〕 谢剑：《应对水资源危机：解决中国水资源稀缺问题》，中信出版社 2010 年版，第 12~15 页。

间或同时同地同一用途内部不同使用者之间进行分配的选择行为。它通常同步地包含着时间、空间、用途、数量、质量五要素，也就是在何时、何地对何使用者分配和使用多少数量与何种等级的水资源。〔1〕广义而言，水资源的配置既包括在当代人之间的配置问题，也包括在当代人与下代人之间分配的问题，即如何对当代人与下代人之间的用水权加以平衡，其实质就是研究代际间水资源可持续利用问题。

从世界各国水资源配置的状况来看，水资源配置的手段不外乎计划配置（政府配置或行政配置）和市场配置两种。计划配置是指国家利用行政手段或无偿配额的方式将水资源从原生地调往异地，供异地用户无偿或部分有偿地使用水资源的配置方式。市场配置则是指国家通过引入市场机制将水资源进行调度和分配，并按合理的水资源价格出让给用户和水资源经营企业，经过水资源经营企业的加工净化转化为商品水，再进入水市场供最终用水户购买的配置方式。〔2〕

一、计划配置模式

首先，在宏观层面对水资源进行配置。由国家制定全国的水资源战略规划，水资源战略规划应当按照流域、区域统一制定，区分为流域规划和区域规划。其次，进行水资源的具体分配。采取的步骤为：首先，必须制定全国和地方性的水中长期供求规划，然后，依据流域规划和水中长期供求规划，以流域为单元制定水量分配方案。在此基础上，县级以上地方人民政

〔1〕 王新程：《水资源有计划市场配置理论》，中国环境科学出版社 2005 年版，第 14 页。

〔2〕 王新程：《水资源有计划市场配置理论》，中国环境科学出版社 2005 年版，第 16~17 页。

府水行政主管部门或者流域管理机构根据批准的水量分配方案和年度预测来水量，制定年度水量分配方案和调度计划，实施水量统一调度。

水资源计划配置模式最大的优点是国家可以凭借政治权力集中水资源的配置权，将水资源公平地分配给各用水主体，并尽可能将水资源分配给最需要水资源的地方和部门。但是，水资源计划配置模式也有显著的缺陷：首先，单一的计划配置模式可能导致水资源价格严重扭曲，造成市场失灵（Market Failure）。所谓市场失灵是指水资源具有外部性特点，当水价低于生产成本，价格不能起到调节水资源供求的杠杆作用，致使用水粗放增长，浪费严重；其次，信息掌握不充分，可能导致政府失效（Government Failure），即使水价提高到弥补供水成本的水平，水价还低于水资源的社会成本，造成潜在的用水效率损失和生态环境的破坏，加之政府要花大量时间和精力去收集用水信息，在无法得到充分的用水信息下，政府不可能按用水部门的边际需要确定最佳配置量。

从长期的实际情况看，在跨流域及流域内配置时，计划指令配置有时会出现黑箱作业、政府拍板和高度集权的现象。其管理模式是通过各级水行政主管部门进行集权决策与管理，其约束机制主要是行政手段。在这种配置体制模式下，用水主体处于被动接受地位。所以，单一的计划配置模式难以实现水资源的合理分配和有效利用，既缺乏效率又有失公平，不但代际不公平而且同一代内不同人群之间也不公平，直接后果是水资源供求矛盾更加突出，水质和水环境更加恶化。同上，在行政配置模式下，由中央政府对水量实行统一分配，严格限定各地的取水量，这种方式存在的缺陷是监督成本较高，在实践中极易造成水资源的浪费。

二、市场配置模式

在市场经济体制下，由供求机制、价格机制和竞争机制共同构成的市场机制是配置一切经济资源的有效手段，尤其是价格机制是实现资源流动与有效配置的核心机制。水资源市场配置模式是把水资源当作一种商品，通过建立水市场、明晰水权、利用市场机制和保障市场运行的法律手段来进行水资源配置的一种运行模式。它着眼于建立合理的水资源分配利益调节机制，以明晰水权为突破口，建立合理的水权分配和市场交易的管理模式。一般而言，水市场包括跨区域的宏观市场和同一区域内的微观市场，水市场的有效运行以价格机制为核心，以相关立法为保障，将水资源配置给直接用水部门（天然水用户）和水商品生产者，水资源通过商品化生产，再将水在二级市场销售给商品水用户。

近年来，我国水市场建设和水权交易实践证明，利用市场配置水资源是有效率的。这是因为：①通过市场交换，双方的利益同时增加，这是市场效率的体现；②市场交换具有动态性，能够反映总水量的变化和用水需求的变化，部分消除了计划指令分配各地区水量的不合理性；③上下游的用水成本增加，上游多用水就意味着丧失潜在的市场收益，即用水要付出机会成本，而下游多用水要付出直接成本，这就为上下游都创造了节水激励机制；④地区总用水量通过市场得到强有力的约束，必然会带动其内部各区域水资源配置的优化，区域又会拉动基层各部门用水优化，这样通过层次递进的“制度激励”，可以极大地促进微观层次上的水价改革。微观上的真实水价和流域水市场相结合，就能够有效的配置流域水资源。但是水资源的配置会牵涉整个社会各阶层复杂多变的利益关系，单一的市场配置模式市场是无法从根本上解决这一问题，因此，仅仅依靠市场进行水资源配置会出现市场失灵的结果，在利益无法有效协调时，就会导致水资源配置的扭曲，无法实现水资源得以公平和高效率的使用。

第三节　水资源合理配置的模式选择与私法实现路径

水资源合理配置，是指在合理的社会制度和经济机制作用下，对一个特定区域的有限水资源，通过工程与非工程措施，在各用水户（部门）之间进行有效率、公平和可持续分配，使水资源的社会效用得到最低限度的发挥，促进经济社会福利的最优化。[1]

一、水资源合理配置的基本原则

对于人类而言，水资源是一种关乎人类自身生存与发展的重要资源，所以在水资源的配置问题上首先必须明确资源配置的基本目标和资源配置制度的最终价值追求，即要确立水资源合理配置的原则。结合我国相关立法和近年来理论研究[2]的成果，笔者认为应将水资源保护与可持续开发、利用协调发展的原则和兼顾公平与效率的原则作为我国水资源合理配置的基本原则。其中的可持续开发利用是指在开发利用中综合实现经济效益、社会效益和环境效益，平衡个人利益与公共利益、短期

---

〔1〕 王新程：《水资源有计划市场配置理论》，中国环境科学出版社 2005 年版，第 23 页。

〔2〕 参见王新程：《水资源有计划市场配置理论》，中国环境科学出版社 2005 年版，第 28~29 页；裴丽萍：《可交易水权研究》，中国社会科学出版社 2008 年版，第 188~190 页。

利益与长期利益、当代人利益与后代人利益。

从一些国家的水资源市场配置的实践和我国水资源市场配置改革的进展可以看出，水资源通过市场配置，能够使稀缺的水资源在市场的导向下流向开发利用效益最大的部门、地方和企业，这样，水资源的经济效率就可以得到最大的发挥。水资源像任何一种稀缺经济资源一样，分配的核心问题是如何协调利益分配。如何解决各种利益冲突，推进水资源开发利用制度改革，目前已形成一种思路——建立水市场。以水资源财产权改革为突破口建立合理的水权分配和“水市场”交易经济管理模式，政府通过对交易市场的指导和监督而不是通过行政命令的方式来实现流域水资源的合理分配和利用，建立由价格制度、保障市场运作的法律制度为基础的水资源开发利用制度。市场的力量能够优化资源配置，水资源作为一种稀缺经济资源，同样能够通过市场机制实现优化配置。

但是，水资源的最优配置不等于公平配置，水资源市场配置可能影响水资源社会分配的公平。其原因在于：第一，市场机制不足以确保水资源可持续开发利用目的的实现。仅有水资源的市场配置是远远不够的，还必须加强政府对水资源的行政管理和保护，对市场主体的经济行为进行必要的干预和限制，以防止水资源的过度损耗而危及可持续发展战略的实现。第二，市场机制不能完全实现水资源的公平分配。第三，由于技术上的原因，水资源的某些生态和环境价值难以通过市场配置来实现。〔1〕

正是从可持续开发、利用协调发展和兼顾公平与效率的基本原则出发，水资源合理配置模式的选择，就必须充分考量计

〔1〕 裴丽萍：《可交易水权研究》，中国社会科学出版社 2008 年版，第 207 页。

划与市场这两种资源配置手段的优势和不足之处。可以得出的结论是：在当下我国实行社会主义市场经济的大前提下，一方面市场需要居于重要的位置，另一方面市场需要受到约束，在水资源合理配置的问题上亦如是。

二、水资源合理配置的模式选择——有计划市场配置模式

水资源的配置模式与配置手段密切相关，而配置手段又直接与经济体制相联系，在我国当下社会主义市场经济体制下组合运用两种配置手段才能真正实现水资源的合理配置。有计划市场配置模式是吸收利用计划配置模式和市场配置模式的优点，在配置机制中，通过明晰水权，建立水市场体系，以水价制度为基础，相关法律制度为保障，必要的宏观调控和利益协调机制为补充，多机制有机结合的一种配置模式。这种配置模式将从根本上提高水资源配置的效率，实现水资源的合理配置。

对此，有学者提出了“多机制共生水配置模式”〔1〕的理论，即一种由政府集中控制、市场配置、用户自治三种机制相混合的治理模式，以实现水资源配置的效率与公平目标。在这种机制下，三种配置机制相互作用、相互替代、相互补充。政府配置包括水权的初始分配、界定和规则的确定，也包括政府直接进行水设施生产和水供应。市场配置包括水权转让、私人部门的（投资、管理和服务）介入，但它的运行效率与政府行为有关，可以看作是对政府的替代，在一些领域（如决策参与、水费收集），也需要用水户组织进行补充。用户配置是从节约谈判成本、实施成本和监督成本的角度，由用水户组织代表用户

〔1〕 刘伟：《中国水制度的经济分析》，上海人民出版社2005年版，第76页，转引自裴丽萍：《可交易水权研究》，中国社会科学出版社2008年版，第190页。

与政府和市场发生联系，并在组织内部进行水的配置，它的绩效一定程度上取决于政府配置的集权程度和市场配置的收益。[1]关于政府配置的集中程度和方式亦是值得进一步进行理论研究的问题，我们认为，在这里依然存在一定程度上和一定范围内引入市场机制和运用市场手段的空间。

水资源进行有计划市场配置是最合理的，这不仅是因为水资源的分配是一种利益分配，需要宏观上的协调才能最大限度的趋近于公平。而且水市场本身亦非完全竞争的市场，例如，一些水利设施和水服务（如水电和供水）竞争性很强，且具有独占性，有私人物品的特征，这时市场配置是最有效率的；而一些水的服务如防洪、河道治理、水文监测、水质保护等则属于公共物品的范畴，具有非竞争性和非独占性，需要由政府来提供这些公共服务。此外，环境生态用水在当下也只有由政府来保障。因此，水市场只能是一个有计划的市场，必须同时利用市场机制和计划机制才能更有效地配置资源，对于流域水资源应该建立在兼顾上下游防洪、发电、航运、生态等其他方面需要和各地区基本用水需求的基础之上，部分多样化用水交由市场加以配置。

从世界范围来看，在大陆法系中，智利1981年《水法》的目标和本质特征被概括为：私人财产和自由市场。由于智利水法领先采用极端的自由市场模式管理水资源，自20世纪90年代以来，墨西哥、秘鲁、南非、西班牙、越南等国家在本国的水资源法改革中，都将智利水法作为建立可交易水权的自由市场的典范加以效仿，智利自由水市场一时间几乎成为各国水资源管理改革的发展潮流。在普通法系中，2003年8月澳大利亚发

〔1〕 参见裴丽萍：《可交易水权研究》，中国社会科学出版社2008年版，第190~191页。

布了“国家水行动”（National Water Initiative）方案，在此基础上，由澳大利亚联邦政府和新南威尔士等6个行政管辖区，在2004年6月25日，正式签订了“州际水行动协议”（Intergovernmental Agree. ment on a National Water Initiative）。澳大利亚这一时期的水资源管理体制的改革与发展，可以看出通过市场机制管理水资源的政策目标已经非常明确。

尽管智利水法实行了颇具特色的水市场制度，但是，自它实施20多年来，随着人口的增长和城市化进程的加快，智利仍然面临与其他国家相同的水资源问题：水短缺和水环境污染。其原因主要在于：自由的水市场不能完全适应水资源的综合管理。尽管这个方法有一些经济利益，但带来了管理和规范上的严重的结构问题，特别是20世纪90年代以后，在流域管理、水的多样化使用、地表水和地下水的一体化管理、环境和生态保护等方面，智利水法明显表现出它的无能为力。因为在水资源综合管理的经济、社会和环境的三角关系中，自由水市场仅仅突出了经济效率，弱化了社会公平和环境保护，从而导致了整体的不平衡。

从平等发展权的观念出发，首先必须保证民众的饮水权以及基本的生活用水权；其次，必须维持基本农业生产用水的权力。这两项都属于人类的基本权利。最后，还应当保障人们对水环境的需求。要在经济发展的同时，维持和保护生态环境，保持人与自然的和谐发展。不能以满足生产用水为由挤占生态用水，不能以获得经济效益为由牺牲生态效益，不能以实现当代人的利益为由而影响到后代人的利益。要努力做到生产与生态的协调，经济效益与生态效益的协调，当前利益与长远利益的协调。

综上所述，无论是从经济理论还是从各国水法及水法改革实践来看，单一的计划配置模式或者单一的市场配置模式均无法实现水资源的合理配置，而必须采用使二者有机结合的有计划市场配置模式。

三、水资源合理配置中的政府角色定位与公众参与

（一）水资源合理配置中的政府角色定位

无论何种水资源配置机制都要解决政府和市场的关系问题。根据《水法》的规定，我国水资源配置中政府的权力主要包括以下方面：①规划计划权，水资源的规划计划是从宏观上解决水资源的开发利用与生态保护、当前利益与长远利益、流域管理与区域管理以及各部门利益相协调并确保水资源的可持续利用的重要法律手段。②总量控制权，总量控制的对象为水量总量和水域面积总量。水资源的水量控制的目的，就是要分别核定生活用水、生态用水和生产用水的总量，在确保最低限度的生活用水和生态用水总量的前提下，分配生产用水。供水分配权，实行总量控制和定额管理相结合的制度。③供水分配主要是解决水资源短缺地区和民众基本的用水需要。④取水权的审查、登记、证书发放和复查权，对取水权包括取水权取得、转让的主体、内容进行审核，对符合条件的予以登记、发给取水权证书，并且负责复查取水权证书。⑤监督检查权，监督检查的内容主要包括：流域规划和各项计划的落实；流域内各行政区的水土保持、水污染防治的实施；水工程的保护等。⑥监测权，负责监测水文、水质等变化。此外，还有水事纠纷处理权、行政处罚权等。

水资源配置的终极对象为用水主体，在用户配置这一环节的绩效取决于政府配置的集权程度和市场配置的效益，当然市场配置的效益也受到政府配置的集权程度的影响，而这一点也

正是需要改革的问题。如上述规划计划权、总量控制权、供水分配权均需要引入有效的公众参与机制，供水分配权的行使也可以考虑运用市场的一些方法，而取水权的审查、登记、证书发放和复查权也可以理解为政府提供服务的行为。

就像水资源市场不是万能的一样，计划也并非是万能的，只有计划手段和市场手段的分工和结合，才能实现水资源的多元价值。因此，“对于水资源市场的调整应该有两套基本的法律制度体系，一是水资源计划法律体系；二是水资源财产权法律体系（笔者认为，此处应表述为水资源财产权及其流转制度，涉及民法中的物权制度和合同制度，这也与目前的理论研究和水资源利用实践相符）。所谓水资源财产权制度，就是沿着水资源国家所有权与水资源非所有人的用益权分离，这一现代趋势和立法安排，将政府在水资源市场中的一部分职能即对水资源的经营职能，从传统的计划职能中分离出来，交给按照市场主体结构模式设计出来的真正的水资源国家所有权人，要求他按照水权界定、分配的有关法律规定来行使水资源所有权，包括界定和修改水权，如确定水权比例、确定和调整配水量权、拍卖水权等。”〔1〕

（二）水资源合理配置的公众参与

水资源合理配置的公众参与，是指通过一系列的正式机制使公众介入决策，这是实现水资源可持续开发、利用以及兼顾公平与效率原则的重要方面。公众参与在社会公共管理中主要是指公民对与自己生活相关的社会公共领域事务的参与。从20世纪80年代末期开始，参与式方法作为一种工作方法和手段，在中国一些国际发展援助项目的规划设计及实施中，逐渐得到

〔1〕 裴丽萍：《可交易水权研究》，中国社会科学出版社2008年版，第212页。

了广泛应用。这种应用对于改进项目方案设计并取得项目各有关利益群体的理解、支持与合作等起到了积极的促进作用，有利于提高项目参与各方的社会责任感，减少社会矛盾和纠纷，防止负面社会影响和后果的产生。我国《取水许可和水资源费征收管理条例》第8条也规定，取水许可和水资源费征收管理制度的实施应当遵循公开、公平、公正、高效和便民的原则。根据立法机关的解释，所谓公开，是指各级人民政府及其有关部门在实施取水许可过程中，要保证公众的知情权、参与权和监督权。《行政许可法》对公开原则的具体要求是：设定取水许可的过程应当是开放的，从设定许可的必要性、可行性，到水权许可可能产生效果的评估，都要广泛听取意见；许可的条件和程序必须公布。〔1〕目前，尽管在我国水资源配置的某些方面，利害相关者有了一定程度的参与，但在更广泛的、更直接的参与的层面而言，其参与性仍然不足。

从20世纪80年代起，很多国家都开展了灌溉管理转移（IMT）和参与式灌溉管理（PIM），比如墨西哥、阿根廷、哥伦比亚、智利、埃及、摩洛哥和土耳其。印度、巴基斯坦、菲律宾、越南、柬埔寨、印度尼西亚、尼泊尔、泰国和斯里兰卡都相继出台了一些政策，转向了参与式的灌溉管理。灌溉管理转权（irrigation management transfer，IMT）即灌溉管理权从机构直接转移到农民的政策和过程，把权力从管理层移交到农民手中，转移的内容包括对水资源分配的决定权以及渠道的运行与维护权。农民的参与也能够确保在做出同用水和配水有关的决策时，农民的所急所想都能够被考虑到。参与式管理（participatory irri-

〔1〕　参见张穹、周英主编：《取水许可和水资源费征收管理条例释义》，中国水利水电出版社2006年版，第20页；单平基：《水资源危机的私法应对——以水权取得及转让制度研究为中心》，法律出版社2012年版。

gation management，PIM）中，开展 PIM 的最小组织是用水户协会（Water User's Association，WUA），是一个由一组农民组成的正式组织，他们会当面讨论决定需要多少水量、各配水渠需要进行哪些维护、如何分配维护任务以及为日后的渠道维护应做多少投资预算。用水户协会内部的所有决定都应以一种参与式的方式作出，以确保决策过程公平、全面。〔1〕

此外，在苏格兰和英格兰水服务中的公众参与机制也具有重要的借鉴意义。在苏格兰、英格兰设立的特定的消费者组织，不但代表消费者的意见，还为监管机构、供应者和社会公众提供了沟通渠道。英格兰目前的消费者组织是水消费者委员会，它独立于水务办公室。它的权力和职能包括代表消费者面向监管机构、供应者和其他团体，为消费者提供信息、要求服务提供者提供信息，开展调查和解决某些投诉。在苏格兰，水消费者咨询小组已被赋予更多任务，包括概括进行独立的调查以及不仅需向经济监管机构还要向部长和其他机构提供建议。〔2〕

美国《联邦清洁水法》第 1251 条第 e 款也规定，应鼓励并提供公共参与制定、修改和执行任何管理者或州设立的规章、标准、排放限制、计划、项目等的机会，管理者应与州合作制定公众参与这类程序的基本指南，并予以公布。〔3〕

我们应当借鉴域外公众参与立法及实践的经验并结合我国

---

〔1〕［澳］科林·查特斯、［印］萨姆尤卡·瓦玛：《水危机：解读全球水资源、水博弈、水交易和水管理》，伊恩、章宏亮译，机械工业出版社 2012 年版，第 129~130 页。

〔2〕［英］艾琳·麦克哈格等：《能源与自然资源中的财产和法律》，胡德胜、魏铁军译，北京大出版社 2014 年版，第 364 页。

〔3〕See. U. S. Clean Water Act 2001，section 1251（e），转引自单平基：《水资源危机的私法应对——以水权取得及转让制度研究为中心》，法律出版社 2012 年版，第 202~203 页。

实际情况完善相关法律制度、落实具体实施措施，保障公众参与机制的有效运行。例如，有学者指出，在水权取得规则制定过程中完善公共参与机制至少应当包括以下方面：其一，在水权取得规则制定过程中必须公开相关信息并确保信息的准确性和完整性，保障人们的知情权；其二，应当广泛听取社会公众关于规则制定的意见，采纳公众的合理性建议；其三，在表决和通过相应规则时，应当严格遵循《宪法》及《立法法》关于法律规范制定过程中投票及表决的程序性规定。〔1〕

四、水资源合理配置的私法实现路径

法律在应对水资源危机中扮演着不可替代的角色。法律作为管理和配置水资源的有效方式是由自身功能所决定的。法律是最基本的社会规范，具有其他诸如道德规范所不能替代的相对独立的调整领域。〔2〕对于水资源市场的调整应该有两套基本的法律制度体系，一是水资源计划法律制度；二是水资源财产权及其流转法律制度，涉及民法中的物权制度和合同制度。具体而言，需要建构水资源物权法律制度和水资源物权流转法律制度——“水合同”制度。

（一）水资源物权制度

水资源物权是指权利人依法对水资源享有支配和一定程度上排他的权利，包括水资源所有权、水资源使用权（水权）和水所有权。水权、水资源所有权和水所有权是在研究水权问题时频繁出现的概念，依通说，水资源所有权属于特殊主体所享

〔1〕 单平基：《水资源危机的私法应对——以水权取得及转让制度研究为中心》，法律出版社 2012 年版，第 202~203 页。

〔2〕 单平基：《水资源危机的私法应对——以水权取得及转让制度研究为中心》，法律出版社 2012 年版，第 8 页。

有的权利，在我国归国家享有。水所有权，或称水体所有权，已归普通的民事主体享有，早已成为交易的客体。业已引入企业等市场主体的储水设施、家庭水容器中的水，不再是水资源所有权的客体，而是水所有权的客体。水权，系从水资源所有权中派生，分享了后者中的使用权与收益权形成的物权，水权人行使水权（取水权），便得到了水所有权。〔1〕

在水资源物权体系中，水资源国家所有权是水资源使用权的"母权"。从世界范围看，很多国家都在其相关立法中规定了水资源国家所有权。我国《宪法》《民法通则》《水法》也都规定了水资源国家所有权。水权是指权利主体依法对于地表水和地下水进行使用、收益的权利。水权是一个集合概念，它是汲水权、引水权、蓄水权、排水权、航运水权、竹木流放水权等一系列权利的总称。通过行使"对物采掘类"自然资源使用权，可以获取处于自然赋存状态下的自然资源，水资源经抽取后所形成的一定之量的水，已经表现为特定化的有体物，具备成为物权客体（尤其是所有权客体）的全部属性要求，权利人可以对其拥有水所有权。

（二）水合同法律制度

水权初始分配、水权市场、水权交易制度等在内的水权制度都需要以合同作为其外在形式并可将合同作为确定相应权利义务关系的依据。在此基础上，可以从合同制度的角度运用水权出让合同制度来分析水权初始分配的法律调整，运用水权转让合同来分析水权交易制度的法律规则。同时，用水主体还可以基于水合同债权如供用水合同用水。水权出让合同、水权转让合同以及供用水合同分别对应水资源使用权的设定、水资源

〔1〕 崔建远：《准物权研究》（第2版），法律出版社2012年版，第314页。

使用权的转让、水所有权的转让，并且三者有机联系，笔者使用“水合同”这一术语涵摄之，因此，水合同是个总称谓、类概念。

环境合同制度为水合同制度的构建提供了理论基础和制度依据。环境资源领域的权利移转具有适用合同法理论和规则的现实可行性，以合同制度为主导的水资源物权交易模式符合该制度的主旨和实践的需要，应准用我国现行《合同法》中关于买卖合同的相关规定。水合同的主要目的是为了设定或移转水资源物权。水权出让合同即是为用水人设定水资源使用权，使其获得取水权，属于设定用益物权的合同；水权转让合同是移转取水权（用益物权）的合同；供用水合同可以使用水人取得水所有权（即属所谓“自然资源物”）。从物权行为理论分析水合同与交易时间相符，也更符合合同目的。

运用市场机制配置水资源，客观上要求首先明确各用水主体的初始水权，才能按照水权交易规则进行水资源的优化配置。所谓水权的初始配置是指享有水资源所有权的主体或者水资源所有权的管理者分离水资源所有权中的部分权能（使用、收益）给用水人，使其获得水权。所以，水权的初始配置是指用水主体从水权分配主体那里，按照法律规定设立水权。水资源所有权人通过与用水人之间的平等协商，达成合意而签订水权出让合同。水权转让合同是引起水权转让最为常见的一种法律事实，即水权人将水权转移于受让人，而由受让人支付转让费的协议。水权转让合同反映的是一种民事法律关系，因此宜确定为民事合同；水权转让合同应定位为附保护第三人利益的民事合同，以平衡合同当事人与第三人之间的利益冲突。因此，水权转让合同与水权出让合同、供用水合同、水工程用益权合同有着显著区别。党的十八大报告提出，到 2020 年总体实现基本公共服务均等化。供水服务是一项关系到国计民生的基本公共服务，既属于基本民生性服务，又属于公共事业性服务，属于推行均等化的基本公共服务范畴。供用水合同是指供水人向用水人供水，用水人支付水费的合同。我国城市供水主要包含城市公共供水和自建设施供水两个方面。从供用水合同的法律性质来看，其属于公用性、公益性、继续性合同，是双务、有偿、诺成性的典型合同。

CHAPTER2

第二章

自然资源物权基本原理与水资源物权体系

自然资源物权，并非单一的物权类型，而是以自然资源为标的物的一群物权的总称。自然资源物权包括自然资源所有权、自然资源使用权、自然资源抵押权和自然资源物所有权，形成一个完整的自然资源物权体系。宪法上规定的自然资源国家所有权是取得民法所有权的资格，包含三层结构：私法权能、公法权能、宪法义务。其中私法权能与物权法上的所有权无异。水资源作为人类生活必不可少的自然资源，在自然资源物权研究乃至整个物权法研究中都具有极为重要的意义。自然资源物权基本原理为研究水资源物权提供了理论基础和制度依据。水资源物权是指权利人依法对水资源享有支配和一定程度上排他的权利，包括水资源所有权、水权和水所有权。水资源所有权属于特殊主体所享有的权利，在我国归国家享有。水所有权，或称水体所有权，已归普通的民事主体享有，业已成为交易的客体。水权，系从水资源所有权中派生，分享了后者中的使用权与收益权形成的物权，水权人通过行使水权可以得到水所有权。

第一节　自然资源物权基本理论概述

一、自然资源物权的概念

（一）自然资源概念的界定

自然资源的概念是自然资源法律制度的核心，也是构建自然资源物权法律制度的基石，更是研究自然资源物权法律制度的起点。[1]自然资源究竟是行政管理的附属还是物质财富的载体，对此不同的学者见仁见智，至今并未形成共识。从大的发展趋势来看，我国相关立法似乎更倾向于后者，即将自然资源作为物权客体，并肯定其应有的财产属性，以此为基础构建自然资源相关制度设计的法律逻辑。[2]

较早给自然资源下较完备定义的是地理学家金梅曼（Zimmermann，1951），他在《世界资源与产业》一书中指出，无论是整个环境还是其某些部分，只要它们能（或被认为能）满足人类的需要，就是自然资源。金梅曼的“自然资源”是一个主观的、相对的、从功能上看的概念。《辞海》一书关于自然资源的定义：“一般天然存在的自然物（不包括人类加工制造的原材料），如土地资源、矿藏资源、水利资源、生物资源、海洋资源等，是生产的原料来源和布局场所。随着生产力的提高和科学技术的发展，人类开发利用自然资源的广度和深度也在不断增加。”这个定义强调了自然资源的天然性。1972年联合国环境规划署指出：“所谓自然资源，是指在一定的时间条件下，能够产

---

〔1〕 魏鹏程、郭宗璐：“论法学意境中的自然资源概念”，载《经济研究导刊》2009年第27期。

〔2〕 张璐：“自然资源作为物权客体面临的困境与出路”，载《河南师范大学学报（哲学社会科学版）》2012年第1期。

生经济价值以提高人类当前和未来福利的自然环境因素的总称。”可见联合国的定义是非常概括和抽象的。大英百科全书的自然资源定义是：“人类可以利用的自然生成物，以及形成这些成分的源泉的环境功能。前者如土地、水、大气、岩石、矿物、生物及其群集的森林、草场、矿藏、陆地、海洋等；后者如太阳能、环境的地球物理机能（气象、海洋现象、水文地理现象），环境的生态学机能（植物的光合作用、生物的食物链、微生物的腐蚀分解作用等），地球化学循环机能（地热现象、化石燃料、非金属矿物的生成作用等）。”这个定义明确指出环境功能也是自然资源。〔1〕

有学者认为，前述定义各有侧重和偏颇，但都把自然资源看作是天然生成物，而把人类活动的结果排斥在外。实际上现在整个地球都或多或少地有人类活动的印记，现在的自然资源中已经融进了不同程度的人类劳动结果。在此基础上，对自然资源作了如下界定：“自然资源是人类能够从自然界获取以满足其需要与欲望的任何天然生成物及作用于其上的人类活动结果。”〔2〕这一概念界定，在总结前述诸定义的基础上，提出应当考虑自然资源中已经融入的人类劳动。笔者认为，人类劳动主要是为了获得或保护某种自然资源，从最终所使用的或者获得的自然资源物质形态本身来看，其仍然是天然形成或生成之物。但是，这一定义抽象出了自然资源的基本特征：其一，“人类能够从自然界获取”，这一点实际上对应了一定的经济技术条件以及自然资源应当是可以为人类所控制；其二，“可以满足人类需要”，这一点意味着自然资源具有一定的价值；其三，“自然资源应是天然形成或生成之物”。在这三点中，第三项是自然资源

---

〔1〕 参见蔡运龙：《自然资源学原理》，科学出版社2005年版，第39页。

〔2〕 蔡运龙：《自然资源学原理》，科学出版社2005年版，第40页。

本身的特殊性所在，前两项则对应着民法中“物”之基本特征。民法中“物指的是能够满足人们需要，可以为人类所控制，具有一定经济价值的财产”，[1]因此，这一定义对自然资源的界定极接近于民法中对物的概念的界定，对于我们从法学学科的角度界定自然资源概念极具参考价值。

作为法学学科中的自然资源就是一类物，即在一定的社会经济条件下，存在于自然界或处于自然状态，可由权利主体直接支配或享有特定法益的、具有相对稀缺性的天然形成或生成之物的总称。[2]作为法学学科的中的自然资源应该具有以下特性：①可调整性，又称可规范性，自然资源只有进入法学调整的范围才具有法学上的意义。②可利用性，法律所调整的是人们能够利用的那一部分自然资源。③有限性，法学意义上自然资源的有限性具有两个方面的含义：首先，法律调整的自然资源的范围是有限的；其次，法律只调整现阶段有限或即将稀缺的自然资源。④整体性，又称系统性，是指自然资源要素彼此有生态的联系，形成一个整体。⑤法益性，是指可以在自然资源上设定权利、享受利益。

（二）自然资源物权概念的界定

尽管自然资源作为物权客体必然面临诸多困境，如特定化的问题、外部性问题以及国家自然资源所有者身份虚化的问题等，“但在我国的市场化进程中，试图运用物权制度设计对自然资源进行配置的尝试却不仅没有停滞不前，反而呈不断深化扩大发展的趋势。……就我国当前所面临的基本社会情势而言，

---

〔1〕王利明：《民法总则研究》（第2版），中国人民大学出版社2012年版，第400页。

〔2〕魏鹏程、郭宗璐：“论法学意境中的自然资源概念”，载《经济研究导刊》2009年第27期。

将自然资源作为物权客体并以此为前提构建以物权制度为基础的自然资源配置机制，是当前及今后自然资源相关立法实践的必然选择，理论上对此也有充分的依据”。[1]

自然资源物权，并非单一的物权类型，而是以自然资源为标的物的一群物权的总称。自然资源所有权、自然资源使用权、自然资源抵押权三种，为其大的类别。[2]这个定义主要是从概念外延的视角界定的，同时也阐明了自然资源物权的类型，并且可以在现行法上找到依据。

自然资源物权具有如下特征：

（1）客体的特殊性。自然资源与传统物权理论中的“物”存在的明显差异是自然资源作为物权客体的特定化问题，这也是理论研究中的难点问题。例如，“可以对河流中的一定的水量予以确定和支配，但将全部河水特定化存在技术上无法克服的困难。”[3]对此，若固守传统物权理论观念，自然资源作为物权客体的理论与实践将难有进展。任何一个理论体系都不可能完全封闭停滞不前，其必然随社会情势的改变而不断完善发展，物权理论也应如此。比如对于物是否可以被特定化的问题，物权理论的衡量标准也应当有所变革，如有学者指出：“至于是否为独立物，应以社会上一般社会经济观念或法律规定定之。盖有无直接支配之实益以及公示之可能，均系随着社会经济之需求与科技之进步而变异也。”[4]也有学者针对矿产资源、水资源

---

〔1〕 张璐：“自然资源作为物权客体面临的困境与出路”，载《河南师范大学学报（哲学社会科学版）》2012 年第 1 期。

〔2〕 崔建远：《准物权研究》（第 2 版），法律出版社 2012 年版，第 32~33 页。

〔3〕 刘长兴：“论环境资源的法律关系客体地位”，载吕忠梅主编：《环境资源法论丛》（第 7 卷），法律出版社 2007 年版，第 112 页。

〔4〕 谢在全：《民法物权论》（上册），中国政法大学出版社 1999 年版，第 18 页。

等自然资源作为物权客体特定化的问题，提出了“多视角模式、时空结合观、宽严相宜的弹性标准，注重客体内部构成因素的变化的方法”。[1]

（2）权利构成的复合性。在权利构成方面，矿业权、渔业权和狩猎权具有复合性。以渔业权为例，第一方面的权利为占有一定水域并养殖、捕捞水生动植物之权，第二方面的权利为水体的使用权，第三方面的权利为保有水体适宜水生动植物生存、成长的标准之权。再如矿业权，一方面的权利是在特定矿区或者工作区内勘探、开采矿产资源之权，另一方面的权利为特定矿区或者工作区内的地下使用权。

（3）权利的排他性或优先性。在排他性或优先性方面，水权具有优先性，原则上无排他性。养殖权具有排他性而无优先性，在同时并存于同一水域内的数个捕捞权相互之间无排他性，在对非捕捞权人的权利方面具有排他性。矿业权具有排他性，也有优先性。

（4）权利的性质。对自然资源的开发利用只能由国家之外的多元社会关系的主体完成，于是就产生了对自然资源的“非所有利用”问题。“非所有利用”涉及两方主体，一方是国家作为自然资源的所有者，另外一方则是自然资源的实际开发利用者，解决问题的关键在于在自然资源的所有者和实际利用者之间搭建权利通道，合理分配从所有向开发利用转换过程中产生的收益，以理顺国家与自然资源开发利用者之间的利益关系。对于自然资源的实际开发利用而言，因为该过程的本质在于国家作为自然资源所有者将一部分权能让与给实际的开发利用者，开发利用者在支付相应对价之后取得对自然资源实际支配以及

---

〔1〕崔建远：《准物权研究》，法律出版社 2003 年版，第 33 页。

受益的部分权能。这是一个典型的民事法律关系，具体而言是一个物权的取得、变更和流转的过程，自然资源从国家所有到被实际的支配利用，从法律的角度来说是一个从所有权到用益性权利转换的过程，无论是自然资源的所有权还是对自然资源开发利用而产生的用益性权利，都属于物权的范畴，尤其对于后者，《物权法》中已有明确的规定。[1]

二、自然资源物权的理论基础

（一）自然资源物权的哲学基础

“自然资源物权所涉及的对象为自然资源乃至自然环境。人们对自然资源乃至自然环境持何种基本看法，直接影响到自然资源物权制度及其学说的态样乃至存亡……”[2]

极端的“人类中心主义”哲学认为自然本身的内在价值无足轻重，其重要性体现在它为人类生命系统维持提供了生物圈，同时能够满足人类的美学满足感以及其他要求。这表现在自然资源物权领域，就是所有权绝对，准物权的义务性弱化，将伤害动植物作为财产损害的类型准予赔偿，甚至不予救济，而拒绝将其作为被侵害的主体来对待，等等。所有这些，其结果不但破坏了自然环境，而且往往直接害及人类自身。“生态中心主义”主张，所有的生物都具有内在价值，地球并不是为了人类的利益而存在的，人类不享有任何特殊地位。“生态革命派”主张，植物、动物甚至岩石，乃至整个自然界都有生存权利。[3]

---

〔1〕 参见张璐：“自然资源作为物权客体面临的困境与出路”，载《河南师范大学学报（哲学社会科学版）》2012 年第 1 期。

〔2〕 崔建远：《准物权研究》（第 2 版），法律出版社 2012 年版，第 6 页。

〔3〕 参见崔建远：《准物权研究》（第 2 版），法律出版社 2012 年版，第 6、9 页。

人类中心主义的环境哲学脱胎于传统的人类中心主义哲学，为了与后者相区分并强调其环境保护诉求，人类中心主义的环境哲学以“现代人类中心主义”“开明的人类中心主义”“弱式人类中心主义”“平等的人类中心主义”“理性的人类中心主义”“现代社会实践的人类中心主义”等不同称谓进行标示。[1] 人类中心主义的环境哲学以生态环境保护为目标，相对于传统的人类中心主义更具有生态性，因此，将其称为“生态人类中心主义”[2]。生态人类中心主义实质上是以建立新型的主客体关系来促进环境问题的解决。其基本观点是：①坚持主客体二分。在人与自然的关系上，人是主体，自然是客体；人是主动的，自然是被动的。环境问题的解决要发挥人的主观能动性，改变自身的行为方式，而不能依靠赋予自然物以主体地位或者模糊主客体之间的界限。②坚持以人类为中心，但是以人类的整体利益和长远利益为基点，并且是在尊重自然的前提下，强调人与自然的平等、和谐，因此也承认自然具有某些人类不得侵犯的“权利”。③强调生态共同体。人和自然共存于生态共同体中，以人类为中心是建立在生态整体观基础上的。从生态人类中心主义理念出发，环境资源还是被作为客体对待，与作为主体的人相对应。但是，既然承认了内在价值，环境资源就不再是绝对的被动者，其“权利”也应当被尊重，从而在主客体关

---

〔1〕 傅华：《人类伦理学探究》，华夏出版社2002年版，第7~14页；吴仁平、彭坚：“从传统的人类中心主义走向理性的人类中心主义”，载《求实》2004年第12期，转引自刘长兴：“论环境资源的法律关系客体”，载吕忠梅主编：《环境资源法论丛》（第7卷），法律出版社2007年版，第104页。

〔2〕 参见吕忠梅等：《超越与保守——可持续发展视野下的环境法创新》，法律出版社2003年版，第11页；陈映霞：“一种新型的人类生态主义——从两点论和重点论的辩证观点看可持续发展”，载《怀化师专学报》2002年第3期。转引自刘长兴：“论环境资源的法律关系客体”，载吕忠梅主编：《环境资源法论丛》（第7卷），法律出版社2007年版，第105页。

系中具有新的地位。[1]

崔建远教授也认为，“具有责任的人类中心主义”哲学，把环境看作一系列资源，它们在一定限度内可被人类得到并加以利用，即把自然置于为人类服务的地位。同时，应管理环境资源以确保物种和生态系统的长期可持续利用，确保最小生存风险，确保未来的利用有尽可能多的选择自由。[2]

现代民法以及有关自然资源方面的法律，呼应这种修正的“人类中心主义”哲学，已经或者正在对其原则及规则积极地进行调整，以便尽量地减少人类活动对自然环境和自然资源的破坏。

（二）自然资源物权的经济学基础

财产权的概念经过许多的演变，从以往标榜所有权绝对的理论，到现在财产权被认为具有社会责任。就经济学的角度来看，财产权是为了避免所谓“公共财的悲剧”（tragedy of the commons）。[3]1968 年，美国生物学家哈丁在《科学》杂志上发表了题为《公地悲剧》的文章。他在考察过度放牧现象时写道：“在一个信奉公地自由使用的社会里，每一个人追求他自己的最佳利益，毁灭是所有人趋之若鹜的目的地。”[4]他在文中通过牧场放牧的例子说明了这一问题：假定所有使用该牧场的人都是理性的，每一个人都有使自己利益最大化的欲望，按照哈丁的

---

〔1〕 刘长兴：“论环境资源的法律关系客体”，载吕忠梅主编：《环境资源法论丛》（第 6 卷），法律出版社 2007 年版，第 106 页。

〔2〕［英］朱迪·丽丝：《自然资源：分配、经济学与政策》，蔡运龙等译，商务印书馆 2002 年版，第 341 页。

〔3〕 See Carol Rose，“The Several Features of Property：Of Cyberspace and Folk Tales”，Emission Trades and Ecosystems，83 *Minnesota Law Review*，129（1998），转引自王文宇：《民商法理论与经济分析》，中国政法大学出版社 2002 年版，第 41 页。

〔4〕 Garrett Hardin，*The Tragedy of the Commons*，162 Science 1244（1968），转引自税兵：“自然资源国家所有权双阶构造说”，载《法学研究》2013 年第 4 期。

观点，每个人增加一头牛所获的利益全部由自己独享，而增加每一头牛给牧地带来的损失却由所有的人来承担，显然收益远大于成本，因此唯一明智的做法就是增加一头，增加一头，再增加一头，因此悲剧也就发生了，每个人都落入了使自己无限制的增加牛的数量的陷阱中，每个人都“各扫门前雪”，最终导致公地毁灭。

公地悲剧揭示了产权的重要性：如果产权界定不清，人们使用资源时就会无所顾忌，尽可能的多获取、多使用，从而造成资源过度使用。亦即不被私人拥有并管理的资源，将被视为是所有人共同之资产，结果会造成这些资源被滥用而无人投资在维护及保持资源之永续性即发展性。当然，如同一般的公共财，私有化以外的途径是政府加以适当的管制措施，然而将所有资源都纳入政府管制下反而是没效率而不可行的，这也就是所谓“政府机制绝不是免费的”。所以，由国家赋予人民财产权，以达到将“外部性内部化”的目的，就是比较可行的做法。赋予私人财产权的好处，除了能解决“公共财的悲剧”外，还有其他的好处存在。第一就是透过理性自利人自我决定的驱使，可以在赋予私人财产权的同时，使得人民克服懒惰的毛病，而将资源之效率发挥到极致。第二个好处就是，透过财产权赋予不同的个人，创造了交易的可能，私有化使得不同资源得以透过自利交易的方式达到最有效率的配置。〔1〕

同时，财产权与稀缺性是相关联的。民法之“物”的要件包括：第一，可支配；第二，可利用；第三，稀缺性；第四，可交换；第五，可占有。〔2〕具有稀缺性和可支配性特征的自然

---

〔1〕 参见王文宇：《民商法理论与经济分析》，中国政法大学出版社 2002 年版，第 41~42 页。

〔2〕 李锡鹤：《民法原理论稿》（第 2 版），法律出版社 2012 年版，第 205 页。

资源既然作为民法范畴之“物”，如何在可供选择的目标之间进行分配从而实现其效用最大化是物权中定纷止争、物尽其用的宗旨所在。以法国人瓦尔拉斯（Leon Walras）和布拉马基（Bramwich）等为代表的稀缺价值论者认为凡是世上过分多余、任何人都可以随意获取的财物，无论它们多么有用，谁也不愿意花代价来取得它们。因而物品的数量与物品的价值成反比。按稀缺价值论分析自然资源，可以得出以下启示：第一，自然资源（除恒定资源外）的价值，特别是不可再生资源的价值是确定的；第二，赋存量越少的自然资源，价值量越大；第三，恒定资源的价值量最低。〔1〕资源稀缺性理论是支撑自然资源物权制度的另一重要经济学基础，基于这一理论的要求，自然资源物权制度须对自然资源的所有权、用益物权等具体权利作出明确界定，进而在物权归属明确的前提下，对有限的自然资源进行空间和时间上的分配，使得权利主体对自然资源的保护和利用发挥到最大化。

（三）自然资源物权的法理学基础〔2〕

自然资源物权制度的本质是明确自然资源归属的法律制度，因此，法价值理论体系中的各种具体价值对资源物权制度的构建有它们各自不同的作用和意义。

（1）秩序价值是自然资源物权制度所追求的最基本价值。社会秩序是与法律永远相伴随的基本价值，它体现出人与事物存在和发展中的一种连续性、一致性及确定性。遵循法的秩序价值，可以明确构建自然资源物权制度追求的基本目标是：自

---

〔1〕 参见［奥］弗·维赛尔：《自然价值》，陈国庆译，商务印书馆 1991 年版，第 51~52、69 页；肖国兴、肖乾刚编：《自然资源法》，法律出版社 1999 年版，第 19~20 页。

〔2〕 参见黄锡生、王江：“自然资源物权制度的理论基础研究”，载《河北法学》2008 年第 5 期。

然资源物权制度首先应满足的是人类对秩序的心理需求；其次，秩序价值要求在制定资源物权制度时要特别注重权利义务的合理分配，遵守法内秩序。

（2）效益价值是自然资源物权制度追求的直接价值。效益价值对构建自然资源物权制度的影响主要是它直接要求自然资源物权制度的建立要选择适当的方式，尽量减少改革带来的直接成本，同时要协调经济效益、生态效益和社会效益的关系，既合理开发利用自然资源，又不忽视生态环境价值，并且更加重视资源配置效益，满足个体短期效益的同时兼顾社会的长久利益。

（3）公平价值是自然资源物权制度追求的根本价值。自然资源物权制度作为一种法律制度，公平也是其追求的根本价值目标。它要求社会公民可以平等的享有自然资源及其利益，且在获得自然资源的机会上也体现出平等，实现资源在权利主体之间平等的流转、开发、使用。

（4）正义价值是自然资源物权制度所应体现的终极价值目标。在正义价值的理论支持下，自然资源物权制度作为一种法律制度就必须与社会理想相符合，对我们构建资源物权制度提出了更科学、更合理的要求，进一步印证了自然资源物权制度不仅是社会的需求，也是社会正义觉悟的再次升华。

三、自然资源物权的类型

（一）自然资源所有权

在中国现行法上，自然资源所有权包含土地所有权、矿产资源所有权、水资源所有权、海域所有权、野生动植物所有权。其中，土地所有权包括国家土地所有权和集体土地所有权，野生动植物所有权也涵盖这两类所有权。矿产资源所有权、水资源所有权、海域所有权则仅有国家所有权而无集体所有权。本书所讨论的自然资源所有权指的是自然资源国家所有权，关于这一问题的理论争议颇多，笔者将在本章第三节加以分析和阐释。

（二）自然资源使用权

其现行法上的依据主要有：《物权法》第119条："国家实行自然资源有偿使用制度，但法律另有规定的除外。"第122条："依法取得的海域使用权受法律保护。"第123条："依法取得的探矿权、采矿权、取水权和使用水域、滩涂从事养殖、捕捞的权利受法律保护。"可见，在中国现行法上，自然资源使用权包括土地承包经营权、建设用地使用权、宅基地使用权、海域使用权、矿业权（含探矿权、采矿权）、取水权、渔业权（含养殖权、捕捞权），以及以自然资源为物质载体的某些地役权。以下仅以矿业权、渔业权、水权为例加以简要说明。

（1）矿业权。矿业权是指探采人依法在已经登记的特定矿区或工作区内勘查、开采一定的矿产资源，取得矿石标本、地质资料及其他信息，或矿产品，并排除他人干涉的权利。其中，勘探一定的国有矿产资源，取得矿石标本、地质资料及其他信息的权利，称为探矿权；开采一定的矿产资源，取得矿产品之权利，称为采矿权。

（2）渔业权。渔业权是指自然人、法人或者其他组织依照法律规定，在一定水域从事养殖或者捕捞水生动植物的权利或游客在一定水域从事渔业娱乐的权利。其中，自然人、法人或者其他组织依照法律规定，在一定水域从事养殖水生动植物的权利，称为养殖权。自然人、法人或者其他组织依照法律规定，在一定水域从事捕捞水生动物的权利，称为捕捞权。游客在一定水域从事渔业娱乐的权利，称为娱乐渔业权。

(3) 水权。水权是指权利人依法对国家所有的地表水 (surface water) 和地下水 (ground water) 使用、收益的权利。水权是汲水权、引水权、蓄水权、排水权、航运水权、竹木流放水权等一系列权利的总称。按照通说，水权是从水资源所有权中派生出的权利，属于他物权。

(三) 自然资源抵押权

在中国现行法上，含有“四荒”土地承包经营权的抵押权、采矿权的抵押权。近来有关农村土地承包经营权抵押问题的试点工作和理论研究是实务界和理论界的热点问题。“三权分置”改革使农村土地上的权利从“所有权-承包经营权”二元格局转化为“所有权-承包（经营）权-承包地经营权”三元格局，并使承包地经营权成为可自由流转的具备充分市场品格的土地权利。[1]2014 年 1 月，中共中央、国务院以当年中央 1 号文件的形式正式印发了《关于全面深化农村改革加快推进农业现代化的若干意见》。该意见指出：“稳定农村土地承包关系并保持长久不变，在坚持和完善最严格的耕地保护制度前提下，赋予农民对承包地占有、使用、收益、流转及承包经营权抵押、担保权能。在落实农村土地集体所有权的基础上，稳定农户承包权、放活土地经营权，允许承包土地的经营权向金融机构抵押融资。”首次以中央文件的形式明确提出允许承包土地的经营权抵押。2015 年 8 月 10 日国务院发布《关于开展农村承包土地的经营权和农民住房财产权抵押贷款试点的指导意见》(国发 [2015] 45 号)，确立了试点工作的指导思想，提出了依法有序、自主自愿、稳妥推进、风险可控四项原则和五项试点任务，并对组织实施工作做出了具体安排。2015 年 12 月 27 日第十二

〔1〕 许明月：“农村承包地经营权抵押融资改革的立法跟进”，载《比较法研究》2016 年第 6 期。

届全国人民代表大会常务委员会第十八次会议通过《关于授权国务院在北京市大兴区等232个试点县（市、区）、天津市蓟县等59个试点县（市、区）行政区域分别暂时调整实施有关法律规定的决定》，允许在232个县（市、区）暂停《物权法》184条、《担保法》37条的实施。该决定的颁布，使承包地经营权改革试点工作得以合法的全面推行。2016年3月15日，中国人民银行、银监会、保监会、财政部、农业部五部门联合发布《关于印发〈农村承包土地的经营权抵押贷款暂行办法〉的通知》，印发了《农村承包土地的经营权抵押贷款暂行办法》（以下简称《暂行办法》），对承包地经营权抵押贷款条件、具体运作程序和相关配套措施等作出了具体的安排。为承包地经营权抵押融资改革试点工作的开展提供了基本操作性规则。

其他自然资源是否能够抵押、如何设计相关制度尚需实务界和理论界的进一步探索。

（四）自然资源物所有权

有学者认为，应当对自然资源作“非对物采掘类”与“对物采掘类”的类型化区分。[1]其中，“非对物采掘类”是指能够利用资源自身属性进行开发利用活动的自然资源，最为典型的即为土地和海域两类不动产。[2]作为不动产的土地资源和海域资源进入市场后，不发生以所有权移转为内容的物权变动，在权利期限届满后可回复其所有权的圆满状态。例如，建设用地使用权或海域使用权的权利期限届满后，国家能够通过行使返还原物、恢复原状的物上请求权，回复其所有权的圆满状态。

---

〔1〕 税兵：“自然资源国家所有权双阶构造说”，载《法学研究》2013年第4期。

〔2〕 参见张璐：“中国自然资源物权的类型化研究”，载《私法研究》2009年第1期。

可见，“非对物采掘类”借助自然资源使用权制度（用益物权）即可实现“公有私用”。“对物采掘类”则有所不同，它是指直接获取处于自然赋存状态下的自然资源，例如，矿产资源经挖掘后产生矿产品，渔业资源经捕捞后产生渔产品，林业资源经采伐后产生林产品，水资源经抽取后产生水产品，均可以形成自然资源产品所有权。

与这一学说观点相近，有学者提出了“自然资源物”的概念，指出“自然资源国家所有并非意在使国家或全民成为私权意义上的自然资源所有者……它旨在保障国民个体对具体的自然资源物享有私法意义上的所有权、用益物权等权益”。“在终极意义上自然资源所有权，其实就是可辨析的个体的自然资源物的所有权，而其享有者最主要的乃是国民个体……”〔1〕这种“自然资源物”的法律特征在于：第一，最终均可表现为特定化的有体物，具备成为物权客体（尤其是所有权客体）的全部属性要求；第二，它的转让是一个包含所有权移转的物权变动过程。例如，矿产品一旦从矿体中分离出来，同时发生了采矿权人对其的法律及事实上的处分。对于“自然资源物”我们必须承认其所有权，即“自然资源物所有权”。

理论界对自然资源物权的研究以崔建远教授对准物权的研究成果影响最为深远，实际上我国准物权理论研究成果支撑起了自然资源物权理论，是其核心内容。但是从体系化认识的角度而言，应明确二者的关系，即自然资源物权概念是上位概念，包括自然资源所有权、自然资源使用权、自然资源抵押权和自然资源物所有权，形成一个完整的自然资源物权体系。

〔1〕刘练军：“自然资源国家所有的制度性保障功能”，载《中国法学》2016年第6期。

第二节　自然资源国家所有权

我国《宪法》第 9 条第 1 款规定："矿藏、水流、森林、山岭、草原、荒地、滩涂等自然资源，都属于国家所有，即全民所有；由法律规定属于集体所有的森林和山岭、草原、荒地、滩涂除外。"第 2 款规定："国家保障自然资源的合理利用，保护珍贵的动物和植物。禁止任何组织和个人用任何手段侵占或者破坏自然资源。"

《物权法》第 45 条规定"法律规定属于国家所有的财产，属于国家所有即全民所有。国有财产由国务院代表国家行使所有权；法律另有规定的，依照其规定。"《物权法》第 46 条规定"矿藏、水流、海域属于国家所有。"第 47 条规定："城市的土地，属于国家所有。法律规定属于国家所有的农村和城市郊区的土地，属于国家所有。"第 48 条规定："森林、山岭、草原、荒地、滩涂等自然资源，属于国家所有，但法律规定属于集体所有的除外。"第 49 条规定："法律规定属于国家所有的野生动植物资源，属于国家所有。"

可见，在中国现行法上，自然资源所有权包含土地所有权、矿产资源所有权、水资源所有权、海域所有权、野生动植物所有权。其中，土地所有权包括国家土地所有权和集体土地所有权，野生动植物所有权也涵盖这两类所有权。矿产资源所有权、水资源所有权、海域所有权则仅有国家所有权而无集体所有权。

"自然资源国家所有权存在于许多国家的法律制度中，并非中国独有。但在多数国家，它规定在民法典而非宪法之中，法国、比利时、瑞士、泰国、意大利、西班牙、荷兰等都是如此。

20世纪后，许多国家的宪法开始写入自然资源国家所有权。[1]越来越多的国家在宪法中规定国家资源所有权的原因在于：首先，由于科学技术和经济结构的发展以及市场一体化，自然资源的地位日益重要，对自然资源的集中化管制十分必要，[2]自然资源所有权已经成为宪法性协议中的基本问题。其次，宪法的制定和修改需符合特别程序，将自然资源国家所有权写入宪法，可以阻止其被随意变更。"[3]

从我国《宪法》和《物权法》的上述规定来看："在自然资源领域国家就同时具有了双重身份，即自然资源的管理者和所有者，从理论上来讲，国家这双重身份是可以厘清的，因为管理者和所有者的身份来源、实现方式、功能定位等都各不相同，但实际上，国家作为自然资源所有者的身份更多的只是一种象征，在实践中的虚化已是不争的事实。"[4]因此，探究"中国宪法规定的自然资源国家所有权的含义是什么，它是否具有私法上的效力，它与物权法上的所有权概念是什么关系，它应如何适用……"[5]这些问题就具有了重要的理论价值和现实意义。对此，笔者将结合"自然资源国家所有权双阶构造说"

---

〔1〕 Nicholas Haysom, Sean Kane, *Negotiating Natural Resources for Peace: Ownership, Control and Wealth - Sharing*, Centre for Humanitarian Dialogue (HD Center), Geneva, Switzerland, 2009, p. 7, 转引自王涌："自然资源国家所有权三层结构说"，载《法学研究》2013年第4期。

〔2〕 Jason Scott Johnston, "The Tragedy of Centralization: The Political Economics of American Natural Resource Federalism", 74 U. Colo. L. Rev. 487 (2003), 转引自王涌："自然资源国家所有权三层结构说"，载《法学研究》2013年第4期。

〔3〕 王涌："自然资源国家所有权三层结构说"，载《法学研究》2013年第4期。

〔4〕 张璐："自然资源作为物权客体面临的困境与出路"，载《河南师范大学学报（哲学社会科学版）》2012年第1期。

〔5〕 王涌："自然资源国家所有权三层结构说"，载《法学研究》2013年第4期。

“自然资源国家所有权三层结构说”“制度性保障说”三种学说观点进行理论分析。

一、自然资源国家所有权双阶构造说[1]

中国语境中的自然资源国家所有权是一个法规范系统。该系统包含基础性规范、确权性规范、授权性规范及管制性规范四个单元，分别由宪法文本、物权法文本和特别法文本予以载明。自然资源物权的立法文本包括三个效力位阶：宪法、部门法与特别法。其中，部门法集中体现为《物权法》，特别法则包括《土地管理法》《矿产资源法》《海域使用管理法》《森林法》《草原法》《水法》《野生动植物法》等。

对自然资源作出“终局性规定”的宪法规范为基础性规范，它决定着自然资源的基本法律属性，宪法所有权是国家取得民法所有权的资格；《物权法》第 46 条规定，“矿藏、水流、海域属于国家所有”；第 48 条规定，“森林、山岭、草原、荒地、滩涂等自然资源，属于国家所有，但法律规定属于集体所有的除外”；第 49 条规定：“法律规定属于国家所有的野生的植物资源，属于国家所有。”这三个法律条文为确权性规范，是指在私法领域确立自然资源国家所有权的法律规范，把自然资源国家所有权从宪法权利转换为民法权利。《物权法》第 119 条规定，“国家实行自然资源有偿使用制度，但法律另有规定的除外”；第 122 条规定，“依法取得的海域使用权受法律保护”；第 123 条规定，“依法取得的探矿权、采矿权、取水权和使用水域、滩涂从事养殖、捕捞的权利受法律保护”。这三条作为授权性规范

---

〔1〕 参见税兵：“自然资源国家所有权双阶构造说”，载《法学研究》2013 年第 4 期。

的特殊性在于，它们不仅具有法律补充授权的意义，还具有引致条款的功能，与确权性规范一起开拓了公法与私法的通道。物权法的授权性规范明示了特别法对自然资源使用权的保护义务，下位阶的特别法不能只是硬生生地塞满各式禁止性与义务性条款，应同时承载起物权法“订单外包”出来的民事规范功能。苏永钦曾形象地描绘民法与特别法的关系，“民法之后陆陆续续订定的多如牛毛的法令，像躲在木马里面的雄兵一样涌进特洛伊城，管制性规范摇身一变成为民事规范”。[1]

在现代法秩序中，所有权绝不是由某一个部门法“独家经营”的法律概念。自然资源国家所有权蕴含着宪法所有权与民法所有权的双阶构造，纯粹私权说与纯粹公权说均难谓恰当。就自然资源使用的法律调整机制而言，应回归公物与私物二元区分的大陆法传统，并对“非对物采掘类”与“对物采掘类”自然资源作类型化处理，由此形成不同的规范配置。双阶构造的理论模型集中体现为“公有私用”的情形。对于“公有私用”如何通过法律机制得以实现的问题，该观点指出，有必要把作为国家公产的自然资源划分为两个范畴：“对物采掘类”与“非对物采掘类”。“对物采掘类”是指直接获取处于自然赋存状态下的自然资源，例如，矿产资源、水资源、森林资源、渔业资源、野生的植物资源；“非对物采掘类”是指利用资源属性进行社会性开发利用活动的自然资源，最为典型的即为土地和海域两类不动产。

在法学意义上，“对物采掘类”与“非对物采掘类”资源最大的不同，是前者能形成资源产品所有权，后者则不能。例如，矿产资源经挖掘后产生矿产品，渔业资源经捕捞后产生渔

[1] 苏永钦：《走入新世纪的私法自治》，中国政法大学出版社 2002 年版，第 7 页。

产品，林业资源经采伐后产生林产品，水资源经抽取后产生水产品。上述资源产品的法律特性在于：第一，资源产品均是特定化的有体物，具备成为物权客体（尤其是所有权客体）的全部属性要求。第二，资源产品的转让是一个包含所有权移转的物权变动。例如，矿产资源具有耗竭性和不可再生性，伴随着矿体向矿产品的转化过程而不断消减；矿产品一旦出矿体中分离出来，同时发生了采矿权人对其的法律及事实上的处分。故而，一些立法例认为，“转让采矿特许权的情形，应当单纯地将之视为动产买卖。”[1]与此相反，作为不动产的土地资源和海域资源进入市场后，则不发生以所有权移转为内容的物权变动。例如，建设用地使用权或海域使用权的权利期限届满后，国家能够通过行使返还原物、恢复原状的物上请求权，回复其所有权的圆满状态。因此，“对物采掘类”自然资源难以在用益物权的框架内得以阐释，[2]必须承认资源产品所有权；而“非对物采掘类”自然资源则不存在此法技术障碍，借助自然资源使用权制度即可实现“公有私用”。

二、自然资源国家所有权三层结构说[3]

宪法上规定的自然资源国家所有权不是专属于公法的所有权概念。它包含三层结构：第一层结构是私法权能。在这一层面上，它与物权法上的所有权无异。第二层结构是公法权能。其主要包括国家对于自然资源的立法权、管理权和收益分配权。

---

〔1〕尹田：《法国物权法》，法律出版社1997年版，第85页。

〔2〕此种观点受王家福教授启发。2005年9月6日在青岛召开的“海域物权法律制度学术研讨会”上，王家福教授把采矿权等在“对物采掘类”资源上成立的使用权，形象地称为“消益物权”。

〔3〕参见王涌：“自然资源国家所有权三层结构说”，载《法学研究》2013年第4期。

第三层结构是宪法义务。国家应当为全体人民的利益行使其私法权能和公法权能。

宪法上的自然资源国家所有权的规定本身即包含私法上所有权的内容，它可以直接在私法关系中适用，直接产生私法效力。在自然资源国家所有权中同时包含私法权能和公法权能。第一，除民法上所有权的普通权能，如占有、使用、收益和处分外，国家所有权还包括国家在立法、行政、司法方面的权能，即有权对自然资源进行立法、行政管制、利益分配等。这些权能本质上是国家所有权中的公法权能，是自然资源国家所有权的第二层结构。公法权能本质上是权力关系，与以对等性为特征的私法权能性质不同。[1]权能的实现对于客体的要求也不相同。私权权能如占有、使用、收益和处分，要求客体具有确定性，而公法权能的实施对客体的确定性要求较低，通常只需要观念上的确定性即可。公法权能与私法权能的不同在于，它通常不是对物的直接支配，而是与物有关的权利行使，特别是立法权的行使和抽象行政行为的实施。

除民法加于所有权的一般负担和义务外，宪法上的国家所有权还承担宪法规定的或包含的国家作为自然资源所有人应当承担的宪法义务。确立自然资源国家所有权的各国宪法对于自然资源国家所有权的表述不尽相同。大多数国家宪法规定的权利主体是人民，而不是国家，并且没有直接使用“所有权”概念，而是使用“属于”“控制”等词。如《印度尼西亚宪法》第2.2条规定：土地、水和自然资源应当在国家的权力控制之下，应当为人民的最大福利而使用；《俄罗斯联邦宪法》第9.1条规定：土地和其他自然资源应当用于生活于各自领域的人民

---

〔1〕［韩］金东熙：《行政法》（Ⅰ），赵峰译，中国人民大学出版社2008年版，第82页。

的生活和活动，并为联邦保护。土地和其他自然资源可以是私人所有权、国家所有权、城市所有权以及其他类型的所有权。《秘鲁宪法》第66条规定：自然资源，无论可再生的和不可再生的，都是国家的财产。秘鲁宪法法院对《宪法》第66条自然资源国家所有权的解释是：自然资源属于秘鲁的各代人民，自然资源开采的收益应当属于全体国民。

在各国宪法的表述中，出现最多的词汇就是“人民”和“公共”，这表明国家作为自然资源所有权人，不具有自身的利益，而是为全体人民的利益（甚至包括后代的利益）行使自然资源所有权。这是国家在自然资源国家所有权上的宪法义务，构成了自然资源国家所有权的第三层结构，也是国家所有权最为核心和重要的内容。我国《宪法》第9条也为自然资源国家所有权设定了诸多义务，重要的表述有四点：①全民所有，②国家保障自然资源的合理使用，③保护珍贵的动物和植物，④禁止任何组织和个人侵占自然资源。

三、制度性保障说[1]

《宪法》第9条第1款仅仅规定了作为整体的自然资源——而非可辨析的个体的自然资源物——的归属主体，它并不含有调整人之行为的命令或禁止，因而属于不完整规范。应该结合《宪法》第9条第2款、第13条和第26条等条款，来评鉴自然资源国家所有条款的价值目标，然后对之作制度性保障功能解释。自然资源国家所有的价值目标在于作为主权代理人的国家负有保障自然资源得到公平分配和有效利用，防范对自然资源

---

〔1〕参见刘练军：“自然资源国家所有的制度性保障功能”，载《中国法学》2016年第6期。

的破坏性采掘，并治理由不当利用所造成的生态失衡和环境污染。

为此，《宪法》第 9 条第 2 款规定"国家保障自然资源的合理利用，保护珍贵的动物和植物。禁止任何组织和个人用任何手段侵占或者破坏自然资源"；第 13 条第 2 款规定"国家依照法律规定保护公民的私有财产权和继承权"；第 26 条第 1 款规定"国家保护和改善生活环境和生态环境，防止污染和其他公害"。国家之所以对自然资源负有此等"保障""保护""改善"和"防治"之责任，关键在于自然资源属于国家所有。同时，国家保护公民的私有财产权和继承权，当然就包括保护公民在自然资源物上的财产权及相关继承权。可以说，《宪法》第 9 条第 2 款、第 13 条第 2 款和第 26 条第 1 款是自然资源国家所有条款的法效果规范，是国家为此而承担的有关自然资源方面的义务规范。唯有正视这三个规范条款，才能真正洞悉《宪法》第 9 条第 1 款的价值目标所系。既然国家为自然资源的所有者，那"自然资源在国民中的公平分配→自然资源之合理利用→保护公民的自然资源利用权→防止滥采滥伐自然资源→维护自然生态平衡"这一串相互勾连的任务，都得由国家这个经济主权者一肩扛起。

自然资源国家所有并非意在使国家或全民成为私权意义上的自然资源所有者，相反，作为自然资源的最高规范，它旨在保障国民个体对具体的自然资源物享有私法意义上的所有权、用益物权等权益。而国民个体具体如何分享自然资源的所有权等权益，则依赖立法者根据此等最高规范进行立法，通过不同层次的法律法规来建构可行而又公平的自然资源国民分享制度。作为一种制度性保障条款，自然资源国家所有的制度性保障功能内涵可分解如下：①要求立法者建构多层级的自然资源分配及使用之法律制度，我国已形成了较为全面的自然资源法律制度体系；②制度性保障的核心在于使自然资源能为国民公平地享有与使用，在终极意义上自然资源所有权，其实就是可辨析的个体的自然资源物的所有权，即国民才是自然资源最重要的所有权和使用权主体。

四、对上述学说观点的思考

从理论研究层面来看，除上述新国家所有权说〔1〕、制度性保障说之外，还有相对较早的旧国家所有权说、公权说、规制说、资格说、所有制说等观点。〔2〕新国家所有权说本质上并不否定国家可以像国民个体一样享有所有权，但又承认国家作为所有权主体具有它的特殊性，从而对宪法上的国家所有条款做较为复杂的多重解释。〔3〕如国家所有权双阶构造说指出国家所有权是一个规范系统，宪法上的国家所有条款是此等法律规范系统的基础性规范，“它决定着自然资源的基本法律属性”并对其他部门法律中的确权性规范和授权性规范实施合宪性控制。在现代法秩序中，所有权绝不是由某一个部门法“独家经营”的法律概念。就所有权类型的理论反思而言，自然资源国家所有权蕴含着宪法所有权与民法所有权的双阶构造，纯粹私权说与纯粹公权说均难谓恰当。就自然资源使用的法律调整机制而言，应回归公物与私物二元区分的大陆法传统，并对“非对物采掘类”与“对物采掘类”自然资源作类型化处理，由此形成

〔1〕即前述自然资源国家所有权双阶构造说和自然资源国家所有权三层结构说。

〔2〕参见刘练军：“自然资源国家所有的制度性保障功能”，载《中国法学》2016年第6期。

〔3〕刘练军：“自然资源国家所有的制度性保障功能”，载《中国法学》2016年第6期。

不同的规范配置。“自然资源国家所有权三层结构说”指出宪法上规定的自然资源国家所有权包含“私法权能”“公法权能”和“宪法义务”。制度性保障说指出《宪法》第9条第1款规定自然资源属于国家所有，但该条款属于不完全法条，应当结合其他宪法条款对该条款做制度性保障解释。自然资源国家所有的制度性保障不但要求立法者对自然资源建构多层级的法律制度体系，而且该制度体系的结构及内容必须符合基本权利保障的现代宪法要求，以使国民能够公平地获得自然资源物，并对之切实地享有所有权、用益物权等权益。

笔者认为，上述三种学术观点在研究方法和思路上有相同之处，都是从对现行法的解读而展开，即运用了法教义学的研究方法。正所谓“在中国法学界开始摆脱‘立法中心主义’的当下时刻，重新解读现行的法律文本，‘戒除超然世外或漂移域外的研究者主体内心定位’[1]，是研究自然资源国家所有权问题的必由之路”。[2]最终获得的研究结论在实质上也达成了诸多共识。

1. 关于自然资源国家所有权的私权属性

自然资源国家所有权三层结构说明确提出，宪法上规定的自然资源国家所有权包含三层结构：第一层结构即是私法权能而且在这一层面上，它与物权法上的所有权无异。并且进一步认为，《物权法》第45条规定了“国有财产由国务院代表国家行使所有权”。如果《宪法》在第9条规定自然资源国家所有权后，继续规定自然资源国家所有权由国务院代表国家行使，就

---

〔1〕 陈甦：“体系前研究到体系后研究的范式转型”，载《法学研究》2011年第5期。

〔2〕 税兵：“自然资源国家所有权双阶构造说”，载《法学研究》2013年第4期。

可能会将自然资源国家所有权主要限制在私法权能上，因为公法权能中的立法权、司法权因代表机关的性质而被限制了。可见，物权法规定“国有财产由国务院代表国家行使所有权”，还是强调国家所有权的私权性质。

自然资源国家所有权双阶构造说也明确，自然资源国家所有权蕴含着宪法所有权与民法所有权的双阶构造，宪法所有权是取得民法所有权的资格。制度性保障说虽然主张自然资源国家所有并非意在使国家或全民成为私权意义上的自然资源所有者，相反，作为自然资源的最高规范，它旨在保障国民个体对具体的自然资源物享有私法意义上的所有权、用益物权等权益。但是，恰恰这种表述难以否认自然资源国家所有权的私法属性。自然资源物何以获得？从现行立法和实践的角度看，它需要“母权”，例如，在水资源物权体系中，水资源国家所有权是水资源使用权的“母权”，而通过行使水资源使用权（取水权）这一手段性权利可以获得水（自然资源物）所有权。

2. 关于自然资源国家所有权的公法权能

自然资源国家所有权三层结构说明确提出，国家所有权还包括国家在立法、行政、司法方面的权能，即有权对自然资源进行立法、行政管制、利益分配等。这些权能本质上是国家所有权中的公法权能，是自然资源国家所有权的第二层结构。公法权能与私法权能的不同在于，它通常不是对物的直接支配，而是与物有关的权利行使，特别是立法权的行使和抽象行政行为的实施。自然资源国家所有权双阶构造说也明确了对自然资源作出“终局性裁决”的宪法规范为基础性规范，并对其他部门法中的确权性规范和授权性规范实施合宪性控制。制度性保障说实质上也强调了国家所有权的公法权能，主张自然资源国家所有的制度性保障要求立法者对自然资源建构多层级的法律制度体系，而且该制度体系的结构及内容必须保障国民的基本权利。

3. 关于自然资源国家所有权的宪法义务

自然资源国家所有权三层结构说明确提出，宪法上的国家所有权还承担宪法规定的或包含的国家作为自然资源所有人应当承担的宪法义务。从各国宪法的表述中可以看出国家作为自然资源所有权人，不具有自身的利益，而是为全体人民的利益（甚至包括后代的利益）行使自然资源所有权。这是国家在自然资源国家所有权上的宪法义务，构成了自然资源国家所有权的第三层结构，也是国家所有权最为核心和重要的内容。制度性保障说也认为，自然资源国家所有的价值目标在于作为主权代理人的国家负有保障自然资源得到公平分配和有效利用，防范对自然资源的破坏性采掘，并治理由不当利用所造成的生态失衡和环境污染（之义务）与自然资源国家所有权三层结构说之“宪法义务”一致。

综上，笔者赞同自然资源国家所有权三层结构说的基本观点，并认为自然资源国家所有权三层结构说、自然资源国家所有权双阶构造说以及制度性保障说就上述三点在一定程度上达成了共识。此外，自然资源国家所有权双阶构造说关于自然资源之“对物采掘类”“非对物采掘类”之划分，制度性保障说关于“自然资源物”的理论阐释亦有相通之处，对自然资源物权理论研究和相关立法完善具有重要价值。[1]

---

〔1〕 关于这一问题，笔者将在第三节“水资源物权体系”中有关“水所有权”的相关内容中进一步阐述。

第三节　水资源物权体系

一、关于水权概念的理论分析

“水权”一词最早来源于英美法系，在长期的研究与使用中，逐渐被移植到大陆法系国家和地区。在理论层面上，由于两大法系的法律文化、法律背景以及法学家的不同研究思路，使得水权概念在移植发展的过程中出现了一些差异。

在英美法系中，因为所持理论导向的差异，学者对水权的界定也存在差别。姜格雷丝博士的观点是：“水权是一种非传统意义上的财产权。水使用人并不拥有某一种含水层或某条河流等水资源的所有权，而仅享有使用该资源里的水这一不完全的权利——用益权。”[1]在美国东、西部，也存在着明显差异，东部将水权视为附属于不动产的权利，而在西部则视为一种动产权利。丹佛大学法学院简·G. 莱托斯教授认为：“水权不是对水的所有权，水权人不享有受法律保护的所有权上的利益，受保护的只是用水权。”[2]英美法系对水权的认识可总结为以下几点：①对于其客体而言，存在明显差异。在美国将特定的公共水体视为水权客体；而澳大利亚学者认为，其客体还包括了供

〔1〕 Jeremy Nathan Jungreis, “‘Pemit’ Me Another Drink: a Proposal for Safeguarding the Water Rights for Federal Lands in the Regulated Riparian East”, *Harv. Envtl. Rev.* Vol. 29: 373, 转引自曹可亮：“水权和水资源财产权概念比较法研究——兼论比较法研究中的概念移植问题”，载吕忠梅主编：《环境资源法论丛》（第8卷），法律出版社2010年版，第254页。

〔2〕 Jan G. Laitos, “Water Right, Clean Water Act Section 404 Permitting, and the Taking Clause”, *U. Colo. L. Rev.* Vol. 60: 901, 905, 转引自曹可亮：“水权和水资源财产权概念比较法研究——兼论比较法研究中的概念移植问题”，载吕忠梅主编：《环境资源法论丛》（第8卷），法律出版社2010年版，第254页。

水系统中的商品水。②对权利内容而言，它所包含的必须将所有权排除之外，因此只包括取水的权利、使用水的权利。③水权属于财产权的一种，虽与传统意义上的财产权不同，但其具备了财产权的特质，这就可以解释水权在过去、现在以及未来的经济竞争中的原因问题。

对于大陆法系而言，“水权”属于舶来品，在其广泛的移植和传播过程中，对于水权的概念界定自然存在差异，其争论的焦点主要集中在两个方面：一是水权的客体问题；二是权利性质问题。由此不难看出，不论是英美法系还是大陆法系，对水权的研究差异不大，水权的客体以及权利性质，是理论界争论的长久话题。

我国的水权研究开始于20世纪60年代，至今已经进行了半个多世纪，对于水权的讨论，依然是百家争鸣，众说纷纭。主要存在三种学说：

（1）单权说。该学说认为水权是指依法对于地表水和地下水进行使用、收益的权利。水权是独立于水资源所有权的一项法律制度，是水资源的非所有人依照法律的规定或合同的约定所享有的对水资源的使用或收益权。水资源的所有权为水权的母权，水权系由水资源所有权派生而来。若不存在水资源所有权或者所有权权属不清，水权也就无从产生并独立存在。水权是一个集合概念，它是汲水权、蓄水权、排水权、航运水权、竹木流放水权等一系列权利的总称。不同类型的水权在性质、功能和效力上存在着一定的差别。“水自身为‘动产’，但水权却是不动产权益。因水权派生于水资源所有权，故水权属于他物权；因它是权利人使用水并获得利益，而不是为担保债权的实现，故它为用益物权，即为特定的用途从特定的源流而引取、使用水的权利。但同一般的用益物权相比，水权具有自身的特点，于是人们称其为准物权。”[1]

（2）双权说。该学说认为水权是指水资源的所有权和使用收益权的总称。它既包括水资源所有权，也包括各种水资源使用收益权。[2]这是水利实务界的观点。在该说中，有学者还将“水资源的使用权进一步划分为自然水权和社会水权，其中自然水权包括生态水权和环境水权，社会水权包括生产水权和生活水权”。[3]这种观点更符合水利实务的要求。

（3）多权说。该学说把与水相关的权利或多或少的纳入了水权的范围内。例如，有的学者认为，水权是有关水资源的权利的总和，其中包括水资源所有权以及由所有权派生出的其他权利的总和，或包括自己或他人受益或受损的权利（其最终可以归结为水资源的所有权、经营权和使用权）；[4]有的学者认为，水权是指由水资源所有权、水资源使用权（用益权）、水环境权、社会公益性水资源使用权、水资源行政管理权、水资源经营权、水产品所有权等不同种类的权利组成的水权体系。[5]

各种学说、观点争论的关键在于水资源所有权这一本该为母权的权利是否应与其子权处于同等的法律地位，或者说是否应被水权概念所包含。从理论上界定水权的目的，是为了指导水权制度的建立，因此应当立足现行法律的基本精神和解决现

---

〔1〕 崔建远：“水权与民法理论及物权法典的制定”，载《法学研究》2002年第3期；裴丽萍：“水权制度初论”，载《中国法学》2011年第2期。

〔2〕 汪恕诚：“水权和水市场——谈实现水资源优化配置的经济手段”，载《水电能源科学》2001年第1期；关涛：“民法中的水权制度”，载《烟台大学学报（哲学社会科学版）》2002年第4期。

〔3〕 李焕雅、雷祖鸣：“运用水权理论加强资源的权属管理”，载《中国水利》2001年第4期。

〔4〕 姜文来：“水权及其作用探索”，载《中国水利》2000年第12期；熊向阳：《水权的法律和经济内涵分析》，中国人民大学出版社2002年版，第616页。

〔5〕 蔡守秋：“论水权体系和水市场”，载《中国法学》2001年增刊。

实问题。笔者认为，水权属于财产权，而在财产权体系中，水资源所有权的上位权利是财产所有权，再上位权利是物权，不会是水权。水权在逻辑上只能是水资源所有权的下位概念，是从水资源所有权中派生，系分离该所有权中的使用、收益诸权能而形成的他物权。因此水资源所有权是母权，是国家所独有的权利，不能进行交易。不论是起初理论界广泛定义的“水权”，还是目前定义的“取水权”，都是一种集合的概念，充分肯定了水权的物权特性，以科学发展的视角赋予了水资源的市场经济的生命力。

二、水资源物权的概念和特征

水资源物权是指权利人依法对水资源享有支配和一定程度上排他的权利，包括水资源所有权、水资源用益物权和水所有权。水资源物权在现行法上的依据主要有：第一，《宪法》第9条：“矿藏、水流、森林、山岭、草原、荒地、滩涂等自然资源，都属于国家所有，即全民所有；由法律规定属于集体所有的森林和山岭、草原、荒地、滩涂除外。”第二，《物权法》第46条：“矿藏、水流、海域属于国家所有。”第123条“依法取得的探矿权、采矿权、取水权和使用水域、滩涂从事养殖、捕捞的权利受法律保护。”第三，《水法》第3条：“水资源属于国家所有。水资源的所有权由国务院代表国家行使。农村集体经济组织修建管理的水库中的水，归各该农村集体经济组织使用。”

水资源物权与传统物权亦有着相同的法律属性，以水资源用益物权为例，“水资源用益物权作为一种新型的用益物权，与传统用益物权也有着相同的法律属性，如，同样以对标的物的使用、收益为其主要内容，同样属于他物权、限制物权和有期物权，同样适用相同的用益物权保护规则。”[1]同时，水资源物权亦有其自身的特殊性，大致概括如下：

第一，水资源物权的客体。首先，水资源为集合物。水资源通常由底土、水岸、水、水面组成一定的水体而存在，这四个部分及它们之间的组合各有其独立的使用价值。其次，水资源物权客体难以特定化。水资源的流动性决定了其难以特定化的特点。即水资源既非作为一般物权客体的单一物，也非独立物、特定物，但是这并不能排除其物权客体的属性。[2]

第二，水资源物权的性质。首先，通过前述对自然资源国家所有权的理论研讨，我们认为，水资源国家所有权的第一层结构即是其私法权能，在这一层面上与物权法上的所有权无异。其次，水资源使用权乃是一种私权，这一点从《物权法》等现行相关法律中可以找到依据。最后，水所有权是一种私权。当然，因为水资源之上又附存着不具有竞争性和独占性的生态环境功能以及社会公共利益，尚需要由政府采取非市场手段加以管制和保护。

第三，水资源物权是一种特别物权。一些学者采用普通物权和特别物权的分类，把民法典规定的物权叫作普通物权，或者称为民法上的物权；而将特别法规定的具有物权性质的财产权，命名为特别物权。所谓特别法，是指民法规范和行政法规范的综合性法律，如我国的土地管理法、矿产资源法、森林法、水法和渔业法等。[3]

物权法已经对水资源物权进行了规定，但不难看出，这只

---

〔1〕 裴丽萍：《可交易水权研究》，中国社会科学出版社 2008 年版，第 133~134 页。

〔2〕 刘立、罗文君：“水资源物权客体分析”，载《湖北教育学院学报》2007 年第 11 期。

〔3〕 崔建远：《准物权研究》，法律出版社 2003 年版，第 27 页。

是一种宣示性的规定。一方面确立了水资源物权的权利安排的基本框架，但另一方面，物权法中对水资源物权的原则规定，未使水资源物权内相关权利的性质、内容和效力得到更为清晰的揭示，为理论研究和实践探索留有空间和余地，为在特别法中确立较为完善的水资源物权法律制度成为可能。水资源物权法律规范主要由水法及相关行政法规等特别法组成，在物权法对水资源物权做出一般规定并进而确认了其物权性质的前提下，水法等特别法应当规定水资源物权的具体内容和权利行使的具体规则。因此，我国今后应当进一步进行水法改革，摒弃采用管理法思路对水资源的利益与保护加以规范，而应当顺应水资源利用市场化的改革路径对水资源物权体系及权利交易安排问题作出系统性的规定。

三、水资源物权体系之构成

水权、水资源所有权和水所有权是在研究水权制度问题时频繁出现的概念，依通说，水资源所有权属于特殊主体所享有的权利，在我国归国家享有。水所有权，或称水体所有权，已归普通的民事主体享有，早已成为交易的客体。业已引入企业等市场主体的储水设施、家庭水容器中的水，不再是水资源所有权的客体，而是水所有权的客体。水权，系从水资源所有权中派生，分享了后者中的使用权与收益权形成的物权，水权人行使水权（取水权），便得到了水所有权。[1]

（一）水资源国家所有权

前述关于自然资源国家所有权的论证结论及于水资源国家所有权。宪法上规定的水资源国家所有权的第一层结构即是其

〔1〕 崔建远：《准物权研究》（第2版），法律出版社2012年版，第314页。

私法权能，与物权法上的所有权无异，在水资源物权体系中，水资源国家所有权是水资源使用权的“母权”。水资源国家所有权的第二层结构是其公法权能，包括国家在立法、行政、司法方面的权能，即有权对水资源进行立法、行政管制、利益分配等。水资源国家所有权的第三层结构是其宪法义务，即为全体人民的利益（甚至包括后代的利益）行使水资源所有权，国家负有保障水资源得到公平分配和有效利用，防范对水资源的破坏之义务。

从世界范围看，很多国家都在其相关立法中规定了水资源国家所有权。例如，《越南民法典》规定，土地、山林、江河、湖泊、水源、矿藏、海洋资源、大陆架和空间资源，都属于全民所有，国家是全民所有财产的所有人的代表。其《水法》第1条重申了这一原则。《俄罗斯联邦水法》规定，一切水体，包括那些不属于个别市镇、公民和法人所有的零散水体，均应属于国家所有制的范畴。《蒙古国民法典》规定，蒙古国公民私人所有土地以外的土地、底土及其富源、森林、水资源、野生动物等，均归国家所有。

根据我国《宪法》第9条规定，矿藏、水流、森林、山岭、草原、荒地、滩涂等自然资源，都属于国家所有；由法律规定属于集体所有的森林和山岭、草原、荒地、滩涂除外。《民法通则》第74条也对自然资源的国家以及集体所有作了规定。2002年修订后的《水法》第3条规定：水资源属于国家所有，水资源的所有权由国务院代表国家行使。

综上所述，民法上水资源国家所有权经由宪法上国家所有权的转化而来。这一转化，在权利性质上，完成了宪法上所有权向民法上所有权的转变；在权利主体上，实现了主权国家向国家法人的转化；在权利客体上，使水资源可以作为民法上所有权的客体被支配；在权利行使上，为在水资源之上设置用益物权性质的水权提供了可能，有益于水资源效用的最大限度发挥，并保证水资源之上负载公共利益的实现。至此便理顺了水资源全民所有到宪法上水资源国家所有权，进而转化为民法上水资源国家所有权的路径。〔1〕

（二）水权

1992 年，颇具影响力的水资源管理“都柏林原则”指出：“将水资源看成是一种经济商品来管理，是实现资源有效和公平利用、鼓励水资源涵养和保护的一个重要方法。”很多人认为这是对水资源私有化的一种推动。如果我们准备更加公平地享用水资源，而且假定市场最终允许通过价格机制来应对资源紧缺，那么在这条道路上迈出的第一步就应当是关注水权的定义。〔2〕

1. 水权概念的界定

我国关于水权概念的学说观点主要包括单权说、双权说和多权说，笔者赞同单权说。水权是指权利主体依法对于地表水和地下水进行使用、收益的权利。水权是独立于水资源所有权的一项法律制度，是水资源的非所有人依照法律的规定或合同的约定所享有的对水资源的使用或收益权。水权是一个集合概念，它是汲水权、引水权、蓄水权、排水权、航运水权、竹木流放水权等一系列权利的总称。在水权问题研究中，取水权是一个重要概念，并且也是在现行法中加以规定的概念。

从我国《水法》《物权法》等现行有关的法律规定来看，并没有关于水权概念的明确界定。在理论研究之初，学界广泛

---

〔1〕单平基：《水资源危机的私法应对——以水权取得及转让制度研究为中心》，法律出版社 2012 年版，第 98 页。

〔2〕［澳］科林·查特斯、［印］萨姆尤卡·瓦玛：《水危机：解读全球水资源、水博弈、水交易和水管理》，伊恩、章宏亮译，机械工业出版社 2012 年版，第 140 页。

应用“水权”一词，“取水权”则是一个随着理论发展不断探索更新的概念，采用“取水权”一词力图使研究更加具体、明确。在一些国家的立法例上，水权除了汲水权、引水权等类型的取水权，还有水力水权、航运水权竹木流放水权、排水权等，我国《取水许可和水资源费征收管理条例》《取水许可管理办法》则都将水力水权、航运水权、排水权纳入取水权之中。

结合国外与国内立法的现状，有学者对取水权概念进行了分析，提出取水权概念有狭义与广义之分，“我们不妨把境外立法例及其理论所说的汲水权、引水权等叫作狭义的取水权，而将中国《取水许可和水资源费征收管理条例》《取水许可管理办法》上的取水权称为广义的取水权”。〔1〕在理论研究领域，学界对取水权概念的定义，总的来看可以概括为两类：其一，认为取水权就是水资源的使用权，是法人、组织等用水主体依法对国家或集体所有的水资源进行使用和收益的权利；〔2〕其二，认为取水权是指单位或个人作为权利人有依法直接从国有水资源（地表水或者地下水）中引取一定量水的权利。〔3〕前者为广义的取水权概念，事实上就是理论界以及实务界广泛使用的“水权”概念，后者为狭义的取水权概念。

《物权法》规定了取水权，但未就取水权的内涵和外延进行界定。《取水许可和水资源费征收管理条例》《取水许可管理办法》则都将水力水权、航运水权、排水权纳入取水权之中，即是学界所谓的广义的取水权概念。对此，有学者指出，将取水权的外延扩张到水力水权、航运水权、排水权等类型，使得取

---

〔1〕 崔建远：《准物权研究》（第2版），法律出版社2013年版，第303页。

〔2〕 王利民：《物权本论》，法律出版社2005年版，第331页；陈琴：“构建我国水权法律制度体系的初步设想”，载《中国水利》2003年第7期。

〔3〕 崔建远：《准物权研究》（第2版），法律出版社2013年版，第303页。

水权内部既包括汲水权、引水权这些作为水所有权转换器的水权，又含有水力水权、航运水权这些不发生水所有权移转的水权，还包含排水权这类将一定之水融汇于水资源整体的水权的做法，在分析取水权的属性、目的及功能时非常费力，且不清晰。也就是说，《取水许可和水资源费征收管理条例》《取水许可管理办法》上的取水权概念，存有不足。[1]

笔者认为，就取水权概念而言还是应当取其狭义理解，可定义为：单位或个人按照相关的法律规定根据特定的用水目的、在一定的期限内、从国有水资源中取得特定量之水的权利。将取水权作如此界定，有利于取水权的进一步转让，促进水资源的合理配置，同时使得根据取水权取得的特定量之水脱离自然状态，归取水权人按用水目的支配，发挥了其“水所有权转换器”的作用。《取水许可和水资源费征收管理条例》《取水许可管理办法》中的所谓“取水”既采广义涵义，似应改为“用水”更为适宜。《物权法》《取水许可和水资源费征收管理条例》等相关法律、行政法规应当顺应理论研究和水资源使用的实践，接受“水权”概念。

本书主要研究“水合同”制度，主要的研究对象包括水权出让合同、水权转让合同和供用水合同，其中供用水合同是转移水所有权的合同，转让方需拥有水所有权，因此，在研究水权出让合同和水权转让合同时，会重视作为“水所有权转换器”的取水权，但是，水权出让合同和水权转让合同相应的法律规则并不局限于狭义的取水权概念，因此，本书主要还是使用“水权”的称谓。

---

〔1〕 崔建远：《准物权研究》（第2版），法律出版社2013年版，第303页。

2. 水权的客体

水权的客体问题，一直是学界关注的重要问题，存在“局部水资源说”和“一定之水说”。按照“局部水资源说”，在水权设立时通过水权登记等形式，以取水地点、取水方式、水质、取水总量、取水流量过程限制等水权限定条件加以界定，使之具体化，从而同水资源所有权的客体相区别。“一定之水说”则认为，水权的客体是水，包括地表水和地下水。它存在于河流、湖泊、池塘、地下径流、地下土壤之中。这两种观点均具有合理性，“局部水资源说”在区分水权与水所有权的客体方面具有较强的积极作用，“一定之水说”的合理性似为更突出。①水资源，无论是按权威的界定还是依据我国现行法的规定，均为一抽象的、总括的概念，指全部的地表水和地下水的总和。而水权所利用的不是总括的、全部的、各种形态的水资源，只是一定的水。②在汲水权、引水权等场合，水权不是直接支配作为其客体的水，而是作为水所有权而非水资源所有权从国家转移到水权的转换器，系水所有权取得之权，所以其客体不会是水资源。③在排水权等场合，水权的客体并非水资源而是具体的水，至为明显。④在航运水权、竹木流放水权等情况下，水权的客体实际上只是一定的水面，用水资源的表述也不够精准。[1]

3. 水权的法律特征

（1）水权属于绝对权。水权的主体在取得权利后，其权利是对其他一切人的权利，这也是物权的绝对权的体现。与土地使用权相似，其权利的获得者，取得的是一种对世的权利，该权利在其取得年限内，不容侵犯。

---

〔1〕 崔建远：《准物权研究》，法律出版社2003年版，第258页。

（2）水作为民法上的“物”，是一种很独特的客体，它的可流动性，不确定性等特点决定了水权客体的不确定性，这一点又与物权大相径庭。水资源在使用中会遇到各种问题，包括水在水圈中的循环，某一地区的水又受到当地文化及社会习俗的影响，部分水与整个水体的分离等，这些问题都决定了水权在划分时的不确定性，在这种局面之下水权不可能被传统物权概念所包含。但这种客体的不确定性又不是绝对的，对于水权的主体，它的客体又是相对确定的。崔建远进而论述，水权客体具有特定性，但这些特定性因个案情形而会分别呈现出四种形态之其中一个：“有的以一定的水量界定水权客体，有的以特定的水域面积界定水权客体，有的单纯地以特定地域面积界定水权客体（以地下水作客体场合即如此），有的以一定期限的用水作为水权的客体。”

（3）针对物权重要的特性之一——排他性，否定水权物权特性的往往以此为由进行辩驳。水资源因其自身的特性，当其存在于公共水域之下，确实不存在所谓的排他性。然而当水权被权利主体所获取，则在权利的范围内，排他性是存在的，排他性的存在能够有效地保护水权主体的民事权利。

（4）既然水权在一定条件下拥有排他性，则相对的直接支配的权利自然是存在的。水权因其母权的特殊性具有比较浓厚的公权力色彩，目前的取水许可制度，表面上看来使得水权的权利主体丧失了直接支配的权利，其实不然。权利主体在取得水权之后，对其权利范围内的水体享有直接支配权，其使用、收益都遵循自身的意思表示。在水权可以进行转让之后，我国的水资源管理部门的监管仅属于一种监督控制的手段，而并没有妨碍权利主体进行意思表示，处分水权，由此看来，权利主体的支配地位不容置疑。

（三）水所有权

从不同类型的水权的功能来看，水力水权、航运水权、竹木流放水权、排水权等行使中，用水人不需要对其所使用的水面乃至水体拥有所有权，故只存在水资源所有权和水权，不存在水所有权。在取水权（指汲水权、引水权等，即狭义的取水权概念）行使中，可以发挥“水所有权转换器”的作用，使水资源里的部分水进入到取水权人的输水系统乃至储水设施，取水权人即取得这部分水的所有权。

前述关于自然资源物所有权的基本结论亦可用来解释水所有权。通过行使“对物采掘类”自然资源使用权，可以获取处于自然赋存状态下的自然资源，例如，矿产资源经挖掘后产生矿产品，渔业资源经捕捞后产生渔产品，林业资源经采伐后产生林产品，均可以形成自然资源产品所有权。水资源经抽取后所形成的一定之量的水，已经表现为特定化的有体物，具备成为物权客体（尤其是所有权客体）的全部属性要求，权利人可以对其拥有水所有权。

CHAPTER3

第三章

合同制度的生态化拓展与水合同制度的一般理论问题

学界从物权角度对水资源私法制度的研究较为深入，但除有关水权转让合同的研究之外，甚少从合同制度的角度来分析这一重大理论与现实问题。根据水资源物权理论研究的已有成果，从制度构成的逻辑应然要素分析，完整的制度构成应当包括水权界定、初始水权分配、水权市场、水权交易制度等。笔者认为，基于环境合同制度的理论证成，包括初始水权分配、水权市场、水权交易制度等在内的水权制度都可以或者需要合同作为其外在形式并可依据合同作为确定相应权利义务关系的依据。

通过市场机制配置水资源，客观上要求首先明确各用水主体的初始取水权，才能按照水权交易规则进行水资源的优化配置，因此必须对水权进行初始分配。如果从运用合同制度的角度看，其实质就是国家与个人之间就水资源使用权所达成的协议，我们称之为水权出让合同。关于水权转让，学界探讨较多，理论成果丰富，可运用理论上已比较成熟的水权转让合同来分析水权交易的法律规则。同时，对于普通的市场主体来说，水权制度和水合同债权制度是其主要的用水根据，法律应同时提供物权与债权两类用水的法律依据供用水人选择。依据合同债权用水，其法律关系的客体与取水权出让合同和水权转让合同的客体不同，前者为水所有权，后者为水权，因此，可将这类合同称为水所有权转让合同。在水所有权转让合同中居于重要地位的是供用水合同，而且随着我国不断深入的城镇化进程，在某种程度上来说，供用水合同对国计民生具有更为重要的现实意义。

第一节　合同制度的生态化拓展：环境合同制度的构建

一、环境合同的概念

近年来，我国在环境资源立法及实践中多采取市场手段来控制环境污染以及资源的节约和有效利用等问题，如污染治理、排污权交易、土地出让合同、水权转让合同、旅游资源利用合同以及一些商业环保合同等。这些制度设计都明显利用了民法中合同法的制度和理念，体现出环境法通过合同方式来协调环境公共利益与环境私人利益之间的关系的目的。其突出表现是在环境资源法的理论研究方面，学者们意图构建我国的环境合同制度体系，并相继提出了“环境合同”“环境民事合同”“环境行政合同”“环境保护协定”等概念，使我们看到了民事合同制度在环境法中的应用和扩展。然而，对环境合同进行准确的定义，却是一个非常困难的理论问题。特别是在今天合同涵盖的关系日益复杂，其外延扩大而导致内涵减少的现状下，[1]我们很难准确界定“环境合同”的涵义。但是，法的发展，总是伴

〔1〕 史际春、邓峰：“合同的异化与异化的合同——关于经济合同的重新定位”，载漆多俊主编：《经济法论丛》（第1卷），中国方正出版社1999年版，第41页。

随着术语的形成和讨论。找到一个可以用最佳方式表达的法学范畴和现象之实质的合适用语，往往是十分困难的。因而，对法学术语的研究永远是必需的。[1]

（一）“环境合同”“环境保护协定”概念与循环经济理念的契合

理论界对于“环境合同”“环境保护协定”等概念的理论分析，主要是从其与传统民事合同相比较的角度出发进而提出各自观点的。在此基础上，有学者认为环境合同是一种形式化的合同，是确定包括国家在内的各方当事人之间在环境资源使用中的权利义务关系的一种方式，将环境合同分为环境分配合同和环境消费合同。[2]还有学者提出了“环境保护协定”的概念，指出“环境保护协定是指企业（这里的企业包括企业、事业单位或组织）与所在地居民或当地政府为保护环境、防止污染的发生，基于双方合意，协商确定污染防治措施、纠纷处理方式和其他对策的书面协议”。[3]

上述“环境合同”概念意图从整个社会生产、生活及其与环境资源的关系的角度来构建独立的环境合同制度。在对“环境合同”进行分类的论述中，主要将其分为环境分配合同和环境消费合同，并指出环境分配合同形成环境资源使用权或者所有权转移的一级市场，环境消费合同形成私人之间进行交易的二级市场。其侧重点在于环境资源使用权的转移方面。而“环

〔1〕［俄］奥·斯·科尔巴索夫：“生态术语漫谈”，载《国家与法》（俄文版）1990年第10期，转引自王树义：《俄罗斯生态法》，武汉大学出版社2001年版，第1页。

〔2〕吕忠梅、刘长兴：“试论环境合同制度”，载《中国经济法学精粹》（2004年卷），高等教育出版社2004年版，第473页。

〔3〕蔡守忠、郭欣红：“环境保护协定制度介评”，载《重庆大学学报（社会科学版）》（第11卷）2005年第1期。

境保护协定"概念的侧重点则在于保护环境、防止污染的发生以及各方协商确定污染防治措施、纠纷处理方式和其他对策等所谓的"公害防止"方面。可见，前者契合了循环经济立法中的"输入经济系统的资源减量"；后者反映的则是"经济系统输出端的废物减量"。总之，这两个概念界定的重要意义在于将对于环境资源问题的分析置于社会生产的大背景之下，从经济发展中的生产、分配、消费流程的思路来考察环境合同，这样的分析与探索既契合了当今环境资源法发展逐渐渗透到社会生产、生活各领域的趋势，又体现了从经济运行的全过程对环境资源问题予以关注和控制的循环经济理念。

（二）"环境行政合同""环境民事合同"概念及其局限性

对环境保护与分配领域出现的关于政府与政府、企业、法人或自然人间达成的以环境资源的分配与利用为内容的协议性质。在概念法学和部门法观念影响下，有学者提出了"环境行政合同"和"环境民事合同"的概念。其中，"环境行政合同是指行政主体为实现特定的环境管理目标、行使环境管理监督职能，与行政相对人就环境事务中各自的权利（力）、义务及相应的法律后果经协商一致达成的协议"。[1]"环境民事合同是指合同主体在环境资源开发利用、生态环境保护过程中，就环境民事权利义务所达成的协议。"[2]

1. "环境行政合同"概念及其局限性

环境行政合同的支持者[3]认为，此类合同有一方必是行政

---

〔1〕 梁剑琴："论环境行政合同的概念"，载《2006年全国环境资源法学研讨会论文集》，第1228页。

〔2〕 张炳淳："论环境民事合同制度"，载《2006年全国环境资源法学研讨会论文集》，第1453页。

〔3〕 详见钱水苗、巩固："论环境行政合同"，载《法学评论》2004年第5期。

主体，行政主体在合同的协商、签订等过程中都体现出不同于民事合同的优益权。如在行政合同中，行政主体作为要约的发起方，对合同协商的内容、违约责任的承担等方面都体现出单方的行政职权，不同于一般民事合同完全取决于双方的平等意志。另外，因此类合同本身的公益性特点，在履行合同过程中，行政主体一方会随时监督、管理甚至干预，或者因客观情势的变动，行政主体一方还可以通过合同约定享有单方变更合同内容的权利。一般合同履行中任何一方都不享有这种非基于自愿协商而行使的权利。

现代行政法治发展的一个重要趋势是行政机关将会在越来越大的范围内依法实施一些权力色彩较轻的非强制性行政行为。学者指出："行政合同的出现标志着行政法正趋向于体现一种私法的精神或本质。"〔1〕行政合同的特点即在于行政机关须得到相对人的同意，合同所设立的权利义务才有约束力。在行政合同中，行政机关不再对行政相对人发号施令，而是将行政相对人放在平等地位，行政合同中的行政相对人，也不再是被命令者，被动接受行政机关的命令，行政相对人对行政机关的行为接受与否、接受什么具有了选择权，甚至可以与行政机关讨价还价。在行政合同中，无论是行政机关还是行政相对人，平等观念、自由观念、权利观念、诚信观念等契约观念成了一种信念，并且这种信念指导着他们的行动。

由此可见，不仅传统民法和合同法中的一些基本原则在"行政合同"中可以适用，如平等原则、自愿原则、诚实信用原则、公序良俗原则、合法性原则等。同时，民法和合同法上关于要约与承诺、行为能力、代理、合同的效力、不可抗力等的

〔1〕孙笑侠："契约下的行政——从行政合同本质到现代行政法功能的再解释"，载《比较法研究》1997年第3期。

规定，在这些合同中也是适用的。“姑且勿论行政合同是否存在或到底哪些合同属于行政合同范畴，仅就其适用而言，它是否适用于合同法或将来的民法典，这是必须要探讨清楚的问题。”[1]“环境行政合同”的概念同样存在这样的问题，其是否存在、到底哪些合同属于“环境行政合同”以及它与合同法、民法的关系，都是一个需要继续探讨的问题。也就是说，当这一概念本身具备了强有力的理论支撑和实践基础之时，我们才能去谈它的制度体系如何建设的问题。

2. “环境民事合同”概念的局限性

环境民事合同的支持者认为，环境合同是建立在民事合同相关理论基础上而发展的。在环境资源的开发、利用过程中一般由企业法人、私人签订，具有一定的私法性；对环境污染、破坏的治理与赔偿也是通过民事合同的方式加以约定，从而将具有公法性质的合同内容转化成普通民事合同中的具体条款。君子协定的说法则认为，目前法律对此类合同尚无明确规定，当一方违约时，法律未明文规定制裁措施，合同的遵守主要依赖社会道德约束，故只是合同当事人相互间达成的一种协定。而支持环境保护协定说法的学者认为，这类合同是企业或相关组织与居民、政府为保护环境、防止污染发生，通过协商就污染防治措施、纠纷处理方式等达成一致的书面协议，体现了包括政府、企业、公众等不同主体间的合作、协商意识，故这类协议是为了污染治理与环境保护而达成一致的解决方案，与普通的民事合同或行政合同在性质上明显不同。“环境民事合同”概念显得过于保守。其实，契约法作为一个体系来说始终保持其开放的态度，不断更始、变化。为了适应社会的发展，适应交

〔1〕 江平：“民法典：建设社会主义法治国家的基础——关于制定民法典的几点意见”，载《法律科学》1998 年第 3 期。

换方式的变化，它不断发展出了强制缔约、格式合同及其规制、合同相对性原则的突破、契约责任的扩大化等新的制度和观念。我们每个人都知道，现实每天都在发生变化，随着时间的推移，我们对原则和法的认识也在不断地与时俱进。

在我们更多地以市场化手段应对环境问题的大趋势下，运用合同方式解决环境问题将会是一个很好的方法。一方面，通过双方当事人协商一致签订的，充分反映了双方当事人意见和认识的协议来确定公害处理方式，利用这种合意的方式促使污染源单位基于其自身的自主性而主动采取措施保护环境，解决环境污染问题；另一方面，利用合同方式实现资源的有效利用和节约使用更是一种科学合理的方法。“在有限的货物和服务的供应与人类无限需求之间，没有比订立合同和促进交换活动更好的调节方式。”[1]我们可以看到，前者正是“环境保护协定”的涵义，后者则是“环境合同”的涵义。

（三）环境合同概念的界定

在现代社会，随着市场失灵现象的出现以及政府干预理念的生成，契约自由在契约正义的碰撞和冲突中渐次衰落，其在合同法中乃至整个民法领域内的无上地位渐次动摇。这种趋势因诚实信用原则等一般条款的繁荣、关系契约理论的生成与合同相对性原则被突破、绝对意思自治淡化、融国家意志和社会公共意志的普通意志介入合同关系以及合同主体范围扩大，合同客体范围更趋普遍化和观念化等现象的出现而表现得尤为明显。民事合同的上述变化是作为合同实质的当事人意思自治逐渐淡出合同法制的前台，而合同作为确定当事人之间权利义务协议的形式作用和普世功能日益突出的过程。而且，当国家立

〔1〕［德］海因·克茨：《欧洲合同法》（上卷），周忠海等译，法律出版社2001年版，第7页。

法和司法裁判直接对合同作强制约定时，合同已不再仅仅是当事人的共同意志，在一定程度上它也反映了国家所代表的社会普遍意志，因此合同逐渐成了一种法律形式。[1]

1. 界定环境合同概念时应当注意的问题

“环境合同”可以成为一个独立的概念，用来指代环境法中的合同，它属于民事合同的范畴，但与一般民事合同相比，环境合同有其特殊性。这一点也决定了环境合同在适用合同法的一般原理和规则的前提下，还有一些特殊问题需要适用特殊的规则。

因此，在我们界定环境合同的概念时要特别注意从外延上来看，这个范围既不能过于狭窄，也不能过于宽泛。也就是说，第一，这个概念不能仅仅局限于环境资源的开发利用，还应当包括污染防治方面的一系列合同。并且，政府间就环境资源使用权转让所签订的合同，也应当属于环境合同的范畴。第二，这个概念不能过于宽泛。保护环境资源、发展循环经济是当前我国经济社会发展中最重大的问题，社会生活的方方面面都不能完全脱离环境保护的要求，但是，也不能凡是一涉及环境资源保护就归类为环境合同，还是要注意分析法律关系的性质和权利义务的特征才能定性和归类。

2. 环境合同的基本类型与环境合同概念的界定

（1）环境保护合同主要包括环境保护协定和商业环保合同。其中，环境保护协定是指企业（这里的企业包括企业事业单位或组织）与所在地居民或当地政府为保护环境、防止污染的发生，基于双方合意，协商确定污染防治措施、纠纷处理方式和其他对策的书面协议。

商业环保合同。循环经济的实质是没有废物，“垃圾是放错

---

〔1〕 吕忠梅、刘长兴：“试论环境合同制度”，载《现代法学》2003 年第 3 期。

了地方的资源”。随着科学技术的发展、企业和个人观念的转变，“变废为宝”的商业化发展会成为我国环境保护制度的重要组成部分。一系列商业环保合同，诸如污染物的委托处置合同、排污权的交易合同、固体废弃物交换处置合同等等。

（2）环境资源开发利用合同包括环境分配合同和环境消费合同。环境分配合同是指政府间以及政府和私人之间就环境资源开发利用达成的协议；环境消费合同是指私人与私人之间就环境资源的开发利用达成的协议。

通过以上对环境资源合同类型的列举，我们可以给环境合同概念一个概括性的定义，即环境合同是确定包括国家在内的各方当事人之间在环境资源开发利用和环境污染防治中的权利义务关系的协议。同时，需要指出的是，环境合同概念具有开放性，环境合同的类型会随着社会的发展而增加。

二、环境合同法律关系

（一）环境合同的主体

环境合同的主体指签订环境合同的当事人。根据环境合同签订目的的不同，其主体可以包括国家、政府、政府部门、法人、社会团体及自然人。国家、政府、政府部门也即我们常说的行政主体。我国法律规定，城市土地资源、水流、湖泊、矿产、野生动植物、草原、森林等自然资源均属国家所有。对这些资源的开发、利用及保护当然不能放任不管。国家、政府或相关部门作为社会公共利益的代表，以自己的名义代表国家行使环境管理权力，将对事关公共利益的大气、水资源等的管理权限具体化到合同条款中。

法人、自然人作为生产、经营和其他社会活动的主要参加者享有依法合理开发、利用环境资源的权利，但他们可能又是污染物的排放者及自然资源的破坏者，同时又是保护环境资源的重要力量，也是签订环境合同的主体。

由于环境污染与环境破坏造成的受害者人数众多，而前面几类主体很难与受害者逐一签订合同，为了使受害者的权利得到保障与救济，诸如环保组织、社区组织等相关社会团体的出现为解决这类问题发挥了重要作用，而且这类团体比一般民众对相关环境权利的保护更加专业。因此，在实践中，这类团体也是签订环境合同的重要主体。

（二）环境合同的客体

从传统债权合同理论视角来看，环境合同的客体也应当是行为，即合同当事人所应负担的作为与不作为。作为要求合同当事人积极作出某种行为，如在污染物限期治理合同中，企业作为治理污染物的义务方必须采取相应的治理行为以及政府给予相应的指导、监督行为；再如在供用水合同中供水方负有“交付”一定数量的水并转移其所有权的义务，用水方则负有支付水费的义务。不作为实际上是禁止当事人做出某种行为，如政府部门与自然人、法人或者其他组织签订的天然林保护合同中，要求义务人不得作出破坏天然林的任何行为。

同时，在环境合同中还存在合同的“标的物”的问题，即所谓环境资源事实上也是环境合同客体的应有之义，而这一点正是我们从物权合同理论出发解释“水合同”的重要理论支撑。对此，笔者将在第二节的内容中详细阐述。

“环境资源是影响人类生存和发展的各种天然的和经过人工改造的自然因素的总体，是现在和将来可以提高人类福利的自然环境因素和条件。”〔1〕作为环境合同的客体，环境资源除具有

〔1〕 吕忠梅：《沟通与协调之途——论公民环境权的民法保护》，中国人民大学出版社2005年版，第21页。

民法意义上物的一般特征外，还因其本身具有的内在价值而有别于民法意义上的物。第一，环境资源除具有一般物的工具价值外，还有因其资源的稀缺性表现出的生态价值。这种生态价值不依赖于主体而存在，从而形成对主体权利的限制（通过主体承担一定义务的方式实现），使环境资源的客体地位不再完全被动。第二，一般的物限于有体物。而环境资源的物包括以实体形态存在的物，也包括以非实体形态存在的物。前者如水、森林，后者如环境承载容量。而且，即使作为同一物质形态存在的实体物也可能因其价值属性的不同而表现出不同的客体地位。如作为天然林保护合同中观光的树木与作为木材的树木相比，前者更多地体现出生态价值，后者侧重于经济价值的体现。第三，环境资源与物的可支配性不同。作为环境合同法律关系客体的环境资源的可支配性是相对的：①环境资源具有整体性，将其特定化也只是相对的、不完全的特定化，因此对环境资源的支配只能是相对的，限于可以特定化、主要是在私人之间进行分配的部分；②环境资源承载着公共利益，对其特定化部分的支配也不是完全的、任意的支配，而是受到诸多的限制。〔1〕

作为环境合同客体的环境资源必须要加以确定才能为合同当事人支配或使用。根据环境资源的上述特征，为实现合同主体对客体的支配、使用权利，可以将环境资源分为以实体物存在的自然资源与以非实体物存在的环境容量。自然资源如水、土地、矿产、草原、野生动植物、景观资源等，既有民法上物的经济价值，还因其本身的稀缺性、公共性等生态属性而具有生态价值。环境容量可以界定为区域自然环境和环境要素在正常的生态运动过程中所吸收净化的废物数量。

〔1〕刘长兴：“论环境资源的法律关系客体地位”，载《环境资源法论丛》（第7卷），法律出版社2007年版，第112页。

（三）环境合同的内容

环境合同的内容表现出一定的公益性，这也是其与一般民事合同最明显的区别。环境合同的实质便是平衡政府对公共环境资源的支配权力与私人对环境资源的享用权利，以及平衡私人与私人间对环境资源的使用权利，从而实现对环境资源的合理配置与利用。无论是自然资源保护合同还是污染防治合同都关乎环境保护等公共利益的平衡与发展，其合同内容必然会体现出公益性的特征。同时，因为环境合同具有公益性的特点，故合同的内容除遵循一般合同中不得损害国家利益、第三人利益的要求外，关于环境保护合同中要达到的标准、资源利用合同中的使用限度、污染防治合同中采用的技术措施等内容不得以自由协商等名义而违背国家规定的强制性标准。同时，社会团体、社会公众等作为合同当事人外的第三方主体享有监督的权力。

三、我国的环境合同实践

（一）水权转让合同

通说认为，水权转让合同的客体是针对水资源的使用、收益权而非所有权，是水权人将合法获得的水资源使用权移转给买方的二级市场行为。具体来说，即一方就水资源的使用、支配、收益权利以合同形式“出卖”给相对方，另一方通过支付相应对价而达成协议。

2003 年 9 月，蒙达发电有限责任公司（达拉特电厂）的水资源论证报告书和水权转换可行性研究报告通过了水利部黄河水利委员会的审查，2003 年 11 月 7 日黄委正式发文《关于达拉特电厂四期扩建工程水资源论证报告书和取水权转让可研报告的复函》（黄水调［2003］34 号），将此项目作为黄河水权转换的第一个试点，蒙达发电有限责任公司（达拉特电厂）出资对鄂尔多斯市南岸灌区总干渠55千米进行防渗衬砌改造，年节水量2275万立方米，水权转换水量每年2042万立方米。[1]与此同时，宁夏的水权转让量也达到0.39亿立方米。到第二年3月，签订水权转让协议的工业项目在宁夏、内蒙古地区已出现8个。[2]这些水权转让协议的签订与落实，使水权转让合同在理论与实践上都更加成熟。

内蒙古与宁夏两区水权转让合同的实践不仅实现了跨区域用水，而且提高了水资源利用率，解决了工业、农业用水不平衡问题，达到了对资源的合理、优化配置目的。但是，水权交易实践中存在诸多问题。首先，合同客体产权不明晰，对水权的界定比较模糊，导致水权交易的到底是对某一区域的取水权还是对这一区域水资源的所有权问题无法得出定论。虽然《宪法》规定水资源归国家所有，国家通过宏观调控等手段统筹规划生活用水量、工业用水量等，在这过程中，必然涉及企业、公民取水权、对水的使用权以及出现水污染问题时责任归属等问题，但对这些权利与责任的归属，在立法上难以找到依据。这种不确定因素直接导致合同双方在合同价格协商、违约救济等方面受过多的人为因素、行政因素等干扰，从而无法形成规范的交易市场。其次，在合同内容的协商过程中，双方就水权交易价格的确定无相对完善的规定予以参考。而作为水权交易合同标的物的水是关系公共利益的具有公权性质的环境资源，仅遵循民事合同意思自治、自由协商的市场机制原则或完全按

---

〔1〕水利部黄河委员会编：《黄河水权转换——制度构建及实践》，黄河水利出版社2008年版，第58页。

〔2〕水利工程建设领域项目信息公开和诚信体系建设专栏。载中华人民共和国水利部网：http://www.mwr.gov.cn/sldq/slgcjslyxmxxgk/201006/t20100621_224150.html.

照宏观调控的要求签订显然都是有失妥当的。

（二）排污权交易合同

正如水权交易一样，排污权交易也涉及由国家行政主管机关或法律法规规定的初始分配市场（一级市场），在完成了排放总量控制与初始分配后，排污权交易才能在市场上真正得以实现，这个市场就是排污权交易合同得以生存和发展的二级市场。该市场发展最为活跃与成熟的国家当属美国，“按照美国二氧化硫排污权交易体系的启示，一套完整而典型的交易模式包括以下三个环节，即权属分配与权利界定、权利交易和交易监督。第一个环节应由行政权力与市场机制共同作用来完成，并以市场机制来完成排污权的初始化分配为基础；第二个环节应坚持以市场机制完成排污权的再次分配或重新配置；第三个环节则应以行政权力为主导，解决或弥补市场机制的缺陷或不公。”〔1〕

我国在借鉴、总结其经验后，早在20世纪90年代首先针对大气污染与水污染开始了尝试。1990年，全国共有16个城市开始实行对大气排污许可证制度的试点工作，并选择了6个城市作为大气排污交易的试点。随后，随着该项制度的进一步实施与推广，《大气污染防治法》《京都议定书》等相继得到批准，使排污权交易有了法律依据。此外，由于环境问题的全球化趋势日益明显，我国还参与了一些国际合作。如国家环保总局与美国环保基金会就地方政府与企业实现污染物排放问题达成协议并展开试点。〔2〕2001年，江苏南通天生港发电有限公司作为

---

〔1〕 邓海峰：《排污权：一种基于私法语境下的解读》，北京大学出版社2008年版，第201页。

〔2〕 蔡守秋：“论排污权交易的法律问题”，提交给“2002年中国环境资源法学研讨会”的论文，2002年，第324页。

出卖方，与一家化工合资企业（买受方）签订了我国第一例二氧化硫排污权交易合同。江苏省环保厅针对合同履行的具体问题，制定了我国第一部有关排污权交易合同的规范性文件——《江苏省电力行业二氧化硫排污权交易管理暂行办法》。随后，更多的省市结合各自区域差异、经济差异及交易现状出台了相应文件，如浙江湖州的《湖州主要污染物排污权有偿使用和交易管理暂行办法》等。上海市作为最早实施水污染交易地区之一，早在20世纪80年代就建立了一个试验性的污水排放许可交易系统。截至目前，上海市的排放许可交易系统已成功签订60多次排污权交易合同，并取得了良好效果，标志着我国水体排放权交易市场正逐渐走向成熟。

从上述案例可以看出，排污权交易合同的客体早已涉及大气、水域等多种领域，交易当事人可能是同一企业内部、不同企业之间以及企业与政府间等多种主体。此外，我国已开始实行总量控制下的排污许可制度，排污权登记制度也正在逐步发展、完善。而且排污权交易制度在立法、执法层面上也已取得显著提高，甚至有学者提出排污权交易的基本法律框架已具备。[1] 通常在排污权转让的法律场合，学者认为物权变动的效果来自于权利转让合同双方当事人的意思表示和特定公示方式之践行，即多数学者否定在此种场合使用物权行为理论，主张此时的权利转让在性质上属于事实行为。[2]而在排污合同债权让与的场合，有学者则主张债权让与行为具有无因属性或相对无因属性，主张援用物权行为理论解决债权让与的法律效

〔1〕 邓海峰：《排污权：一种基于私法语境下的解读》，北京大学出版社2008年版，第200页。

〔2〕 崔建远：《准物权研究》（第2版），法律出版社2012年版。

力。〔1〕

（三）污染物治理合同

2006年，江苏东台市政府与当地超标排放的33家企业单位签订了污染物限期治理合同。这类合同由政府与企业单位，通过对污染物治理期限、治理目标等内容的协商达成一致的形式，实现了污染治理与环境保护的目的。然而，令人担忧的是，截止第二年6月，据相关部门监测发现，签订限期治理合同的企业中，大部分都未完成限期治理目标，污染问题依然严重。〔2〕对这些未完全履行合同义务的企业，虽然东台市政府对其作出了相应的处罚，但这种处罚依然未能实现签订这类合同的目的。

上述案例中所表现出的问题具有普遍性，这些问题在理论与实践中可总结为三个方面的问题：①关于污染物治理合同的性质存在争议。以吕忠梅为代表的学者认为此类合同属于环境分配合同，以张炳淳为代表的学者认为此类合同为环境民事合同，以钱水苗、巩固为代表的认为是环境行政合同，而目前一种新型的合同类型——环境服务合同的提出，更是直接将污染物治理合同认定为一种新型服务合同。②关于合同的内容、违约责任以及相关救济机制等的约定不明确、不完备。这种问题的出现可能会导致合同履行障碍进而难以实现订立合同的目的，此时违约责任如何承担、如何对可能受到损害的当事人以外的主体进行救济？例如，当污染物治理单位未完成与政府约定的

---

〔1〕 张广兴：《债法总论》，法律出版社1997年版，第234~235页；［日］我妻荣：《债权在近代法中的优越地位》，王书江译，中国大百科全书出版社1999年版，第29~30页；［德］迪特尔·梅迪库斯：《德国债法总论》，杜景林、卢湛译，法律出版社2004年版，第545~546页，转引自邓海峰：《排污权：一种基于私法语境下的解读》，北京大学出版社2008年版，第203页。

〔2〕 李沛霖："我国环境行政合同制度研究"，南京林业大学2008年硕士学位论文，第31页。

治理目标，但达到了国家或当地规定的环境标准，以及既违约又达不到国家标准时，这两种情况下违约方应当承担的责任是否有所不同；作为违约方的污染物治理单位承担了违约责任并接受了行政处罚，但真正受到损害的并非作为合同当事人的政府或有关行政主体，而是当地的居民，对这些真正受害者是否应该给予救济以及如何进行救济的问题。③对于环境合同的行政干预的程度。前述问题的存在都使得这类合同在实践中难以形成稳定的交易环境，真正实现污染治理与环境保护的目的。

四、环境合同制度的比较法考察及借鉴

1964 年，日本提出了“公害防止协议”方案，可谓最早的形式上的环境合同。随后，英国、荷兰、法国、美国等欧美国家结合本国国情使环境合同制度得以不断发展、完善。我国环境合同的理论发展和制度建构也是从对国外环境合同理论及制度的借鉴而展开的。

（一）比较法考察

1. 日本

“公害防止协议”是地方公共团体与从事有公害发生危险活动的企业间就企业采取相关公害防止措施，以及对发生公害时采取的救济措施经约定达成一致的一种契约方式，是日本首创的控制环境污染的合同手段。1952 年，日本岛根县与山阳纸浆公司、大和纺织公司就废水处理方案，以及造成水污染所应承担的赔偿数额等环境问题签订了一份备忘录。随后，横滨市与电源株式会社签订了一份公害防止协议。这种被叫作“横滨方式的公害防止协议”的环境合同很快便流行于日本其它地区。因“公害防止协议”在防治污染与保护环境方面发挥的积极影响，签订此类协议的主体数量不断增加，主体范围也涉及企业

与居民或民间组织以及企业与地方公共团体等。协议涉及的客体也扩大到土地开发利用、土地买卖等多个领域，名称也视不同情况出现了备忘录、土地买卖合同、意向书等多种方式。尽管在实践中，日本对公害防止协议运用非常普遍，但在理论上，对此类协议性质观点不一，对许多实践中表现出的新问题尚未形成相对统一的协商解决机制。为进一步促进该项制度的发展，日本企业团体及法院都对“公害防止协议”予以了认可。如1978年名古屋法院判决就明确宣布：公害防止协议是公法上的契约。〔1〕

2. 美国

美国的环境合同应用广泛，其签订合同的主体同样涉及企业之间、政府之间以及企业与政府之间。类似于我国学者讨论的环境民事合同、环境保护内部行政合同、环境保护外部行政合同。在美国的环境合同发展中，最具代表性的当属1995年由克林顿政府发起的“优秀环境管理计划”（也即Project XL计划）。在该计划实施中，一方面参加此计划的企业对消减污染排放、保护环境等方面有比传统模式下更好的方案，这种方案构成了美国环境合同主要内容之一。另一方面，该计划通过“默示放弃权”原则，〔2〕在环保署认定参加计划企业的有关规定产生了“错位”情况时，就以环境合同的内容代替，进而通过环境合同这一手段成功地解决了命令-控制模式下的企业无效率问

〔1〕［日］原田尚彦：《环境法》，于敏译，法律出版社1999年版，第119页。

〔2〕“默示放弃权”原则是指在某些情况下，美国联邦行政机构拥有内在的职权来放弃适用约束它们的法律规定，尽管国会没有明确授予这种权力。该理念背后蕴含的思想是，没有一个立法者能够在法律制定时预见到法律可以适用的所有情况，因此，在执行法律过程中，总有一些有违愿意的不公平、无效率情况，当这种“错位”情况发生时，执法机关应当拥有放弃适用法律的职权，并有责任设计一种替代方法来实现立法者原意。详见张琳：“美国‘优秀环境管理计划’（Project XL）及其借鉴研究”，山东科技大学2006年硕士学位论文。

题，不仅实现了企业创新，而且保护环境，可谓是对环境执法在立法上做了一个补充与完善。此外，该项计划在合同的订立程序上，允许企业所在区域的居民及当地的环保专家、环保组织等公众参与。在立法层面上，无论是联邦还是各州当局都对环境合同极为重视。如美国联邦政府通过的《环境政策法》鼓励各州地方政府、公共团体或企业团体间相互合作，1991 年新泽西州颁布的《污染预防法令》规定，与政府合作的污染防治的企业，在满足合同要求条件下，可以申请统一许可为回报，代替申请若干项许可。〔1〕

3. 荷兰

荷兰环境合同的应用最早开始于 1988 年。为避免政府颁布义务繁重的环境法律加重其负担，企业与政府之间通过协商解决环境问题。一方面，企业不但更加注重环境的保护，而且减少了可能来自执行政府法律造成的经济损失；另一方面，政府环境部门也开始意识到以协商、合作的方式可以实现对环境的管理目标。1989 年《国家环境政策计划》中首次规定了环境合同，使这一制度在立法上有了依据。此后，环境合同在实践中应用更加广泛，形式也更多样。目前，荷兰主要存在三种类型的环境合同：第一种主要是由荷兰政府与整个工商行业签订的，旨在集中削减污染物的排放量的集体环境合同。第二种主要是中央政府与地方行政机关或其代表间签订的协议，如执行环境政策的资金筹备协议。〔2〕第三种主要是单个行政机关与企业签订的单独环境合同。这种合同结合企业的实际情况，比第一类

---

〔1〕 郭红欣："环境保护协定制度的构建"，载王曦主编：《环境法系列专题研究》（第 1 辑），科学出版社 2005 年版，第 70 页。

〔2〕 李沛霖："我国环境行政合同制度研究"，南京林业大学 2008 年硕士学位论文，第 18 页。

集体环境合同更适合企业的发展。在这三种类型的环境合同中，集体环境合同是荷兰应用最为广泛、也是与其他国家相比最具特色的一类环境合同。

（二）日本、美国及荷兰等国相关制度的分析及借鉴

从合同签订的目的来看，各国总体来说都是为了通过更灵活、具体的方式，快捷、有效地减少污染、实现各国的环境目标。但各国的实际情况还是存在差异，如美国是为了实现更好的环境目标，荷兰最初产生是企业担心政府加重企业的法律义务。其次，签订主体而言，大致都涉及政府、企业、环保组织等社会团体。公众虽然不以合同当事方身份签字使合同生效，但公众都作为监督主体，对合同的签订、履行等发挥着重要作用。另外，各国在处理相关政策与法律的关系时基本都遵循这样的原则，即合同内容不得违反本国法律。如荷兰、日本等国家签订的合同在内容上必须是合法的，在治理标准上只可能严于国家规定，决不能低于国家标准，美国的“卓越领导能力计划”方案中，当签订该合同的企业对环境保护有更好的方案时，执法机关有权放弃适用法律的权力与职责，选择适用合同规定的方案。日本、美国及荷兰等国的相关制度对我国具有重要的借鉴意义。

1. 合理转变政府的职能模式，给市场更多空间

从上述国外环境合同实践中不难看出，政府对环境合同的发展发挥着重要的促进作用。如在美国的“Project XL”方案中，当企业对环境保护有更好的方案时，执法机关有权放弃适用法律的权力与职责，选择适用合同规定的方案。美国政府的这种做法成功转变了政府一贯的命令-控制模式，让企业在污染治理与环境保护方面发挥出更加积极的创新作用。我国政府在环境合同的实践中也可以参考这种做法，逐步尝试从传统的命令-控制模式向服务型模式转变，让企业等相关合同相对方更加

积极地参与到合同中来，通过市场竞争等方式更加高效地实现合同目的。

2. 适用激励政策，促进企业积极创新

从上述日本、美国与荷兰环境合同实践中可以发现，在政策上，政府基本是持鼓励态度的。这种鼓励可以体现在环境合同客体的适用范围不断扩大，且合同履行方式更加灵活，对如约履行的企业，政府会适当通过行政手段予以回报。如在合同条件成就时，美国政府允许与其合作的企业申请统一许可，代替申请若干项许可。政府的这种回报方式，让企业更加积极地履行合同义务，从而实现环境目标。这种激励政策在我国完全可以结合实际情况，采取不同的激励方式灵活地予以借鉴，更好地实现环境管理目标。

3. 增强协商意识，完善监督机制

荷兰应用最广泛的集体环境合同，就是在现行法律对环境管理还未制定具体规定时，或者为实现更合理的环境目标、规避现行法律时，政府与企业或环保团体组织间可进行协商，虽然协商后达成一致的合同未上升为公法上的成文法律，但却以私法形式受到《荷兰民法典》中合同相关规则的制约。荷兰的这种做法体现出强烈的协商意识，并为环境保护与污染治理发挥了重要作用。我国在环境合同制度的构建时，让更多的企业、社会团体甚至公众参与到合同内容的讨论中来，一方面增强了公民参与意识，另一方面也加大了监督力度，从而进一步完善监督机制。

五、构建我国环境合同制度的思考

（一）确立环境合同制度的基本原则

环境合同的订立、履行等除遵循合同法中的诚实信用、合同自由、鼓励交易等基本原则外，还因其合同内容的特殊性等原因需遵循以下基本原则。

1. 协调发展原则

协调发展原则，是指为了实现社会、经济的可持续发展，必须在各类发展决策中将环境、经济、社会三方面的共同发展相协调一致，而不至于顾此失彼。[1]协调发展原则也被表述为可持续发展原则、环境利益衡平原则等。环境合同的实质在于平衡政府公共权力与私人对公共环境资源所享有的权利，这一问题涉及环境公平的问题。环境公平不仅关乎短期利益，亦关乎人们的长远利益，不仅关系到代内公平问题，也关系到代际公平问题。在环境合同的订立、履行、违约救济等各环节中，要兼顾短期利益与长期利益，同时不仅要考虑当代人的需求，还要考虑后代人的利益。因此，必须坚持协调发展的基本原则。

2. 公众参与原则

环境合同是具有公益性特征的合同，这一点决定了环境合同从订立到救济的整个过程都必须要考虑公共利益的保护。例如，在合同订立阶段，政府与企业间可能会因环境保护与经济发展两者的平衡进行博弈，如果缺少了公众参与原则的约束，那么政府与企业间很可能各自为了当前的政治利益或经济利益而忽视长远发展；在合同履行阶段，一些企业为了追求自身利益的最大化，可能会忽视当地的环境承载能力，不计后果地破坏环境，造成难以弥补的损失。因此，公众的参与对合同各方都是最好的监督，同时这种亲身参与更有利于提高民众的环境保护意识，从而提高环境保护的积极性。

从我国当前的实际情况看，应当建立相应的公众参与机制，

---

〔1〕 汪劲：《环境法学》，北京大学出版社2006年版，第159页。

确保公众参与原则在环境合同诸环节中能够得以实现。在这一问题上，苏格兰和英格兰水服务中的公众参与机制有一定的借鉴意义。在苏格兰、英格兰设立的特定的消费者组织，不但代表消费者的意见，还为监管机构、供应者和社会公众提供了沟通渠道。英格兰目前的消费者组织是水消费者委员会，它独立于水务办公室。它的权力和职能包括代表消费者面向监管机构、供应者和其他团体，为消费者提供信息、要求服务提供者提供信息，开展调查和解决某些投诉。在苏格兰，水消费者咨询小组已被赋予更多任务，概括进行独立的调查以及不仅需向经济监管机构还要向部长和其他机构提供建议。

3. 有限契约自由原则

传统合同法中的契约自由包括缔约自由、选择缔约相对人的自由、决定合同内容和形式的自由以及对违约责任、解决纠纷方式的自由约定等，环境合同同样适用合同法中的契约自由原则。同时，由于其公益性等特征，又使得环境合同不能与一般民事合同一样全面适用契约自由原则，即对于环境合同中的契约自由是有一定限制的，这种有限性主要表现在合同的订立与违约救济环节。

尽管合同当事人有就合同内容涉及的权利义务协商达成一致的自由，但这种权利义务必须建立在不损害社会公共利益、不违反国家或当地环境标准的基础之上。例如，如果政府与企业就排污权交易进行协商并且自由约定，只要企业给予政府足够的经济补偿就可以排放超过当地所能承载的环境排污容量，这显然是不被允许的。可见，订立环境合同时关于其内容的约定方面，当事人所享有的契约自由是有限度的。此外，环境合同的违约救济有别于普通民事合同，环境合同一方常常涉及行政机关，当突发状况发生时，行政机关必须在第一时间采取有效措施，此时即会表现出相应的行政优益权，而不再由合同双方就违约救济事项自由协商解决。

（二）环境合同的订立与生效

在订立方式上，招标是环境合同常见的订约方式，这种方式常应用于行政主体与企业间签订的污染治理合同中。作为合同一方的行政机关根据当地的实际情况，发布招标的范围、具体事项及相关标准等信息。有意愿的合同相对方根据自己的情况决定是否投标，即发出要约。然后，行政主体对发出要约的各相对方的要约进行比较、协商后，与条件最优的投标人订立合同。缔约的同时还要向其他投标人及当地有利害关系的民众公布招标结果，使公众对合同的内容有所了解，能够参与、监督环境合同订立过程。拍卖也是订立环境合同的常见方式，排污权交易合同、水权出让合同、水权转让合同都有这种缔约方式适用的空间。

环境合同的生效与普通民事合同大致相同。一般情况下，在合同内容合法、双方当事人具有完全行为能力且意思表示真实时，合同一旦成立即生效。在有特殊形式要件要求的合同中要满足该形式要件合同始得生效。

（三）明确环境合同履行的基本原则和具体要求

“环境合同的履行，是指合同义务人全面、适当地完成合同义务，实现合同权利人权利、保障合同确定的环境资源保护、环境管理目标的完成。”[1] 环境合同的履行应当遵循全面履行原则、诚实信用原则等基本原则以及按照合同各项条款的约定和法律规定的具体要求履行合同，这些原则和要求与普通民事合同是一致的。同时，由于环境合同涉及自然资源开发、利用

---

〔1〕 吕忠梅：《环境法原理》，法律出版社 2007 年版，第 435 页。

与环境保护等特殊内容，在履行中亦有特殊的原则和要求。

1. 协作、监督履行原则

以污染物治理合同为例，作为一方当事人的政府或其它行政主体为实现污染治理与环境保护的目标，与企业达成一致，将污染处理等事项交由企业完成。在合同履行过程中，政府往往需要为合同相对方提供相关环境信息、创造条件以协助企业更全面、准确地履行合同义务。同时，因合同公益性的特征，环境合同的履行不能像普通民事合同那样，即使相对方出现不履行，或履行有瑕疵时，责令其直接承担违约责任或解除合同。环境合同中代表公众利益的政府或行政机关一方当事人必须对合同的履行进度、履行质量予以监督，确保合同相对方能按期、高效地完成。此外，环境合同的履行过程中，有时会出现损害公众利益的情形，如排污权交易合同中，排污容量的增加直接影响当地居民的生活环境质量。因此，公众对这类环境合同的履行应当拥有监督的权利。

2. 强制履行

由于环境合同关系到公共利益，在合同当事人不履行合同且这种不履行将对公共环境造成重大影响或损失时，合同相对方有权要求当事人立即履行或请求法院强制对方履行，有强制执行权的行政主体也可以直接强制不履行方履行。

3. 合同当事人亲自履行

环境合同中，因污染物治理，自然资源开发等合同内容常常需要合同当事人具备一定的技术水平与经验以保证合同得以实际履行以实现订立合同的目的。因此，在环境合同的订立阶段，双方当事人往往是经过认真比较和考量选择最合适的合同对方当事人。如果在环境合同履行阶段，一方当事人未经相对方或有关环境主管部门同意，擅自将合同义务移转给他人或由他人代替其履行将很有可能影响合同目的的实现。因此，环境合同一般要求合同当事人必须亲自履行。

（四）环境合同责任及纠纷解决机制

环境合同责任是指当事人不履行环境合同或履行环境合同不符合合同约定或法律规定时所应承担的法律后果。一般民事合同的违约责任承担方式主要包括继续履行、采取补救措施、支付违约金以及赔偿损失等，这些方式亦可在环境合同中得以适用，并且就环境合同中的违约金而言，可以约定和适用惩罚性违约金。当事人不履行或不适当履行环境合同亦有可能承担行政责任，承担行政责任的方式如罚款、限期采取补救措施、支付滞纳金等。如依据《水法》第69条的规定，未依照批准的取水许可规定条件取水的，由县级以上人民政府水行政主管部门或者流域管理机构责令停止违法行为、限期采取补救措施，处2万元以上10万元以下的罚款；情节严重的，吊销其许可证。《水法》第70条亦规定，对拒不缴纳、拖延缴纳或者拖欠水资源费的，由相关行政机关责令限期缴纳，从滞纳之日起按日加收滞纳部分2‰的滞纳金，并处应缴或者补缴水资源费1倍以上5倍以下的罚款。

“无救济则无权利。”环境合同纠纷具有一定的社会性，纠纷的解决不仅关乎合同当事人的利益还可能事关公共利益。环境合同纠纷解决方式不外乎协商、调解、仲裁与诉讼。从表面上看，我国目前已经建立了一个以诉讼为核心的多元化、综合性环境纠纷解决机制，其中既有诉讼方式，也有民间自行协商和行政调解方式。但是，各种环境纠纷解决机制尚不完善，程序也不尽合理，各种非诉讼程序与诉讼程序之间的衔接也不太协调。因此，应当从以下几个方面完善我国的环境纠纷解决机制：①提高公众参与程度，为民众提供多元化的纠纷解决机制；

②加强谈判协议、调解协议和行政处理结果的法律效力；③扩大起诉资格，完善环境公益诉讼。[1]

第二节　水合同概述

一、"水合同"概念的提出

从制度构成的逻辑应然要素分析，完整的水资源私法制度应当包括水资源物权界定、水权初始分配、水权市场、水权交易制度等。我们认为，包括水权初始分配、水权市场、水权交易制度等在内的水权制度都可以或者需要合同作为其外在形式并可将合同作为确定相应权利义务关系的依据。在此基础上，可以从合同制度的角度使用水权出让合同概念来分析水权初始分配的法律调整，运用水权转让合同来分析水权交易制度的法律规则。同时，对于普通的市场主体来说，水权制度和水合同债权制度是其主要的用水根据。水权属于物权，水合同债权虽是用水人使用水的权利，但它不具有物权的性质及效力，仅为债权。法律应同时提供物权与债权两类用水的法律依据供用水人选择。现实中广泛存在着某些主体合法用水却不享有水权的现象，其中大部分情况下，用水人的用水根据即为水合同债权。例如，处在市区并依赖市政供水系统的家庭，其用水根据为基于供用水合同而产生的水合同债权。[2]随着我国不断深入的城镇化进程，在某种程度上来说，供用水合同对国计民生具有更为重要的现实意义。

---

〔1〕 参见齐树洁、林建文：《环境纠纷解决机制研究》，厦门大学出版社 2005 年版，第 23~25 页。

〔2〕 崔建远：《准物权研究》（第 2 版），法律出版社 2012 年版，第 132 页。

水权出让合同、水权转让合同以及供用水合同分别对应水资源使用权的设定、水资源使用权的转让、水所有权的转让，并且三者有机联系，笔者使用“水合同”这一术语涵摄之，因此，水合同是个总称谓、类概念。当然，水资源使用权还包括竹木流放水权、航运水权、娱乐水权等，广义而言，与这些权利相关的合同都可以归入水合同的范畴。本书研究水合同相关问题，是以水权出让合同、水权转让合同以及供用水合同为对象，取水权为《物权法》所规定的一种用益物权，供用水合同亦为《合同法》所规定的一种有名合同，但是现行立法的相关规定亟待补充和完善。以供用水合同为例，供用水合同虽是《合同法》所规定的一类有名合同，但实际上在该法中，它与供用气合同、供用热力合同一起“分享”了该法的一个条文。作为一种类型化的公共服务合同，供用水合同为什么在合同法中只能占据“三分之一条”？供用水合同标的物是特殊商品；合同一般采用定型化的标准合同，合同条款由供方单方拟定，用方只能决定是否同意订立合同，而一般不能决定合同的相关内容；合同的履行具有连续性，在合同规定的期间内，正常情况下，供方需连续地供水，用方需按时支付相应的价款。这些问题都应在当下的理论研究和立法完善进程中加以考量。

目前，对水权、水权转让的经济学分析较为深入，法学界更多的是从物权理论的角度对水权制度进行研究，从合同制度的角度进行探讨的较少。事实上，合同制度是实现资源优化配置的私法工具，在当前创建节水型社会的背景下，通过建构与完善水权出让合同、水权转让合同和供用水合同的相关法律与政策，强化相应的用水权利的私法属性，有利于实现水资源的合理配置，不失为一种切实可行、行之有效的方法。因此，本书将在第四、五、六章对这三类“水合同”展开论证，通过对合同制度在水资源配置中的作用的分析为我国水资源的合理配置寻求一种行之有效的私法途径，彰显私权以利资源的优化配置和实现节约资源的现实目标。

二、环境合同制度——“水合同”的理论基础和制度依据

环境资源领域的权利移转具有适用合同法理论和规则的现实可行性，在不违反有关环境保护强制性规定的前提下，以合同制度为主导的水资源物权交易模式符合该制度的主旨和实践的需要，应准用我国现行《合同法》中关于买卖合同的相关规定。本章第一节全面论述了环境合同的理论和制度建构的问题，主旨在于为“水合同”制度提供理论基础和制度依据。根据前文所述，我国应当建立统一的环境合同制度，并将环境合同界定为：确定包括国家在内的各方当事人之间在环境资源开发利用和环境污染防治中的权利义务关系的协议。其中，环境资源开发利用合同包括环境分配合同和环境消费合同。环境分配合同是指政府间以及政府和私人之间就环境资源开发利用达成的协议；环境消费合同是指私人与私人之间就环境资源的开发利用达成的协议。由此，取水权出让合同当属环境分配合同，取水权转让合同、供用水合同当属环境消费合同。

环境合同的基本理论体系已经形成，如前文所述，其制度构建是依托于其中各种具体合同的实践发展完成的，如水权转让合同、污染治理合同以及排污权交易合同等。“水合同”属于环境合同之一种，具体而言，是包括国家在内的各方当事人之间在水资源物权变动过程中的权利义务关系的协议。其理论体系可遵循环境合同制度的一般指引，如水合同的概念、类型、水合同法律关系等，其制度建构应当考量水资源的重要意义、水资源的属性、水资源物权流转的实践需要等因素。从一定程

度上来看，后者更具现实意义，借用崔建远教授对自然资源物权研究的评述，水合同难以就其积极特征立论，即便硬性地抽象、概括出所谓的一般理论，也非常之需，对于部门法来说，实在的意义有限，莫不如面对现实，注重类型化的思考和研究，多花费笔墨，分别探讨各种具体的水合同，可能更具实效。当然若能抽象出理论，也要尽力而为。〔1〕

三、“水合同”的主要目的是为了设定或移转水资源物权

有学者从物权合同理论分析自然资源产权交易，认为“物权契约是双方当事人依照法律界定产权交易边界与规则的法律行为”，“在市场供给自然资源的条件下，有关自然资源产权交易的物权契约往往是理解产权交易实质的桥梁，这是因为‘契约治理产权的交易’，‘契约无论是正式的还是非正式的，都是签约方之间的权利的重新分配’。更何况根据物权法定主义的原理，物权的内容、种类、设立、变更、消灭等都是有法律规定的，物权契约较依据其他规则签订的契约带有明显的法律强制力约束。”〔2〕尽管提出这一观点的学者在进一步的阐述中存在一些错误认识，如“物权契约不仅形成了当事人之间的相对法律关系如债权关系，也形成了当事人之间及当事人之间与第三人之间的绝对法律关系如物权关系。”〔3〕但是，指出以物权物权行为理论解释自然资源产权交易更贴合实践、符合这种交易的本质，对我们理解和认识“水合同”的相关理论问题具有重要的

---

〔1〕 崔建远：“自然资源物权之剖析”，载《法学经纬》（第1卷），法律出版社2010年版，第42页。

〔2〕 肖国兴、肖乾刚：《自然资源法》，法律出版社1999年版，第82~83页。转引自崔建远：《准物权研究》（第2版），法律出版社2012年版，第138页。

〔3〕 肖国兴、肖乾刚：《自然资源法》，法律出版社1999年版，第82~83页。转引自崔建远：《准物权研究》（第2版），法律出版社2012年版，第139页。

启示意义。

“法律行为”是德国法学从许多交易制度里高度抽象的概念，“它是一种经由自由意志的展现而对外发生一定法律效力的行为，从而法律行为的效力一定紧扣在行为人所表示的意思上。其中负担行为使一方负担义务、他方取得请求（Anspruch），处分行为则使一方丧失或减少、而由他方取得某种权利（Recht）。两者性质上皆为自由意志单方或双方相互的约束，但前者仅为特定人间‘关系’（Beziehung）的调整，故行为的结果必然只发生债权债务关系；后者则为特定权利与特定人间‘归属’（Zuordnung）的调整，故在以物权为标的的情形，行为的结果是物权另有归属，在以债权为标的的情形，又发生债权另有归属的结果。负担行为只会发生新的债权债务，故又称债权行为；处分行为则会使“既有物权”、债权或其他财产权减少或消灭（就处分一方而言），在物权的情形即一般所称的物权行为（德文 dingliches Geschäft 或 sachenrechtliches Geschäft），非物权的情形，有称之为‘准物权行为’者。适用于物权的原则，如公示、特定，基本上也适用于动态的物权行为，始称一贯。至于物权行为的态样可能为契约、单独行为或共同行为，效果可能为物权移转、设定、变更或消灭，则不待言。”[1]

物权行为有其独立性与无因性是我国台湾学者与实务的通说。早期重要民法学者均曾置意此一关键问题，而几乎都对物权行为的独立存在持肯定立场，如胡长清、史尚宽、洪逊欣等。近期重要物权法学者如谢在全、王泽鉴也多维持此一见解，唯少数受英美法思考影响较深的学者挑战此一看法，如尹章华、谢哲胜；至于实务上，则南京民国政府“最高法院”1941 年上

---

〔1〕 苏永钦：《私法自治中的经济理性》，中国人民大学出版社 2004 年版，第 123~124 页。

字第四四一号判例即已明确指出："不动产之出卖人于买卖契约成立后，本有使物权契约合法成立之义务"，显采肯定见解，但以后在许多判决例中见解又不完全一致。有关无因性原则，学者间也以承认者居多，如梅仲协、史尚宽、郑玉波、李肇伟；但不乏从政策上加以检讨者，如史尚宽、刘得宽、王泽鉴、谢在全。〔1〕

笔者认为，水合同是一种法律行为，"水合同"的主要目的是为了设定或移转水资源物权。水权出让合同即是为用水人设定水资源使用权，使其获得取水权，属于设定用益物权的合同；水权转让合同是移转水权（用益物权）的合同；供用水合同可以使用水人取得水所有权（即属所谓"自然资源物"）。从物权行为理论分析水合同与交易时间相符，也更符合合同目的，即"在市场供给自然资源的条件下，有关自然资源产权交易的物权契约往往是理解产权交易实质的桥梁"，"契约无论是正式的还是非正式的，都是签约方之间的权利的重新分配"。这种观点实际上未遵循学界通说之债权形式主义物权变动模式，而是采纳了物权形式主义物权变动模式。

我国《民法通则》第72条第2款："按照合同或者其他合法方式取得财产的，财产所有权从财产交时起移转，法律另有规定或者当事人另有约定的除外。"《合同法》第133条："标的物的所有权自标的物交付时起转移，但法律另有规定或者当事人另有约定的除外。"《物权法》第9条："不动产物权的设立、变更、转让和消灭，经依法登记，发生效力；未经登记，不发生效力，但法律另有规定的除外。"《物权法》第23条："动产物权的设立和转让，自交付时起发生效力，但法律另有规定的

〔1〕参见苏永钦：《私法自治中的经济理性》，中国人民大学出版社2004年版，第149页，注1。

除外。”可见，《民法通则》《合同法》《物权法》仅规定，除法定事由外，物权移转必须交付或登记，并未规定交付是事实行为。

学界通说认为，由于立法不以当事人移转物权的合意为物权移转条件，《民法通则》和《物权法》采用的物权变动模式非物权形式主义，而是债权形式主义。例如，在买卖过程中，交付前不移转所有权，避免了债权意思主义的缺陷；交付为事实行为组合，不存在行为效力问题，避免了物权形式主义的缺陷。这是学界主张债权形式主义模式的原因。从《合同法》的规定看，买卖合同是有偿移转标的物所有权的合同。据此，当事人应具有移转标的物所有权的合意。债权形式主义因此认为，标的物所有权的移转，只需债权行为的合意，此外无须变动物权的合意，因此交付不含效果意思。

同样根据以上《民法通则》和《物权法》规定，除法律另有规定或当事人另有约定外，买卖合同订立后，标的物所有权不移转，仅发生债权效力，标的物交付（登记）后，始发生物权效力。对此，有学者提出，“我国实证法上，债权行为无直接变动物权之效力。问题是，变动物权是否需要借助独立的法律行为（物权行为）?”并进而从以下几点予以回答。首先，依《合同法》第135条规定，出卖人负有两项主义务：一是交付标的物，二是移转标的物所有权。仅仅是交付义务之履行，不足以导致所有权转移。为履行第二项义务，出卖人必须实施一项独立的所有权让与行为。交付标的物即占有之转移，以之为事实行为，可以理解；但若认为，所有权让与之行为亦属事实行为，则无论如何不能令人信服。其次，《物权法》第9条与第23条（以及《民法通则》第72条与《合同法》第133条）只是表明，我国以公示生效主义（公示公信主义）为基本原则，规范功能相当于台湾地区“民法”第 758 条与第 761 条，并不表示，所有权之移转无需物权合意。在公示生效主义之下，公示状态与物权变动状态彼此重合，故而不妨以外在公示状态作为物权变动之判断标志。民国时期民法典无物权合意之规定，通说却认可物权行为理论，原因亦在于此。再次，买受人有义务支付价金。履行此项义务时，若以货币支付，则买受人同样需要实施移转货币占有及货币所有权之行为。最后，《合同法》第 134 条规定，当事人可以在买卖合同中约定买受人未履行支付价款或者其他义务的，标的物的所有权属于出卖人。此即所谓“所有权保留买卖”据此，所有权之转移，以买受人履行支付价款或者其他义务为生效条件。能够附条件的，唯法律行为而已；此处所附条件，并不影响买卖契约效力。因此，唯一合理的解释只能是，移转所有权的是买卖契约之外的另外一项法律行为，即物权契约。[1] 另有学者认为，以买卖合同为例，既然法律明文规定交付（登记）移转所有权，双方订立买卖合同的行为，就只是保证移转所有权的合意，而不是即时移转所有权的合意。这两种合意是不同的：买卖双方移转所有权必须有移转所有权的合意；以保证移转所有权的合意实际移转所有权违背当事人的意志。买卖过程包括债权行为组合和物权行为组合两个阶段，物权形式主义是唯一可能的物权变动模式。[2]

在确定所有权的转移尚需独立的物权行为方能完成之后，还需明确如何确定物权合意的表现形式的问题。对此，有学者提出，移转标的物所有权的合意，只存在于交付或登记之中，不存在于交付或登记之外，要求买卖双方在订立买卖合同后，在交付或登记前，必须在交付或登记以外，另行表示移转所有

---

〔1〕 参见朱庆育：《民法总论》，北京大学出版社 2013 年版，第 166~167 页。

〔2〕 李锡鹤：《民法原理论稿》，法律出版社 2012 年版，第 881 页。

权的合意，不仅纯属多余，而且是不可能的。因此，法律应明确规定，如无相反证据，买卖中的交付或登记包含移转标的物所有权的合意。另有学者亦主张，如果法律规定，除法定事由外，只有交付或登记方移转所有权，那么，买卖双方移转所有权的合意的唯一表现形式，就是交付或登记。也就是说，移转标的物所有权的合意，只存在于交付或登记之中，不存在于交付或登记之外，要求买卖双方在订立买卖合同后，在交付或登记前，必须在交付或登记以外，另行表示移转所有权的合意，不仅纯属多余，而且是不可能的。因此，法律应明确规定，如无相反证据，买卖中的交付或登记包含移转标的物所有权的合意。我国《合同法》关于买卖合同移转标的物所有权的规定，法理上属于债权意思主义模式，违背了前引《民法通则》第72条第2款、《合同法》第133条、《物权法》第9条关于交付移转所有权的规定，为债权形式主义提供了“法律根据”。立法者完全可以将《民法通则》和《物权法》的有关规定，解释为物权形式主义模式。〔1〕

综上所述，两位学者表达了相同的观点：变动物权需要借助独立的法律行为（物权行为），买卖中的交付或登记包含移转标的物所有权的合意。笔者认为，应当借助负担行为与处分行为区分的基本原理和在此基础上的物权行为理论解释“水合同”。在“水合同”而言，负担行为与处分行为（物权行为）同时存在，合同各方互付义务，为履行义务，还各与对方实施处分行为〔2〕，或为他人在其所有权之上设定他物权，或将自己的物权转由他人享有。其中，水权出让合同是在“母权”（即水

〔1〕 李锡鹤：《民法原理论稿》，法律出版社2012年版，第882页。

〔2〕 若为取水权的赠与，则仅赠与人负担义务，亦仅赠与人为履行义务需要处分权利。

资源国家所有权）之上设定水权这种用益物权（水资源使用权）；水权转让合同意在将一方之取水权转由他人享有[1]；供用水合同则会使一定量的水（所谓"自然资源物"）的所有权发生转移。

第三节　水合同类型论纲

一、初始水权分配与水权出让合同制度的构建

运用市场机制配置水资源，客观上要求首先明确各用水主体的初始水权，才能按照水权交易规则进行水资源的优化配置。所谓水权的初始配置是指享有水资源所有权的主体或者水资源所有权的管理者分离水资源所有权中的部分权能（使用、收益）给用水人，使其获得水权。所以，水权的初始配置是指用水主体从水权分配主体那里，按照法律规定设立水权。

（一）水权初始配置的法律调整

我国现行立法对水权初始配置的法律调整模式主要以行政法律调整为主导，而在将水权确定为一项私权的前提下，我国却没有在私法领域做出关于水权初始配置的规定，以及其他关于这项权利行使、受到侵害的保护等的具体规定。面对目前我国水权初始配置以行政法律规范的调整为主导的现状，以及因此而造成的水权初始配置中的不公平、不合理，水资源综合利用效益不高，单一的行政法规范调整不利于水权人利益的保护，迫切需要完善我国的水权初始配置法律调整模式，通过充分发

〔1〕崔建远教授认为："准物权转让合同（基础行为）是个总称谓，在个案中，它或是买卖准物权的合同，或是赠与准物权的合同，或是代物清偿合同。"参见崔建远：《准物权研究》（第2版），法律出版社2012年版，第132页。

挥法律的作用，从而使得水资源得到优化配置，并且保障水权人的合法权益。

与此同时，还应看到水资源的特殊属性和对于人类和社会的重要作用，以及因为水资源的特殊性而导致的水权特殊性。如果水权单独由私法调整，在市场经济的环境下，利用市场规则和市场行为在相互竞争下进行水权的初始配置，以此满足不同区域、不同行业等竞争主体的用水需求；这有助于水资源的利用、配置效率和社会节水意识的提高，提升节水率；但是因为市场主体的逐利性，很可能会导致水价的畸高，以及利益回报率较低的农业灌溉用水、公共用水、生态用水等群体的用水需求不能得到满足，不利于社会的长期稳定和发展。[1]因此，单纯地由私法对水权初始配置进行规范，同样不能实现水资源的优化配置和社会经济的健康发展。

因此，以行政法律规范或者民事法律规范作为调整水权初始配置的唯一的法律依据，都不能很好的做到水权初始配置的公平、合理。所以，应当构建公法、私法相结合的水权初始配置的法律调整模式，做到优势互补，更有利于合理配置水权，达到水资源的优化配置，促进社会和经济的繁荣、稳定发展。

既然要建立水权初始配置公法、私法相结合的法律调整模式，而水权初始配置的过程中也存在双方的权利和义务关系，那么可以引入合同制度这种私法调整方式，不仅为水权初始配置提供了一种灵活的方式，避免了单纯行政手段的僵化，并且可以通过出让合同的形式将双方的权利和义务确认下来。这种合同是在国家对环境资源的总体上进行控制下，国家与私人之

〔1〕 吴丹：“流域初始水权配置方法研究进展”，载《水利水电科技进展》（第32卷）2012年第2期。

间达成的环境资源使用权的转移协议——“环境分配合同”。[1]我国土地使用权出让合同也属于这类环境分配合同，因此借鉴土地使用权出让制度建立水权出让合同制度，规范和调控水权的初始分配，可以实现水权初始分配公平、合理和保护水资源的目的，同时更有利于保护水权人的利益，使得水权初始分配有了鲜明的私法特征。

（二）水权出让合同制度的构建

在我国，水资源和土地一样都是重要的自然资源，其所有权都属于国家所有，因此土地使用权出让制度对于水权出让制度的构建有一定的借鉴意义，尤其是在出让方式上，水权的出让可以借鉴土地使用权出让的方式，然后订立出让合同。当然，土地使用权出让制度也或多或少存在弊端，所以在设计水权出让制度的时候，就要规避这些弊端，而且要结合水权自身的特质，从而建立尽可能完善的取水权出让制度。矿业权属于国家对国有资源权利让与的一种产物，是指“探采人依法在已登记的特定矿区或者工作区内勘察、开采一定的矿产资源，取得产品，并排除他人干涉的权利”。[2]由此定义可知，矿业权的获得也是由国家公权力批准许可，并予以登记后获得的权利，与我们所研究的水权有一定的相似性。同时矿业权因其具有的物权属性，但又属于国家所有权的特殊属性，表明其与水权一起被纳入准物权的范畴内，我们在研究水权之时，可以比较矿业权进行分析。

构建水权出让合同制度应当注意以下问题：首先，构建水权出让合同制度，必须明确该类合同的性质。我国水资源的所有权归国家，进行水权初始配置的行政机关则是代表所有权人

[1] 吕忠梅：“试论环境合同制度”，载《现代法学》2003年第3期。

[2] 崔建远：《准物权研究》（第2版），法律出版社2012年版，第179页。

国家来行使权利，但是由于国家同样也享有公权力，而公权力掩盖了私权利，使得其主管水权分配的行为表现出来的是国家的行政行为。这既是我国当前政治社会结构的体现，也是计划经济体制在改革过程中遗留的产物。[1]因此，使水权主体的地位真正平等，要还原国家民事主体的地位，即水资源所有权人的地位，通过与用水人之间的平等协商，达成合意，签订一个民事性质的水权出让合同。而确立民事性质的水权出让合同，使得双方可以在平等的地位上进行对等协商，用水人可以最大程度地争取自己的权益，更利于合同目的的最终实现，防止对方滥用公权，保护处于弱势地位的用水人。其次，水权出让合同的主体是确定的，一方是作为出让人的国家，另一方是受让单位或者个人，双方在协商一致后签订出让合同。民事法律关系的客体，指的是民事法律关系的主体所享有的民事权利和承担的民事义务共同指向的对象，也就是民事权利的客体。[2]那么水权出让合同的客体，也就是水权的客体，就可以界定为水资源。根据权利客体的一般理论，客体要具有特定性，但是作为水权（出让合同）客体的水资源呈现着不特定性。这是由水权的支配形式与被支配的水的特殊性决定的，水权行使通过减少其客体的量而达到目的，水权人及时地得到一定量的水就是实现着支配，至于此定量之水是否独立存于特定容器、同水资源所有权的客体相分离，都没有关系。[3]最后，关于水权出让合同的订立、生效、履行、解释、合同责任和争议的解决，可以适用合同法的一般规则和方法，但也要根据水权出让合同的特殊性对其进行特别的规制。在合同中约定了一般性条款以外，

〔1〕 裴丽萍："可交易水权论"，载《法学评论》2007 年第 4 期。

〔2〕 魏振瀛主编：《民法》（第 4 版），北京大学出版社 2010 年版，第 121 页。

〔3〕 崔建远：《土地上的权利群研究》，法律出版社 2004 年版，第 30~31 页。

还需要约定有关贯彻环境保护、环境资源合理开发利用等理念的特别条款，比如约定在违反合同后除应承担一般的合同责任外，引入环境损害预防责任、生态功能恢复责任和环境行政责任。〔1〕通过这些特殊的约定敦促合同主体履行其相应的义务，进而实现水权出让合同的环境效益。

二、水权交易市场建设与水权转让合同

（一）水权交易市场建设

水权制度是现代水资源管理制度的重要内容，水资源进入市场进行水权交易，是运用市场机制优化配置水资源的重要途径。水权交易市场是提供商品水买卖和水权有偿转让的场所，能够形成水权交易的市场价格、缓解水资源供需矛盾、促进节约用水，提高用水效率等。目前，我国已经建成从中央到基层三个层次的水权交易平台：一是国家层面，建立国家级水权交易平台——中国水权交易所。二是省级层面，内蒙古、宁夏、广东、河南、陕西等许多省区都纷纷建立了水权交易平台。三是基层层面，甘肃疏勒河流域、张掖和武威等，已在县乡建有规范的交易平台。市场经济条件下，在水权交易平台进行水权交易，除应尽可能地遵循市场交易的普遍原则外，还必须遵循水资源市场的交易规则，如持续性原则、整体效益原则、补偿性原则及承受性原则等。

但是需要注意的是，水权交易市场不同于普通的商品市场，它是一个不完整的市场，只是一个“准市场”。我国水权交易必须引入水权市场，既发挥市场机制配置资源的基础性作用，又

---

〔1〕 张炳淳：“论环境民事合同”，载《西北大学学报（哲学社会科学版）》2008年第5期。

发挥政府宏观调控作用以弥补市场失灵，两者相互协调、共同促进水权交易良性运行。在我国市场经济体系还不完善的现阶段，国有资本从竞争性领域退出才刚刚开始，尤其是垄断经营的国有供排水企业，尚未引入竞争机制。加之多年来，水的供应都被当作社会福利，“低水价就是维护低收入阶层利益”观点的普遍性，都给水的市场化运作带来难题。要实现水资源的优化配置，就必须利用市场机制，根据用水的边际效益配置水资源。要实现水资源的优化配置，就要在节水的基础上促进水资源从低效益的用途向高效益的用途转移。要达到此目的，就必须培育和发展水权交易市场，允许水权交易。

水权有两种基本的市场交易模式：一种是水权交易所的集中买卖，称为场内交易；另一种是存在于水权交易所之外的零星的通过非正式市场进行的水权转让，称为场外交易。场内交易具有集中、固定的交易场所和严格的交易时间，水权交易以公开的方式进行，有利于扩大交易规模、降低交易成本、促进市场竞争、提高交易效率。场外交易以水银行为核心，其交易地点、时间和交易数量较为灵活，交易费用较低。二者是互补关系，在水权交易市场的建设过程中，对两者都应持鼓励态度。

在水权转让和水市场的建设上，国外取得了较为丰富的经验。美国是世界上市场经济最为发达的国家，水权制度创设最早，也较为完善发达，世界最早的可交易水权制度就是于20世纪80年代出现在美国西部地区。目前，美国水权交易主要集中在西部各州，以加利福尼亚水银行最富有特色。水银行本质上是一种水权交易中介组织，其主要负责购买出售水资源的用户的水，这些水包括农地休耕后的节约用水、使用地下水而节约的地表水、水库调水等，然后将收购来的水卖给急需用水的用户。水银行的主要作用是简化了水权交易程序，促进了水权便捷交易，更合理地对水资源进行了配置，并给交易双方带来了较好的经济效益。在美国，用水主体间的水权转让与交易主要是通过水权市场来实现的，并辅以行政手段加以指导和引导。水市场中的绝大部分水交易是从农村转向城市。澳大利亚水权交易的典型案例要数南澳大利亚的墨累-达令流域的水权交易。实践证明，澳大利亚水权交易使水资源的利用向更高效益的方面转移，给农业以及其他用水户带来了直接的经济效益，促进了区域发展，改善了生态环境。用水户和供水公司出于自身的经济利益，更加关注节约用水，促进了先进技术的应用，提高了用水管理水平。

针对我国水资源管理体制和不同区域、不同行业特点，水权试点区域积极探索行业间水权交易、用户间水权交易、集体水权交易、跨区域水权交易、跨流域水权交易、上下游间水权交易，创造了许多具有中国特色的水权交易模式。

（二）水权转让合同概述

水权转让合同是引起水权转让最为常见的一种法律事实，即水权人将水权转移于受让人，而由受让人支付转让费的协议。由于我国现行法中并没有对水权转让合同进行直接规定，根据《合同法》的规定，除适用《合同法》总则的规定，可以参照与其相似的买卖合同的规定。从性质上看，首先，水权转让合同反映的是一种民事法律关系，因此宜确定为民事合同；其次，水权转让合同应定位为附保护第三人利益的民事合同，以平衡合同当事人与第三人之间的利益冲突。因此，水权转让合同与水权出让合同、供用水合同、水工程用益权合同有着非常显著的区别。

从水权转让合同的主体来看，其作为民事合同，必须存在双方当事人。作为水权转让合同一方当事人的转让人必须是取得水权的民事主体。换言之，转让人必须拥有合法的水权。受让人也必须符合法律的规定，如《水利部关于水权转让的若干意见》中对于水权受让人所作出的限制。水权转让双方要经过资格审查，符合条件才能进行水权转让。

从水权转让合同的成立和生效来看，其成立要件包括：存在双方当事人、双方当事人意思表示一致、须具备书面形式。合同成立并不当然意味着合同生效，合同成立与生效系合同过程的两个阶段。水权转让合同的生效要件包括：合同当事人在缔约时具备相应的行为能力、合同当事人意思表示真实、合同不违反法律、行政法规强制性规定，不损害国家或社会公共利益、须经批准登记。

从合同的条款看，水权转让合同一般应当包括以下条款：①当事人的名称或姓名和住址；②水权转让标的；③转让水量；④水质标准；⑤转让价格及付款方式；⑥转让理由和受让用途；⑦转让期限、水源地和转让方式；⑧违约责任；⑨环境污染责任；⑩争议解决方法等。水权因其不可替代的生态环境功能，需要由政府采取特殊手段来保障社会公共利益。因此，水资源的私人用品用途应该受制于其公共品用途。水权转让合同作为水权转让的主要方式，将其定位为附保护第三人利益的民事合同，应当明确环境条款、设置限制条款，使合同双方当事人均负有保护环境的法定义务，以实现社会公共利益和第三人利益的保护，从而保护环境资源。

从合同的内容看，水权转让人的权利和义务主要包括：按照合同的约定收取转让金；将特定剩余年限水资源使用权转让给受让人，并办理转移登记；交付有关单证和资料；保证所转让水资源水质标准符合合同约定；告知义务；容忍义务等。水权受让人的权利和义务主要包括：依照合同获得水资源使用权，并依照合同约定用途合理使用的权利；收益的权利；依照合同的约定支付转让费用；履行协助义务；必要的注意义务；使用者负担义务；服从监管的义务等。第三人的权利包括：知情权、请求权、自力救济的权利等。

（三）水权转让的第三方效应

在水权转让的过程中，第三方总是不可避免的出现，水权转让的第三方本身是非交易主体，但是在交易过程当中不可避免地会牵涉与其相关的经济、社会和环境利益，常发生第三方效应。水权转让的第三方效应是一个不可预测因素，它大部分时候不是水权转让主体的主观愿望，仅有一小部分是交易主体的故意行为。第三方效应特别是第三方负效应的存在会导致对水资源的不当利用，进而导致市场机制有效配置水资源的功能失灵，对水权转让市场造成很大影响。为了促进实现更公平、更合理的水权交易，对于水权转让中产生的第三方效应有必要进行评价，如生态环境影响评价和社会经济影响评价，尽可能降低和清除负效应。目前，我国对水权转让中第三方效应的研究较少，其评价方法和体系尚未建立，而评价的实施更为欠缺。要进一步推动水权转让制度，有必要实施第三方影响防范机制。

三、公共服务均等化与供用水合同

党的十八大报告提出，到 2020 年总体实现基本公共服务均等化。供水服务是一项关系到国计民生的基本公共服务，既属于基本民生性服务，又属于公共事业性服务，属于推行均等化的基本公共服务范畴。

水是人们生活的必需品，供水更是和人们的生产生活密切相连，是生产和生活不可缺少的基本物质条件，也是制约经济和社会发展的重要因素。在过去，供水一直被作为纯福利性事业，供水行业管理体制存在政企不分的状况，供水设施的建设、供水的经营管理、供水的分配、水价的制定、水费的收取等，全依赖于政府的指令，水费的收取根本不能反映水作为商品应有的价值。在这种情况下，造成社会普遍不重视供用水合同。随着经济的快速发展，我国供水事业发展迅速。近年来，民间资本大量涌入供水行业，供水行业进行了管理体制的改革，其经营活动逐渐推向市场，再加上公共服务均等化这一目标的提出，供水行业必须对供用水合同引起重视，以避免各种纠纷的出现。

供用水合同是指供水人向用水人供水，用水人支付水费的合同。我国城市供水主要包含城市公共供水和自建设施供水两个方面。从供用水合同的法律性质来看，其属于公用性、公益性、继续性合同，是双务、有偿、诺成性的典型合同。供用水合同是计划性很强的合同，国家对水的不同使用目的和使用期限以及使用方主体的不同，在水费、水价、是否优先供水以及合同的形式等方面，对不同的供用水合同规定了不同的标准。

从合同的主体来看，供用水合同法律关系的主体，包括供水人和用水人。供水行业中，对供水人的资质有一定的要求，其必须经过批准并达到一定资质才能够向用水人供水。城市供水方包括城市公共供水企业——自来水公司和城市自建设施对外供水的企业。我国传统自来水公司多以事业单位这一组织形式存在，绝大多数城市供水企业是隶属于政府职能部门的国有自然垄断性单位，是政府实现经济管理职能的附庸，缺乏独立的市场主体地位。近年来，国家逐步向社会开放了城市公用事业的投资领域，允许鼓励非公有资本进入基础设施、公用事业等领域，把竞争也引入了供水领域。自来水公司积极进行体制改革，在完善政府监管体制的同时，实现公用事业由政府运作向企业运作的过渡和转变，逐步变成自主经营、自负盈亏的企业。在我国，用水人包括普通居民和单位，法律并未对此作出特殊要求，只要具备我国《合同法》上的主体资格，都可以向供水企业提出申请，成为用水方。合同当事人订立合同应当具有相应的民事行为能力，考虑到供用水合同的长期性和复杂性，用水人必须具有完全民事行为能力。

自来水作为一种公共产品，其供给与完全由市场调节的私人产品供给的区别之一即包含了较强的政府政策因素。在供用水合同的订立中，主要体现在规定供水人的强制缔约义务上。对于城市供水合同来说，双方当事人的地位往往是不平等的，一方是具有垄断地位的供水企业，另一方是普通的用户，如果一旦用户的缔约请求被拒绝，那么要约人就无法从他处获得自来水这种特殊商品，基本生产生活就无法正常进行。为了保障并实现消费者权益，在订立供用水合同过程中，应遵循强制缔约规则，即对于用水人向供水企业发出的要约，供水企业非因正当理由，不得拒绝用水人的申请，同时，供水企业必须给用水人提供合理的条件以缔结合同。

供用水合同的主要条款包括：双方当事人的姓名或名称和住所、供用水合同的标的物和供水具体内容、用水计量、水价及水费结算方式、供水设施产权分界与维护管理、违约责任和其他条款。

从合同的内容来看，供水人的权利和义务包括：按照合同约定的水质标准不间断供水的义务；供水人需要变更抄验水表和收费周期时，提前通知用水人的义务；及时抢修的义务；按照合同收取水费的权利；监督用水人按照合同约定的用水量、用水性质、用水四至范围、用水的权利等。用水人的权利和义务包括：获得符合合同约定的供水服务；对供水人收缴的水费及确定的水价申请复核，向供水人提出进行水表复核和校验的权利；按照合同约定按期向供水人缴纳水费的义务等。

从合同的形式来看，我国法律、法规并未明确规定必须以特定的形式要求供水企业与用户之间应当签订书面的供用水合同，当事人之间订立供用水合同可以采用书面、口头及其他形式。其中，口头形式的供用水合同随着供水企业规范化管理程度的提高，已经越来越少出现。由于供用水合同的内容具有复杂性和长期性，建议供用水合同采用书面形式。在供用水合同中，多采用格式合同的形式。供用水合同作为典型的格式合同，一般来说，其条款大多为格式条款，应当适用《合同法》有关条款调整。供用水合同采用格式条款，可以简化缔约手续，减少缔约时间，降低交易成本，提高生产经营效率，保证交易活动的标准化、便捷化，可以事先分配当事人之间的利益，预先确定风险分担机制，增加对生产经营预期效果的确定性，从而提高生产经营的计划性，促进生产经营的合理性。虽然使用格式合同也会带来一定的消极影响，很容易受到相对方的质疑，被认为基于优势地位，限制合同条款的意思表示，强加不公平的条款。但事实上，供水企业不可能与每个用户进行协商，分别订立合同。因此，采用格式合同实属必然。鉴于我国当前对格式条款立法的不足，供水企业必须增强格式条款的意思表示作用，明确供用水双方的权利义务关系，如明确供用水设施运行维护责任界限以及合同履行的附随义务等，以保证供用水合同全面、实际履行，增强供用水双方的协作与信任。

从合同的履行来看，供用水合同依法生效后，双方当事人应当按照合同规定的内容，全面完成各自的合同义务，实现合同权利，从而达到订立合同的目的。供用水合同在履行中应当遵循一定的基本原则，具体包括：适当履行原则、协作履行原则、经济合理原则和情事变更原则。由于供用水合同的特殊性和重要性，决定了合同的履行亦存在一些特殊规则，主要表现在两个方面：首先，供用水合同的履行必须是持续性的。自来水是一种特殊的商品，属于流动物，贮存起来也会造成水质的变化，只能边生产边使用，其价值也只能在不断的使用中才能体现出来。自来水的这种特性决定了供用水合同是继续性合同，供水人按照约定连续的向用水人供水，用水人按照约定的时间间隔连续的就每一次供水支付价款。其次，供用水合同的分类履行。我国城市供水分为生活用水和生产、商业用水等。对于不同使用目的的合同，有不同的履行顺序，城市供水的履行，优先照顾生活用水，其次才是生产和商业用水等。在水价上，生活用水也比生产和商业用水要便宜。

关于供用水合同的违约责任，我国相关法律规范并未对供用水合同违约责任的归责原则进行界定，参照供用电合同的有关规定可知，供用电合同违约责任的归责原则是严格责任原则，因此，供用水合同违约责任的归责原则是严格责任原则。适用这种原则可以免除原告对被告有无过错的举证责任，有利于诉讼的进行，同时将不履行与违约责任直接相连，有利于督促当事人严肃对待合同。供用水合同违约责任的形态包括预期违约与实际违约，违约方应当承担继续履行、采取补救措施、赔偿损失、支付违约金等违约责任。

CHAPTER4

第四章

水权初始分配的法律调整与水权出让合同

运用市场机制配置水资源，客观上要求首先明确各用水主体的初始水权。所谓水权的初始配置是指水资源所有权主体分离水资源所有权中的部分权能（使用、收益）给用水人，使其获得水权。水权分配划分为区域水权分配和用水户初始水权分配，其主要依据是水权逐步明晰的过程本身所包含的逻辑阶段。这一过程使水权逐步明晰，从法律内涵来看，就是从水资源的国家所有权逐步分离出水资源使用权的过程。以行政法律规范或者民事法律规范作为调整水权初始配置的唯一的法律依据，都不能很好地做到水权初始配置的公平、合理。所以，应当构建公法、私法相结合的水权初始配置的法律调整模式。可以通过建立水权出让合同制度来规范和调控水权初始分配，以实现严格水权初始分配程序和保护水资源的目的，同时又赋予了水权初始分配更鲜明的法律特点。特别是针对工业用水，合同的引入，将发挥水资源的经济作用，更有利于维护用水人的合法权益。

第一节　水权初始分配概述

一、水权的取得原则

水权取得中的优先权是水权的重要要素，优先权因其定义，是对水权的优先使用和占有权，在水权制度中有着极为重要的地位。根据水权优先权，可以引出以下水权的取得原则：

（1）河岸权原则——依附于河岸地。具体来讲，若对该河岸的土地享有所有权或者使用权，则当然享有与其毗邻或其附属的水域的水权，而且依据这种原则取得水权，无需登记，无需批准，当然享有；以此取得的水权具有永续性。

（2）先占用原则——依据占有。如同国际法中领土取得方式中的先占，但不同的是先占有水资源的人，是基于优先权而取得水权，其只在行使水权时居于优先地位。这种原则出现在河岸权原则以外，即非毗邻河流的水权取得中，但这种原则极易造成水权纷争，造成水权分配的混乱。

（3）取得时效原则——根据水权取得的时间。此时必须具备以下条件：该水资源非己所用；取得的时间较长；占用意思为公平公开的。

当然以上三种原则只是水权取得较为传统的方法，存在着矛盾和冲突之处，随着国家强制力的实施，法制的健全，水权的分配出现了更为合理、科学的方式。

二、水权的初始分配方式

初始分配与转让是水权取得的主要方式，而本章以初始分配方式为理论研究对象。

水权的初始分配，是指国家界定的流域、区域内可以开发利用的水资源量由行政区管理部门初次分配给区域内用户的水资源使用权限。初始分配方式存在拍卖说与授权说的争论。

1. 拍卖说

拍卖说分为两种方式：一为一般式，指由拍卖人出价，并规定了每次应价的差额，由竞买人加价，直到无人加价为止；

另一为荷兰式，这种方式与一般式相反，从高价开始，无人应价就随之减价，直到应价为止。虽然这两种方式表面上有所差异，实际上都是出价最高者获得水权，这种方式使水权作为一种商品进入市场分配环节，可以产生更好的经济效益。但是价高者取得水权，容易造成水市场的个人垄断，价高者若进行二次转让，会使低支付能力的购买者很难再得到水权，该权利一直掌握在高支付能力者手中，这会产生严重的社会问题。

拍卖说的支持者认为，这种状况可以通过给予未获水权者相应的经济补贴或者是水补贴，也可以通过立法来解决可能出现的垄断问题。但是，拍卖的方式，价高者获得权利，会使占有巨大财富的竞买者提出更高的价格，而对于这种竞买，政府的补贴很可能是九牛一毛，不可能时时奏效，依然会出现反对者所担心的问题。而对于提出的反垄断措施等，其必然会在垄断标准下竞买一定水权，通过二次转让，来获得更高的差价，由此看来，支持者的办法不会解决根本问题。与此同时，这一系列的行政行为，很难确保不会有行政腐败问题的产生。

2. 授权说

授权说，顾名思义就是通过政府授权来取得水权，取水许可制度就是授权说的代表。这种国家的取水许可制度从根本上来讲是将水完全当作一种自然资源，自然资源的所有权者，通过行政手段、行政措施、行政政策，将水资源分配到各个领域，此时的水就是水资源，与水权无关。计划经济下的取水许可制度是可行的，但在市场经济中，对水资源进行一味地行政划分，忽略了水资源的经济意义，其一不能满足经济发展的需求，其二对水资源的经济价值也是一种浪费。

三、水权初始分配的经济学分析

具有“资源的资源”美誉的水资源，既是“生命之源”，又是“经济之母”。它具有重要的经济意义：首先，它对人类生产和生活必不可少，因为丰富的水资源可以为人们提供饮用、灌溉、航行等；其次，水资源的稀缺性决定了它具有巨大的经济价值。人类对于水资源的开发和利用，已经像其他经济资源一样，以效率作为基本的价值目标，实现水资源的市场配置。但对水资源的开发又不能像其他财富一样，无限制的追求最大利益，还应该考虑水资源在整个生态系统中的关键作用，不能只顾眼前的经济利益而破坏人类长久的生存。

在计划经济体制下，水权的初始分配完全来源于行政命令，缺少发展的灵活性，也不能体现出其应有的经济价值。因此将这一重要的经济资源引入水市场具有客观必然性：

（1）水权因其物权特性，只有将其引入市场，才能更好地发挥其物权价值，在市场的优化配置中，通过市场的能动作用，将水资源分配到更需要、能够产生更多经济价值的领域中。

（2）水资源的稀缺性决定了将其引入市场的必然。在初始分配的过程中，适当引入市场价格机制，一方面会产生一定的经济效益，另一方面也能督促人们节约用水，保护稀缺的水资源。

（3）将水权的初始分配引入相应的市场手段，能在一定程度上减少行政腐败的出现。

机遇和挑战往往是把双刃剑，水权分配进入市场经济后，政府放开权力，发挥市场的优化资源配置的作用，达到了一定的水资源合理配置的目的，但市场自身的弱点和缺陷，离不开政府宏观调控手段的支持。“市场失灵是市场的缺陷使然，从交易费用理论和福利经济学理论观点得知，市场的自身缺陷，使得它无法得到真实有效的信息实现集中控制分配机制的最优整体利益。”[1]水资源是“农业的命脉”“城市经济发展的生命线”，由此可见水对于经济发展的重要意义，如若仅依靠市场，等到市场失灵的时候，将给国家和人民带来不可估量的损失。

“水资源具有外部性的特征分为正外部性和负外部性。”[2]这种正外部性是指水资源的作用得到充分的发挥，水资源得到合理的配置，这是我们在水权的分配和管理中所希望看到的，而对于水资源的负外部性特征则应积极的避免。然而水资源的负外部性往往被利益追求者忽视，在追求水资源最大经济价值的同时，因开发过度使水资源受到严重的污染和浪费。市场的调节作用是具有盲目性的，它的调节只能是在一个市场无利可图或竞争饱和的状态下才会引导竞争者、资源的流出，而水资源这种非可再生资源很显然是不能等到市场的自发性调节起作用；盈利者也不会拿出专款进行水资源的保护和水污染的治理，因此只能通过行政手段和法律手段进行调节。

市场经济是重效率，轻公平的，竞争者企图用最快的时间、最少的成本，获取效益的最大化。充分发挥市场的作用，在经济学上是合理的，市场的配置功能，自发性的调整水资源的分配，使水资源向高收益率行业偏向，以获取最大化的收益，与之相对的收益率较低的行业自然得不到满足，例如，农业生产，若农业用水得不到满足，人们的基本需求受到威胁，必然会引发社会矛盾。同时，水作为人类生存不可或缺的物质条件，又

〔1〕 于纪玉、刘方贵：“水市场建立的支撑和保障体系”，载《水利经济》2003年第3期。

〔2〕 赵时亮：“代际外部性与不可持续发展的根”，载《中国人口、资源与环境》2003年第4期。

是经济价值极为重要的战略资源，这种双重属性决定了在水资源初始分配时，既要满足生存需求，确保公平合理，又要注重效率。仅凭市场的作用进行初始水分配，很有可能引发争端，因此作为水资源的所有者——国家必须通过行政手段处理这一问题。

综上所述，水权的初始分配可以依靠市场发挥一定的调节作用，但是由于市场自身的弱点和缺陷和水资源自身的特性，行政手段的调整有其必然性，同时可以利用法律手段对可能出现的问题进行调整和规范，才能建立真正符合国情的水权初始分配制度，充分发挥水权的经济作用。

第二节　水权分配阶段的划分

水权分配划分为区域水权分配和用水户初始水权分配，其主要依据是水权逐步明晰的过程本身所包含的逻辑阶段。这一过程使水权逐步明晰，从法律内涵来看，就是从水资源的国家所有权逐步分离出水资源使用权的过程。

一、区域水权分配阶段

（一）区域水权分配阶段的内涵

区域水权分配阶段是国家行使水资源所有权，并向各行政区域分配水资源管理和监督权的过程。这一过程是自上而下逐级进行的。这一阶段结束之后，各行政区域取得了本区域水资源的管理和监督权，至此，才可开始水权分配的下一个阶段，这一阶段是向用水户分配初级水权。本阶段的分配方式是通过制定流域和区域水量分配方案来明确流域内各区域可用的用水总量，也是未来各区域进行用水户初始水权分配的用水总量。区域水权的有形载体就是这个用水总量，其相应的无形权利是区域政府依法享有的水资源的管理和监督权，包括水资源的规划权、行政审批权和监督管理权等。因此，具有多重内涵的区域水权是这个阶段的分配产物，可以理解为区域获得的水资源管理和监督权，也是限定区域未来所有用水户获得初始水权总量。这一阶段还是要在水资源所有权的范畴内进行分配，而水资源使用权还没有正式从所有权中分离出来。但是，总量控制和定额管理之间的衔接一定反映了下一阶段初始水权分配的总量要求，为初始水权分配奠定基础和完成准备。在水权制度之下，面向下一阶段初始水权分配的强烈目的性，是它与非水权制度下的传统水量分配的重要区别。虽然区域水权分配并不立即实现对用水户初始水权的分配，但是却在事实上确定了区域内用水户初始水权的分配总量，或者说，对用水户初始水权进行了区域水平的总量分配。

（二）区域水权分配阶段的特征

区域水权分配阶段是水权分配的第一阶段，其具有如下特征：

1. 分配的主要是水资源的管理和监督权

区域水权分配阶段是水资源在所有权范畴内的分配，是国家行使水资源所有权，并向各行政区分配水资源的管理和监督权的过程。这一分配过程是自上而下逐级进行的，也就是说，区域水权分配是在各行政区域之间进行的，以公权力分配为特征的一个水权分配阶段。此时，水权还没有人格化，分配的只是水资源的管理和监督权，流域机构和各级水行政主管部门不是水权的主体，而只是水权的管理者。根据授权，他们可以代表国家和各区域主持初始水权的分配，但本身不享有水权。应该说，只有用水户取得的水权才是真正意义上的水权，因为用水户取得水权才是水权分配的最终目的。

2. 分配得到的权力是无偿取得的

在区域水权分配的过程中，政府都是无偿获得这部分水资源的管理和监督权，并不需要缴纳水资源费；而在用水户取得水权的初始水权分配阶段，除了一些法律规定的特殊行业外，用水户必须向国家交纳水资源费后方能取得水权。这一点也可以证明，各级政府并没有获得这些水资源的使用权，政府获得的只是水资源的管理和监督权，可见，区域水权分配和初始水权分配之间是不同的。

3. 分配得到的权力是不可转让的

理论上，水权转让只能在获得水权的用水户之间进行。原因在于：首先，根据以上结论，各级政府享有的是水资源的管理和监督权，而不是实质意义上的水资源使用权。这种水资源的管理和监督权是各级政府行使行政管理职能的一种形式，是公权力的体现，没有任何法律规定公权力可以通过市场进行交易。其次，政府享有的这些权力是无偿取得的，这些无偿配给的权力拿来做交易于理不通。再次，人民政府是公民利益的代表，政府的职能是国家事务、公共管理和社会服务，政府不能够作为利益集团参与市场的交换，否则不利于保障水权市场的公平性和自主性。但是，当政府作为生态和环境等公共用水的代表者时，可以从市场上购买用水户转让的水权，用于生态和环境保护。这时政府的身份是水权转让的受让人，这种情形在国外称为水权的回购。

应当强调的是，一般情况下，政府不能作为水权的转让主体参与水市场交易，不等于政府可以放任水权的交易。由于水资源和水权交易的特性，水权交易往往需要通过一定的水利工程来实现，这些工程靠个别的用水户通常难以实现或没有能力完成。对于市场秩序和信用而言，也是如此。因此，政府应当在水权交易和转换中充分发挥其社会管理和公共服务职能，发挥桥梁和纽带作用，进行宏观调控，积极推动并规范水权交易，培育水市场，促进水资源的优化配置。

（三）区域水权分配阶段的任务

（1）明确分配区域水权所采用的各区域的用水定额。这是基于《水法》确定的总量控制和定额管理相结合的原则。由于各区域的用水定额是由省级政府依法制定并颁发的，但在分配区域水权时，各省级政府颁发的用水定额不一定能全部满足需求，尤其是北方严重缺水省份。因此，需要在流域内进行协调后，确定流域内进行区域水权分配时所采用的各区域用水定额。

（2）根据相关规划在水权分配中实现流域公共目标，包括保障流域生态环境用水。

（3）完成对流域内各地区现状用水总量的调查工作，并主要据此，结合总量控制和定额管理完成对各地区的水权分配。

（4）通过区域水权分配协调和解决各地区由于上下游关系、用水结构差异和经济发展水平差异等导致的水资源冲突。并基于该分配和协调过程形成流域和区域结合的、广泛参与的区域水权分配和水权管理委员会机制。

（5）明确各地区水资源管理和监督权实现的工程基础和工程管理的规则基础。

（四）区域水权分配的方式

相对于水权制度建设、水权制度下的区域水权分配的实际需求而言，目前的区域水权分配制度还不完善。在现实中进行区域水权分配，在许多需要推动水权制度建设的流域，由于水量不够充足，就一定会采用竞争性分配制度。在这一阶段，主要运用的是行政性分配。而就具体的分配模式来讲，很有可能是对多种模式的组合。这种组合模式对不同类型的用水采用的分配模式也不同。例如，黄河流域水权分配这样复杂的区域水权分配中，就其对生态用水和其他用水分别同时采取行政预留模式和现状分配模式而言，这种组合的分配模式部分已经得到了运用，并且很有可能通过对细分的其他用水进一步采取不同分配模式而成为未来具有一般性的分配思路。

1. 对生态环境需水的分配，采取行政控制下预留的模式

生态环境需水的保障成为流域水资源管理中最为突出的问题之一。而政府对于流域生态环境负有代言之责，因此，在生态环境需水被普遍挤占的情况下，在流域向区域分配区域水权的层次上，政府即对生态环境需水予以预留。在黄河流域向各省的水量分配中，从多年平均流量580亿方中扣除的210亿方水量就是用于维持河道基流、冲沙水量和入海流量。在国外，澳大利亚的水权分配中对流域水权分配实行“封顶”，即限制经济利用的水资源量，强制保障流域的生态环境需水。

在《水量分配暂行办法》中要求实行政府预留水量的分配，这是针对未来发展用水需求和国家重大发展战略用水需求而保留国家对未来区域水权分配进行调整的空间，这和此处所说的生态环境需水的优先考虑是不同的，前者所针对的用水是不特定的。

2. 对基本需求用水的分配按照人口分配模式

基本需求用水是一个保障性的范畴，也是社会公平和基本人权的要求。因此，对基本需求用水的分配往往采取平均主义的方式，即按照人口分配模式、人口数量进行分配。这部分水量的保障分配只有在极端情况下才会成为突出问题，且一般来说总水量及其所占比例很低，所以在水权分配中的实际影响并不显著。

3. 对多样化需求用水的分配采取混合模式

从目前黄河流域的区域水权分配情况来看，“分水方案”基

本上采用的是混合分配模式。从近十几年的运行情况来看，无论是分配模式还是分配结果，基本上是合理的。至于20世纪90年代的黄河断流，其原因不在于分配而在于管理。更具体的区域水权对应水量的核算，必定涉及相当复杂的技术问题。如果已经掌握那些已经发生并必须被认可的现状水权，并已经核定了必须保障和预先分配的生态用水，也确定了国家强制推定的大的调水计划的调水量，则以平水年总水量扣除这三者作为总的新增分配水量，各地区按照其在流域总人口中的比例、在流域总面积中的比例及在流域总体经济规模中的比例，即按照多个比例的加权，对上述总的新增分配水量进行分割，可以作为一个基本的分配核算方法。

4. 对机动用水的分配采取市场模式

以黄河流域为例，其机动用水的来源有如下几个方面：①丰水年份多余的水量；②开发的新水源（如南水北调提供的水资源）；③基本需求用水中未被购买的部分。目前黄河流域机动水权的分配仍然以行政分配为主，丰水年份多余的水量按原来的分水比例进行分配，部分上游未被使用的水资源则被无偿或低偿调拨到下游地区。这种对于机动用水的行政性分配导致了各地纷纷跑水、要水。由于水资源获取相对容易，用水户难有节水激励，同时还会造成权力寻租现象。

总的来说，上述技术模式都有其局限性。合理分配的水资源应当尽可能满足任何地区社会经济生活复杂结构所造成的需求，但无论是流域面积、人口、经济规模，都不足以完整地反映这种结构。生产生活方式的迅速变迁、工业化和城市化、各种生产要素的广泛快速流动、区域政策等都显著、深刻地影响区域对水资源的需求。传统的水资源规划方法自然有可取之处，但是难以适应市场经济条件下快速变化的社会经济生活的需要；

只有通过更加全面的多学科研究，才可能使区域水权分配更加科学合理。

（五）区域水权分配方案的制定

在完成了区域水权分配的各项准备工作并达成初步共识后，区域水权分配就进入关键的方案制定阶段，具体包括：

1. 明晰现状用水

明晰现状用水是要根据流域、区域自然情况和河道内生态用水情况，确定水资源的可分配量，并以流域或区域分水定额为基础，分析现状用水的合理性，替除现状用水中不合理的部分，保留合理的部分。

（1）确定水资源可分配的总量。以水资源综合规划为依据，在保证生态用水的基础上，统筹考虑地表水和地下水，测算在不同频率下以及多年平均条件下，本流域或本行政区域可用于分配的水量。

（2）明晰现状用水的合理性。在水量方面，根据水资源开发利用的现状，以各行业分水定额为依据，综合考虑用水量、用水结构、生产工艺等多种因素，以水资源可分配总量为基础，分析实际用水规模，剔除现状用水中不合理的部分；在水质方面，研究确定不同河流的水资源承载能力，根据水功能区划，规定其职权范围内不同河段的排污限额，取消不合理的超限排污。保证地表水和地下水的水质可用于约定用途。

2. 确定发展需水限额

确定发展需水限额也应以综合规划为依据。综合规划在合理考虑未来总体发展及个体差异的基础上，根据各行业发展指标和用水定额，预测各行业在规划期内不同水平年的发展需水量，将该量作为相应年度中的最高用水限额。在这里，应该充分将区域水权分配和现行水资源管理制度中的相关规划结合起来，以相关前瞻性的规划指导区域水权分配，尽可能满足发展需水的要求。但是，相关规划的内容需要进行调整，以适应市场导向的水权制度的要求。在大尺度的地区和流域水平上，以及在基本的部门用水结构方面，水资源综合规划的权威性则应予以更多强调。

3. 拟定区域水权分配草案

根据已经明晰的现状用水权和不同水平年的各分配对象发展需水预测，规划确定的不同水平年的各分配对象最高用水限额，依次拟订区域水权分配草案。

根据水量水质统一原则，分配草案中除应当包含各行政区域可用的总水量外，还应有各行政区域内各行业的取水量、不同流域取水量、取水水质以及排水水质的相应内容，对水量和水质进行统一规定，综合考虑供、用、耗、排等多种因素，以实现真正意义上的区域水权分配。

4. 二级民主协商

在拟订了区域水权分配草案后，区域水权分配的组织协调机构应召集包括负责区域水权分配工作的各行政区域政府代表、水行政主管部门的主要领导等利益方，就拟订区域水权分配草案的一些重大事项以及一级协商上交的问题进行二级民主协商。区域水权分配的组织协调机构对各利益方提出的不同意见，经慎重考虑和充分论证后，可依公平、公正的原则，对分配草案进行调整，但不应当违反制定方案的原则。

5. 形成区域水权分配方案

上述二级民主协商后，应当形成一个协商结果，并将该结果写入区域水权分配方案。

6. 争议解决

争议解决程序为或然程序，包括听证、复议和行政裁决。

只有在存在异议时才进入该程序。

需要说明的是，虽然“听证”和“复议”都是法律中的专门用语，涉及的是行政机关和行政相对人之间的关系，但由于这两个词能够较通俗地表达出在区域水权分配的过程中应当“听取当事方的意见、允许当事方陈述和申辩”以及给当事方提供更多的救济途径的宗旨，因此，在区域水权分配的争议解决过程中借用了这两个概念。

7. 形成区域水权分配报批方案

根据区域水权分配方案或者听证、复议、行政裁决的结果由区域水权分配的组织协调机构形成报批方案，上报上级水行政主管部门，由其报上级人民政府审批。经过上级人民政府审批后的区域水权分配方案具有法律效力，任何人不得随意修改。

二、用户初始水权分配阶段

（一）用户初始水权分配阶段的内涵

向用水户的初始水权分配阶段是水权真正落实到用水户手中的关键一步，是水行政主管部门依法按照各自的管理权限审批或许可水权申请人的资格，赋予用水户以水权的过程。在这个阶段，行政机关需要通过法定形式将水权落实到用水户，有明确的权利、义务、用水量、用水类型、期限等的要求，目前在我国，其主要的法定形式为审批取水许可。

（二）用户初始水权分配阶段的特征

地方政府或流域管理机构向用水户分配初始水权的阶段，在目前应当以《取水许可和水资源费征收管理条例》作为主要依据，通过取水许可的有序发放实现对用水户的初始水权分配。根据《取水许可和水资源费征收管理条例》的规定，这个阶段的特征包括：

（1）分配的是水资源使用权。在区域水权分配阶段，所分配的实际上是对应于一定量的水资源（使用权）的管理和监督权，而不是直接的水资源使用权。在完成区域政府系统内部逐级向下的配置权分配之后，在特定层级的政府对用水户按照取水许可制度分配水权的阶段，其分配对象不再是水资源的管理和监督权，而是水资源的使用权，亦即用水户的初始水权。

（2）分配水权须缴纳水资源费。按照《取水许可和水资源费征收管理条例》第28条的规定，在获得取水权之后，除了几种特殊情形之外，取水单位或者个人应当缴纳水资源费。这样，初始水权分配中，用水户获得水权需要缴纳水资源费。

（3）分配的水权是可以交易的。《取水许可和水资源费征收管理条例》第27条规定："依法获得取水权的单位或者个人，通过调整产品和产业结构、改革工艺、节水等措施节约水资源的，在取水许可的有效期和取水限额内，经原审批机关批准，可以依法有偿转让其节约的水资源，并到原审批机关办理取水权变更手续。具体办法由国务院水行政主管部门制定"。由此可见，在真正实现对用水户的初始水权分配之后，这种水权是可以交易和流转的。从水权制度建设的基本宗旨来看，通过建设水市场、推动水权流转而达到水资源优化配置，正是水权制度建设包括初始水权分配的基本目标。

（三）用户初始水权分配阶段的任务

在本阶段的水权分配中，实现了对用水户的初始水权分配，水资源使用权和水资源所有权实现分离。其主要任务包括：

（1）完成对区域内各用水户现状用水总量的调查工作。相比之前对地区现状用水量的调查，对用水户的调查是更加精确的。

（2）基于已经确定的区域可用的总用水量，比较现状用水总量，确定可发放的取水许可的水量，或者确定其削减量，以及在用水户之间的分配。

（3）根据相关规划，在对用水户的水权分配中实现地区水资源利用的公共目标，包括保障细分至区域的生态环境用水。

（4）通过本阶段的水权分配协调和解决各用水户之间由于水量不足、水质污染、其他第三方影响等导致的水权冲突。并基于该分配和协调过程形成用水户广泛参与的区域内水权分配和水权管理机制。

（5）明确用水户水权实现的工程基础和工程管理的规则基础。[1]

第三节　我国水权初始分配法律制度的现状及缺陷

在“水权”概念引入我国后，无论学术界，还是水利实务界都进行了反反复复的研究与实践，力图寻找最适合我国资源现状的发展模式，取得了一些骄人的成果。但基于我国水资源空间分布不均的现实状况，以及各方面用水需求、用水冲突的加剧，产生了一系列的生态问题和社会问题，严重制约着我国经济的发展。

以客观的标准和态度审视目前我国的水权初始分配制度及其存在的缺陷，才能找出行之有效的方法以完善我国当前的水权制度，这也是合理的水权初始分配制度获得的必要前提。倘若这种认识存在某些主观因素的引导，会使相应措施产生与现实的偏离，失之毫厘，谬以千里，必然会导致我国的水资源生态进一步恶化。

---

〔1〕朱珍华：《水权研究》，中国水利水电出版社2013年版，第106~115页。

一、我国水权初始分配的主要方式

在我国，水权初始分配方式主要有两种：

（1）取水许可制度。即必须经过许可才能获得权利的方式，指水权申请人向水行政机关提出申请，经过行政许可获得水权的方式。水资源所有权属国家，在水资源作为一种经济资源进入产权结构时，政府公权力就必然会发挥其行政主导作用控制水权初始分配的方向，这是多数国家水权初始分配的方式之一，在社会主义制度的国家，这种导向尤为突出。

（2）非行政许可水权取得制度。即通过法律、行政法规、相关水政策直接获得水权，而不需要经过复杂的审批许可程序，当然这类水权的取得主要包括的是基本生活、生产用水，应急用水等，例如，农村集体经济中水库的水，鱼塘中的水，家庭不成规模的零星散养所需的少量用水，为应对公共突发事件所需的应急用水、抗旱用水等，这些主要考虑的是公共利益的需要，以及人们生活用水习惯的需要。由此看来，我国的水权初始分配方式具有相对的范围性和灵活性，既符合国情，也符合具体的实际需求。

二、我国水权初始分配法律制度的现状

近年来，学界对水资源保护以及水权理论的研究渐趋深入。对于水资源的保护，《环境保护法》《水法》《水污染防治法》《水土保持法》等已对此进行了比较全面的规定。但与水权初始分配相关的规定，却少之甚少。

《宪法》作为国民根本大法，仅在第 9 条规定中表明：“包括矿藏、水流、森林、山岭、草原、荒地、滩涂等在内的自然资源，都属于国家所有，即全民所有；由法律规定属于集体所

有的森林和山岭、草原、荒地、滩涂除外。”这一简单的规定，仅能说明水资源的权属，而对初始分配只字未提。《宪法》中，再也很难找到关于水权初始分配的相关内容。

水资源除了公共性，还有明显的物权特征，这一特征使得法律研究的视角转向了民法领域。但审视民事方面的立法状况，很显然并没有对水权的初始分配有任何的帮助，这种现状也不能让人振奋。

相较而言，现行的水事以及行政法方面的法律对水权的初始分配进行了较为全面的规定。上文中提到的我国水权初始分配制度包括两种主要的分配方式，而这在我国水资源方面的法律中有具体的体现，这也为水权初始分配有法可依提供了法律依据。我国《水法》等都有相关的规定，例如，《取水许可和水资源费征收管理条例》第 4 条第 1 款规定：“下列情形不需要申请领取取水许可证：（1）农村集体经济组织及其成员使用本集体经济组织的水塘、水库中的水的；（2）家庭生活和零星散养、圈养畜禽饮用等少量取水的；（3）为保障矿井等地下工程施工安全和生产安全必须进行临时应急取（排）水的；（4）为消除对公共安全或者公共利益的危害临时应急取水的；（5）为农业抗旱和维护生态与环境必须临时应急取水的。”这是对我国非行政许可水权取得制度的体现。《行政许可法》第 12 条第 2 项：“有限自然资源的开发利用、公共资源配置以及直接关系公共利益的特定行业的市场准入等，需要申请行政许可。”这是行政许可取水方式的体现。

值得庆幸的是，我国的水权初始分配制度在 2007 年之后有了较迅速的飞跃。2007 年 5 月《水利发展“十一五”规划》提出“初步建立国家水权制度”目标之后，水利部制定颁布的

《水量分配暂行办法》[1]于2008年2月1日起正式实施，这一办法对作为水权制度中起支架作用的重要制度——水权初始分配制度做了初步设计，对于我国水权制度的建立有着重要的意义。它标志着我国水权初始分配制度的基本建立，构建了水量分配制度的基本框架。

与水资源相关的环境方面的法律，只是对水资源的保护、水污染的治理等有着全面细致的保护规定，然而对于水权初始分配问题几乎只字未提。水资源从水权的初始分配阶段开始，到水权的转让、水资源在使用过程中都应有完备的立法保护，其中还应设计用水后水资源的净化、排污等，这样的水事立法才是全面的，应时的。

仅此处的列举就基本穷尽了水权初始分配的相关法律，我们不难看出，不健全的法律无法保障水权初始分配制度的科学合理进行，也无法以此促进水权制度的健全和完善，完备、系统的水权初始分配法律制度的建立迫在眉睫。

三、我国水权初始分配法律制度存在的缺陷

近年来我国水权初始分配在法律方面取得了一些成就，但仍存在一系列问题，需要进一步完善。

（一）水权初始分配法律保护不全面

水权作为市场经济体制下新生的事物，与之关的法律出现了滞后性的特点。《宪法》《民法总则》中对水权初始分配的规定几乎不存在，这使得水权的初始分配制度处于尴尬的境地。对水权的初始分配只在行政立法、水事立法方面有具体的规定，

---

〔1〕 据透露，《水量暂行分配办法》原定的名称是《我国初始水权分配指导意见》，但后来考虑到初始分配的难度，而不得不由“初始水权”退回到“水量”。

但这种保护很显然是不全面的，既无法发挥水权的物权特性，又无法保证水权制度的长足发展，健全水权初始分配的法律保护体系，是我们目前亟待解决的关键问题。

（二）水权初始分配的行政色彩浓重

我国《水量分配暂行办法》具有较为浓厚的政治色彩，国家计划性强，缺少具体的初始分配方法，水权初始分配的合理性和公平难以保证。

行政配置水权是由政府或有关的水资源管理部门通过行政命令或行政许可的方式进行水权的分配，是一种自上而下的分配方式。这种水权取得的规定是刚性的，在计划经济时是适应的，而对于市场经济的今天，这种行政许可式的水权分配方式，只能使腐败、浪费的情形愈演愈烈。行政主体很容易利用手中的权力进行利益的交换，使部分人通过更多的利益付出来获得水权，而这部分人或许又不是真正的需求者，真正需求者无法获得所必需的水权。只能在初始分配后的下游环节，被迫与水权获得者进行交易，会由此产生种种弊端。绝对的行政权力得不到控制，水权供需矛盾就会愈演愈烈，会造成社会的不稳定，也不利于水市场的发展。

同时，由于政府部门处理信息的能力有限，对实际的供需状况了解不足等，在进行水权分配之时，极易因为能力有限导致信息处理不当，产生“政府失灵”的局面。“在水权许可颁发中，也存在审批方法不科学、重复发证及监管不严的问题，无法达到优化配置水权的目的。”〔1〕由此看来，单纯地依靠行政法律的保护和调控，不仅不利于水权的全面控制，反而会在这种行政绝对优势中产生种种问题，这绝不利于水权初始分配的

〔1〕 黄建初：《中华人民共和国水法释义》，法律出版社2003年版，第80~81页。

发展。

（三）民事立法环节薄弱

水权作为一种物权特性明显的权利类型，虽然其具有比较明显的公权色彩，但在引入市场机制后，其跨越出公权领域，私权特征不容忽视，对其的保护和调整，不能仅局限在行政方面，应充分发挥民事法律的重要作用，但审视我国水权初始分配的立法现状，我们不得不对此产生担忧。没有较为完善的民事水权法律制度，作为水权的获得者，他们的权利就无法获得平等、适时的保护，极易造成水权市场的混乱。因此必须尽快将水权民事方面的法律纳入水权初始分配的法律体系中来，更好的发挥契约制度带来的实惠。

水权初始分配不合理，相关法律法规不健全会导致许多社会问题的出现，如水资源浪费、污染现象严重；水资源分配不均，在丰水区，水资源得不到充分利用，白白流失，而在缺水区，水又不够用；水资源虽为国家所有，但水财政收入却收归各地政府，由此来看腐败、浪费问题不足为奇；水事纠纷往往被当成行政纠纷来处理等。这一系列问题的存在，使得我国水权初始分配法律制度的建设任重而道远。

第四节 国外水权初始分配法律制度的比较分析

一、澳大利亚水权初始分配制度

澳大利亚虽四面环海，但沙漠面积占了国土面积的三分之一以上，是一个水资源匮乏的国家，因此其政府对于水资源的管理也是严格的。其水资源管理体制分为三个层次："①在联邦政府，水管理职能属农林渔业部和环境部；②由各州负责自然资源的管理，州政府是水资源的拥有者，负责管理；③州政府以下，各地设水管理局。"[1]各州都存在不同的发展模式。典型代表是墨累-达令河流域，其中包括昆士兰州的典型发展模式。

（一）昆士兰州水权分配概况

澳大利亚的昆士兰州位于澳大利亚的东北部，其经济的发展主要依靠矿业、农业，以及旅游业，农业用水量约占总用水量的78%，城镇用水占14%，工业用水占7%，其他占1%。澳大利亚的气候最显著的特征就是年与年的降水量变化极大，使得水量分布相当不均，其最早的水权分配模式来源于河岸权制度。上世纪初，联邦政府在立法中明确规定了水资源是一种权属州政府的公共资源，（取）水权与土地分离。对水资源的分配，各州需达成分水协议。

近几年来，澳州政府适时对水资源制度进行改革，昆士兰州水资源配置以规划为基础，水量分配逐步取代水权许可制度，目前已达到了90%的州覆盖面积。《2000年水法》将此规划分为两个阶段：第一阶段制定水权分配规划方案，规定了水资源流域的战略计划，水量配置原则等；第二阶段是水资源的运行规划，其内容有水量的交易规则原则等，并规定了这种规划的有效期为10年，且在此期间必须制定出下一个阶段的水量分配规划。

这种资源的规划和水权的分配必须遵循以下要求：

①应保证水权配置的公开透明，以保护环境和社会公众的利益；②保证规划期限内的用水安全；③必须在不会对生态和环境造成危害的前提下，才能许可批准新的水权；④水质健康必须予以重视。

与此同时，昆士兰州还在不同的流域，采取不同的方法规

---

[1] 李代鑫、叶寿仁："澳大利亚的水资源管理及水权交易"，载《中国水利》2001年第6期。

定了水权规划中水资源配置的安全目标，以及在不同季节的分配原则等。

（二）澳大利亚的“国家水行动”

通过许可取得水权也是澳大利亚的主要配置模式，政府理论上有能力维持水资源的可持续发展，并为生态环境用水进行预留，但实际上，大量许可证的发放，导致实际用水量过多，造成水资源的过度分配。针对水资源日趋严重的状况，2003 年，在国家的主要河流，墨累河、达令河流域，澳大利亚水协开展了一场“国家水行动”。其核心内容包括：墨累-达令河流域水市场及交易模式；水价制定的最佳实践；与流域内所有团体一起开展工作，确保权衡了所有用水户的利益，其中包括为保持湿地和河流系统健康所需的水量；留存最新的可用水量和用水量记录。[1]

澳大利亚大多数州的水资源配置规划都是由水资源管理部门根据当时的经济、社会、环境和成本评价做出的，有权获得的水量和实际的获水量往往存在着偏差，这取决于降水的季节分布。于是降水多的地区会分到的水量比较多，而季节降水少的地区则会水量不够用，于是就产生了水权交易，产生了临时性和长久性的水市场。澳大利亚水权改革的核心内容就是通过各项立法对水市场提供支持，建立水资源财产制度，促进水权交易。

2007 年通过了一项新的《水法》，该项法律中描绘了雄心勃勃的未来发展蓝图，随后于 2008 年又进行了修订，这些立法强化了“国家水行动”的各项目标。同时该法案还得到了大量资金的支持，既能为环境购买水权还能加快各种水环境的基础

〔1〕 伊恩、章宏亮：《水危机：解读全球水资源、水博弈、水交易和水管理》，机械工业出版社 2012 年版，第 147 页。

设施建设，开展水量计量，为以后的水权分配提供更科学准确的依据。

总之，澳大利亚的水权初始分配法律制度随着其水权配置方式不断的健全，从单纯的行政授权到水市场的建立，发挥市场机能，其中存在着缺陷，但澳大利亚正在努力使水权初始分配的模式与法律相呼应，建立完善的水权初始分配制度。

二、南非水权初始分配制度

（一）南非的水资源法律发展概况

南非地处半干旱地带，气候比较干旱，从人均降水量上来看，南非属于水资源非常短缺的国家，水资源的管理历来受到南非政府的重视。南非经历了由殖民到民族解放的历史过程，其有关水资源方面的法律自然而然的受到这一历史进程的影响。

在1994年民主选举之前，南非受殖民国家的影响较为深远。由于英美法系的水资源相关的法律发展的较早，受其影响南非也已经发展了数百年，由最初的农业为主发展到后来的综合考虑工业、农业、商业等各方利益，河岸权制度是受其他法系影响的典型代表。随着经济发展的不断深入，传统的河岸权制度已经不能满足工业化发展的新要求，于是1956年《水法》对河岸权制度进行了改造，但这次的改造并不彻底，加之南非特殊的种族隔离的政治和相对落后的经济制度，使该地区的很多人没有权利，甚至没有机会得到水的基本生活需求的满足，同时对生态环境也造成了一定影响。

在1994年第一次民主选举之后，南非建立了新的民主政权，从此便开始了利国利民的水资源制度的探索。新的水法制度的内容包括宪法规定的相关条款，水法，以及相关的政策等。在新的水法制度下，人的基本生活需求得到满足，生态环境也得到了保护，中央和地方政府各司其职，使得水资源的配置、使用在合理的范围内进行。

（二）南非水政策的概况

改革之后的南非，其现行水资源法律是比较全面的，它主要包括宪法及宪法性文件、南非缔结与参与的国际条约、南非议会制定与通过的法律以及政府制定的相关文件。在《南非国家水事政策白皮书》中，将“水资源”界定为存在于自然中，被人类使用并满足需求的水。从南非一系列的水法、水政策可以推论出，在这里所有对水资源会造成影响的用水都处在水法的调整之下。南非水权初始分配方式有三种：无许可证用水、许可用水、其他法律规定的用水。

在水资源初始分配时提出的“保留”是南非水政策最引人注意的举措。所谓“保留”是指用来满足人最基本的生存需求和为保持生态的可持续发展和开发对生态环境进行保护所需的水资源。南非的水权分为法定水权和配置水权。法定水权是通过法律规定所确定的对水资源的权利，包括水人权（满足人类基本需求的水权）和环境水权（维持生态可持续的水权）。所谓配置水权是指政府其他法律的相关规定，按照一定的程序、条件授予申请水权的单位或个人用水的权利，这一点与我国的水权初始分配有一定的相似性。

南非的水资源初始分配遵循的原则除了“预留”，还有一个同等重要的原则，即所有水权都不具有永久性，只授予一个合理期限。这为水生态的可持续发展与保护埋下伏笔，充分考虑到了水资源和水管理在今后的可能性，为及时地调整政策留下空间，同时也抑制了水权人对权利的滥用。

三、美国水权分配制度

美国的水权分配主要有两种，即州际水权分配和州内水权分配。州际水权分配一般是根据州际水资源分配协议、法庭裁决或国会针对水资源分配制定的专门法律来实现；州内水权分配则需要用水户提出书面申请，向水资源管理局申请用水许可证。在大多数州，书面申请的归档时间对水使用权的优先性起到决定性作用。申请获得通过后，行政机构将发布一个包括水资源使用条款和条件的许可令，批准申请者享有专用水权。

美国水权分配主要是申请优先专用权。优先专用权是对水库、沟渠、泵站等人工水道的引水优先使用的一种权利。优先权是其核心，专用权授予的日期决定了用水户用水的优先权，即"时间优先，权利优先"。最先授予的水权专用者拥有的权利最高，最晚授予的水权专用者拥有的权利越低。在缺水时期，那些拥有最高级别水权的用水户被允许引用他们所需要的全部水资源，而那些拥有最低级别水权的用水户被迫限制甚至全部削减他们的引水量。优先权除与专用水权授予时间有关，与实际行动的时间也密切相关。如果两个用水户同时获得优先权，其中一个引水工程先投入使用，那么其水权级别就比另一个水权用水户高，这就是优先专用权中的"相关溯及原则"。

四、外国水权初始分配法律制度对我国的启示

历数各国的水政策以及水立法，不难发现各国都在不断地探索适合本国水资源状况的初始分配模式，并且不存在一成不变的模式，也不存在一模一样的法律制度，甚至是同一国家其方式都是不同的。我们所要做的就是借鉴有益的成果，构建和完善适合我国国情的水权制度和初始分配的法律调整模式。

外国的水权初始分配制度中的三项制度安排对我国水权取得制度的完善具有借鉴意义，这三项制度分别是：水资源初次分配的综合规划制度、用水类型分类制度和水权的排他性制度。在综合规划中，要重视水资源的利用规划，用科学方法进行水文评价，科学计算径流量，在确保水生态平衡的前提下颁发相应的取水许可。

澳大利亚的水资源规划，注重公众参与，鼓励各州的分水协定。国家的鼓励能充分调动公众的灵活性，促进水权在各用水主体之间进行合理的流转和配置。

南非的水政策，首先值得肯定与学习的是对生态可持续发展用水的保留，明确承认生态环境用水，这是生态和国际环境的大势所趋，只有维持好生态，才会有人类发展的延绵不绝。其次，值得关注的是“预留”，用水所要做的是首先满足基本的生存需求和环境用水，这一部分用水是必须严格做到绝对保留的。最后，发挥法律的作用，用法律的手段确定“预留”的程序和措施，同时政府应顺势采取具体的措施，真正做到上行下效。

在美国，水量较为充足的美国东部地区多实行河岸权原则，而水资源相对短缺的美国西部地区则多以占有权优先原则为主，并辅以河岸权原则和惯例水权原则。水权原则的选择取决于实际水资源管理的目的、历史及水资源状况，在具体运用中，应因地制宜、实事求是，以实现水资源的合理有效利用。

综上所述，我们得到的有益经验有以下几点：

（1）明确水权初始分配的对象，确保水权初始分配的合理性，不至于产生水权的浪费，运用行政法规对水权初始分配的方法和程序加以规制。

（2）积极调动公众参与水权分配的积极性，并提供法律支持。

（3）将部分水权的初始分配引入水市场，可建立一个水市场管理机构，代表政府运用市场对水权进行初始分配。

（4）合理区分各项用水，预留生态用水，以保持水资源的可持续发展。

（5）适时调整配置方式，引入行政法与民法、环境法的双重法律保护机制，法制建设必须能够推动水权配置的合理化发展。

第五节　完善我国水权初始分配法律制度的思考

在分析我国水权初始分配制度现状的同时，借鉴国外水权制度演进的经验，建立和完善真正的、符合我国国情的水权初始分配制度，以实现资源促发展，发展保环境的目标。作为法学方向的研究者，当务之急就是对现行的水权初始分配法律制度进行调整和完善，以改变我国传统的初始水权配置的手段，同时健全相关的行政手段，才能充分发挥法律的作用，达到水权初始分配应有的作用力。同时应当强调的是，水资源所具有的特殊性，决定了在处理水资源问题时应从实际的需求出发，人们的日常生活用水不能也不可能过分的引入到市场机制中去。因此，在进行水权初始分配的研究时，特别是在水权出让中主要针对的工业用水，将工业用水较快的引入市场竞争机制，针对工业水权的初始分配，更符合当前的发展趋势。

一、变革水权初始分配的法律调整模式

从前文现状分析来看，我国传统水权初始分配以行政法手段为主导，通过行政许可的方式对水权进行初始分配，既有其自身的优越性，也有其必然存在的缺陷。以往多数的民法学者

试图从物权保护的角度，构建全方位的水权权利保障体系，其主要将水权定位于私权、用益物权或准物权。但是水权是这样的一种权利，它更以它的公权性表明它自身的特殊性。笔者认为，水权公私兼备的复合权利属性，决定了水权权利保障及制度构建不能完全依赖民法手段。对水权初始分配法律制度仍需以行政法手段为主导，任何水资源产权化的理论都改变不了水资源所有权属于国家的事实。但是在水权矛盾激化的当下，建立完善的水权制度，必须要有环境法手段、民法手段的共同作用与密切配合，这既是对水权公有化的尊重，也是水权经济物权的认同。

（一）以行政法手段为主导

对于一种私权利的保障，往往采用民事手段，通过民法予以保护。然而，水权是一种复合型权利，对水权的保护仅仅依靠私法手段是不能完全奏效的，试图将水权完全纳入民事法律规范框架内的努力是徒劳的。

水资源作为重要的生态要素关乎国计民生，国家理应对水资源的分配予以严格的控制。1968 年哈丁发表了著名的《公地悲剧》，这一文章是有关公共地资源的管理，就此引起了轰动。文章指出公共地资源具有以下特点："1. 物理和制度措施将受益者排除十分昂贵，即非排他性；2. 一个利用者使用资源将减少其他人的资源可利用量，即消耗性。"[1]这两种特性使得人们在利用公共资源时，过分注重眼前利益，过度开发利用公共资源，若此时公权力不加以介入，就像文章里所说的，必然带来悲剧性的结果，而此时行政公权力的发挥则离不开行政法律的充分保障。

---

〔1〕 G. Hardin, "The tragedy of commons", *Science*, 1968, 162: 1243.

对于水资源这种公共资源，唯有政府才有发言权，只有政府才能运用一系列强制与非强制的手段对其进行管理。政府作为水资源管理者，拥有最高权威，行政权力的行使能够调节各种利益冲突，当然行政权力的行使必须依照法律的规定进行，由此，水权的初始分配必须以行政法为主导，因为行政法是政府进行管理的重要手段和保障。

（二）以环境法、民法手段为补充

虽然在水权初始分配过程中，发挥主要作用的是行政法，但环境法和民法的补充作用仍不能忽视。

水权的公权色彩源自于其母权，在对水权这一子权利进行分析后，不难发现水权因其天然的物权特性，需要发挥民法的调整作用。发挥水资源的经济价值，更需要重视它的私权性。因此在理论上可以运用民法中物权的相关理论和法律法规对水权进行保护。另外，水权初始分配过程实际也可以看作是对于准物权的取得，也应有先占取得，时效取得等的物权取得方式，对于这种方式取得的水权，民法完全可以发挥其在物权保护方面的作用，对水权进行保护，同时也可以对侵害权利者进行惩罚。

从环境法的保护来看，传统意义上的保护无非就是对水资源污染的防治，在未出现水污染的区域加强保护，在出现水污染的区域进行治理，这一作用在水权初始取得方面的法律保护也十分的必要，能够保证水资源的质量和分配数量，除了这种保护作用，环境法还可以与行政法起到相辅相成的作用，在水权分配的同时，加入水资源的保护。谁能更好地保护水资源，水资源管理机关在水权分配时，也可将这一点作为考虑的要素，在使用的过程中进行保护，可大大降低水环境保护的成本。

因此，我国应建立以行政法为主导，同时充分发挥环境法、民法补充的水权初始分配的法律调整模式，能更加全面的保证水权的取得和合理利用。

二、明确水权初始分配的基本原则

在对工业水权进行初始分配之时，首先应明确水权初始分配的基本原则，但不能仅关注工业用水，更应做全面的引导，同时指引对其他水权的分配，不能顾此失彼。在法律中原则是一种起点，一种宏观的指导依据，在总体上指导着法律所延伸的方向。因此在完善水权初始分配法律制度的最初阶段，我们应把握其原则，明确其宏观的调整依据，使调整不至于偏离主线，事半而功倍。对于水权初始分配的原则，应从普遍与特殊进行把握，由此进行了一般与具体的划分。

（一）一般原则

所谓的一般原则，是针对我国水权初始分配的一般特点进行的规制，在正常情况下必须遵循的最基本的原则。

1. 公平原则

公平是法律所追求的基本价值。水是人类生存最基本的资源，关系到每个人的切身利益，在如今作为一种重要的战略经济资源也关乎生产的大计，因此水权在初始分配之初就应该首先考虑公平，如何公平的分配好水权，既满足生活，又促进经济。与此同时，在可持续经济发展的当下，借鉴国外的水权初始分配制度发展的经验，这一公正的对象也必须包括生态环境用水，而这也是至关重要的一部分。

公平的实现包括三个阶段：起点公平、过程公平和结果公平。其中起点公平是最为根本的，从实现具有市场机制的水权制度来看，基础环节就是水权分配，基础环节如果出现了不公平，就无法从根源上保证水权制度实施的公平。水权分配过程中，保障公平主要是指对于流域内的居民不分民族、年龄、性别、职业和财产状况，法律必须平等的保障每个人的用水权。

2. 效率原则

效率原则也是法律所追求的价值之一，是公平原则的重要补充，也是水权在分配过程中的基本要求和重要目标。初始水权分配是将公共的水资源分配到水权申请使用或者需求使用的用水人手中，效率的作用之一就是快速的满足基本的用水需求，所谓基本的用水需求，效率的关键作用是不言而喻的；作用之二源于水资源的重要战略地位，在经济生产中，任何资源都要求效能最大化，以最短的时间，最少的成本，最便捷的手段获得最大的经济价值，因此水权初始分配的效率决定了水权人利用水权多获得的经济价值。

3. 预留原则

预留原则又可称为可持续发展原则，这一原则针对的是水资源自身的特点，它的稀有性和有条件的可再生性。然而，水资源虽然具有可再生性，但是水资源总量却是有限的，而经济社会在不断地发展，人口在不断地增长，在水权的初始配置中，必须充分考虑水资源现状和潜力以及环境的承受能力，既要安排好生活用水、工农业生产用水，也要安排生态用水，使经济、社会、生态得到统筹发展。

南非的预留原则是我们应该借鉴的，它是可持续发展的直接体现，水资源的可持续做不好，水权初始分配便如无水之源，缺少了分配的根基。预留原则与公平原则相呼应，做好水资源的可持续发展，便是在初始分配中做好了对生态用水的公平分配。

4. 因地制宜原则

我国的水资源分配严重不均，东、中、西部之间，各地区、内各省之间，各个行业之间等，由于自然或人为的原因，使得水资源的分配天然不均。权衡这种不均是水权初始分配的目的之一，因此我们必须充分考察当地实际用水需求，因地因时的进行水权的分配。

（二）具体原则

具体原则是对一般原则的具体体现，针对初始水权分配的具体原则，首先应从利用方式上入手，针对不同的用水进行不同的分配，这也是上述一般原则的具体要求。同时还要综合考虑在三者用水出现矛盾时的解决原则，或者是如何避免三方面用水的矛盾原则。

1. 生活用水的原则

主要是针对基本的需求用水和尊重用水人的用水习惯原则，"河岸权原则"是对这一原则的映照。换言之，如果对该河岸的土地享有所有权或者使用权，则当然享有与其毗邻或其附属的水域的水权，而且依据这种原则取得水权，无需登记，无需批准，当然享有。这是基于一定的习惯和现实情况而来的。实际的生活中，在江河湖泊沿岸长期生活、生产的人，早已形成了对其所在地的江河湖水的用水依赖，农村生活的人依赖其进行零散养殖，家庭灌溉等，这些用水不可能都是通过行政许可获得水权使用许可证之后的用水，这些用水源于习惯。这种情况下如果水权的初始分配单纯的考虑水权的归属问题，而不考虑当时当地的历史和现实情况，会导致用水的纠纷，严重影响社会的稳定。因此，在水权初始分配时，对于这部分的水权应充分考虑其根深蒂固的公共性和生存需求，应相应的剔除其在水权中的部分，换言之，是保留人的基本生存用水。当然，对于不是必须的生存用水部分还应在水资源调查之时进行区分，以免部分人对水权的滥用。

2. 生产用水的原则

生产用水的主体主要包括公私企业以及各种非必须的用水

主体（或者称为非公共用水主体），对于这一主体的用水仍有必要进入水权许可程序，通过对水权使用的申请，获得在一定的时间限度内对水权的有限使用。同时，对于这类的用水应严格按照水权的相关法律、法规进行规范和管理。但考虑到水的经济性，这种许可方式也不是唯一的。

3. 生态环境用水原则

这一原则是对公正原则、预留原则的延续和具体化，除应保留满足人们基本生存用水外，生态环境用水的保留也绝对不能忽视。我们应重视生态环境的作用，保留并保护好生态环境的用水，如此才能够保持水资源的持续循环和持续利用。

三、构建水权出让合同制度

水权初始分配是行政机关作出的一种行政行为，它的主体是政府的行政机关，其在水权初始分配阶段具有决定性的作用，这种主导地位不仅会导致行政腐败的发生，还有可能会造成政府权力的滥用，这一行政行为的相对人即水权的申请人处于绝对的劣势地位，无法有效地保障自己的合法权益。既然存在着某种权利与义务的相对关系，笔者认为可以引入合同这一手段，通过建立水权出让合同制度来规范和调控水权初始分配，以实现严格水权初始分配程序和保护水资源的目的，同时又赋予了水权初始分配更鲜明的法律特点。特别是针对工业用水，合同的引入，将发挥水资源的经济作用，更有利于维护用水人的合法权益。

（一）土地使用权出让制度概述与借鉴

在我国，土地是属于国家或集体所有的重要资源，这与水资源的地位具有相似性。在社会经济发展的进程中，国家顺应了经济发展的潮流与规律，出让了与土地资源相关的部分子权利，如土地使用权的出让。新中国成立之初，我国土地使用权一直是以行政划拨的方式进行初始分配的。1990 年，《中华人民共和国城镇国有土地使用权出让和转让暂行条例》初步规定了土地出让的方式。1994 年《城市房地产管理法》进一步对其作了规定，标志着土地使用权出让制度的正式确立。

土地使用权为物权，水权被归入了准物权或用益物权的行列，准物权虽与物权有着某些差别，但在探讨构建水权出让合同之时，发展较为成熟的土地使用权出让制度可以而且有必要为我们所借鉴。

《房地产管理法》中规定的土地使用权出让方式包括：

（1）招标。即土地管理者发布招标公告，受让方即土地使用权的申请获得方出具标书来竞争土地的使用权，出让方从中择其最优进行使用权的配置。

（2）拍卖。由国家的土地管理机构发布拍卖公告，在特定的时间、地点进行公开的拍卖，竞买者进行公开的竞价，出价最高者获得土地使用权。

（3）协议出让。土地管理部门与土地的受让方通过协议的方式进行土地的出让，在协议中对使用的年限及费用等加以约定。这将合同制度引入了土地使用权的初始分配之中，操作比较简单，因此这种方式的出让被行政管理机构较为频繁地采用。"但这种方式行政干预太多，协议的方式更能体现政府官员的意志，不利于竞争机制的引入，也易产生行政腐败问题。"[1]

（4）挂牌。由政府管理部门发布挂牌公告后，在指定时间、指定的土地交易所将出让条件挂牌公布，竞买者出价申请，这种申请在截止期限内是可以重复进行的，在规定日期结束后，

---

〔1〕 金丹、龄嘉："我国国有土地使用权出让方式完善之我见"，载《湖北经济学院学报》2007 年第 4 期。

将最终的出价结果进行公布并出让。这种方式与拍卖的方式相差不大，但灵活性更强，受到竞买人的青睐。

土地使用权的出让方式，给予了水权初始分配研究者很好的借鉴。在水权理论制度探索发展的进程中，这是一张比较完善的发展蓝图。水权的初始分配方式除了传统的申请行政许可的方式外，协议、拍卖、挂牌、招标这些方式都可以为我们所借鉴，当然在土地使用权出让过程中，无论何种方式都会存在或多或少的弊端，在水权出让制度建立之初，笔者认为可以总结并吸取其教训，避免以后会出现同样的问题，使水权的出让制度尽快地跟上经济发展的速度。

（二）矿业权出让制度概述及借鉴

矿业权属于国家对国有资源权利让与的一种产物，是指"探采人依法在已登记的特定矿区或者工作区内勘察、开采一定的矿产资源，取得产品，并排除他人干涉的权利"。[1] 由此定义可知，矿业权的获得也是由国家公权力批准许可，并予以登记后获得的权利，与我们所研究的水权有一定的相似性。同时矿业权因其具有的物权属性，但又属于国家所有权的特殊属性，表明其与水权一起被纳入准物权的范畴内，我们在研究水权出让制度时，可以比较矿业权出让制度来进行分析。

目前我国的矿业权发展较为完善，矿业权的出让已经通过出让合同的方式，引入了市场机制。在我国在现行法律框架下，形成了以招拍挂出让为主，协议出让和申请在先，出让为辅的有偿出让制度。但我们需要明确的一点是，矿业权在出让的过程中，始终是与所有权相分离的，出让的只是部分所有权延伸到下游的权利，如使用、收益等，这一权利获得后的行使，也

---

〔1〕 崔建远：《准物权研究》（第2版），法律出版社2012年版，第179页。

必须在一定的权限范围内进行。

矿业权的出让合同制度，使得行政主体与相对人的地位渐趋平等，一方面限制了行政主体的行政权力，另一方面充分保障了行政相对人的权利。

水权的特性与矿业权相似，笔者认为，对我国水权出让制度的构建具有一定的可行性。其原因是由水权的性质决定的：首先，我们所讲的水权是一种具有公权力色彩的私权，用出让合同与行政许可的方式共同进行水权的初始分配，能够更好地体现水权的复合性质，同时也能够从多方面完善水权的初始分配法律制度；其次，以契约的方式对水权进行分配，可以发挥市场经济的配置功能，以实现水权初始分配的目的。但这种合同制度，必须以水资源所有者与水权分配机构相分离来实现，只有这样才不会产生不对等的合同主体，才能有效地发挥契约的作用；再次，在初始分配阶段，引入水权出让合同，能够在一定程度上为水权的转让提供前提条件和合法依据，充分的发挥水资源应有的经济价值。

以往的水权初始分配方式只是水主管部门的单方的行政行为，主要是以行政许可、批准的方式获得水权，这就极易出现行政机关权力的滥用，侵犯行政相对人的正当权益。而矿业权的出让，在一定程度上缓解了这类问题的出现，笔者认为同为准物权的水权是值得借鉴的。

（三）水权出让合同制度的构建

通过对土地使用权出让制度以及矿业权出让制度的比较研究，提出了在我国水权初始分配制度中引入出让合同制度，用以改变行政许可获得水权的主要方式，有其现实的可行性。构建水权出让合同制度，使水权在初始分配的过程中，引入合同机制，参与到市场竞争中去，既可以限制行政机关的绝对权力，也可以利用合同对行政相对人进行法律的保护，使其拥有合同赋予的权利，达到既获得水权，又能够在权利受损时主张权利的双重目的。

1. 水权出让合同的性质分析

行政活动，大多体现在公法的范围内，目前存在的一个趋势就是在公权力的行使过程中，引入合同机制，契约精神在形式和精神层面上都在向公权力渗透，例如，国有土地使用权出让合同、矿业权出让合同就是契约精神向公权力不同程度渗透的结果，在公权力的限制和调整中发挥了较好的作用。

笔者认为水权出让的过程中，行政机关的位置可以适当下移，不必站在权利分配的顶端，同时适当提高行政相对人的地位，使二者在一个相对平等的平台进行权利的分配与让与。行政机关是以普通的民事主体的身份参与其中，在法律允许的范围内，与行政相对人进行协商，达成共识，避免单方意志的强加。因此水权出让合同，是为了实现水权的分配，达到水资源经济效益的最大化，水资源的行政管理部门以民事主体的身份，经协商一致，与行政相对人达成目标共识，并签订的协议。对于合同性质的定位，笔者认为此时已不存在鲜明的区分色彩，若必须加以区分，那么该水权出让合同是具有鲜明民事合同性质的行政合同，具有主体的特殊性、目的的公益性、相对的平等性、分配的制度性等特点。

2. 水权出让合同的缔结方式

水权出让合同应引入一定的竞争机制，既可以充分发挥水权的经济价值，又能将水权分配到最优的用水者手中。借鉴国外的水权初始分配模式，我国土地使用权出让方式以及矿业权出让制度，以挂牌、招标、拍卖、协议的方式来获得水权存在一定的合理性，同时适用水权出让合同的性质，笔者认为可以予以借鉴。

基于对土地使用权出让方式的研究借鉴，在水权的出让过程中，可以仿效这四种方式进行，鉴于篇幅有限，此处不再赘述。但由于水的特殊地理特征以及自身的特点，在采纳这四种出让方式之时，应有所补充。作为政府部门应首先对该流域内可以进行出让的水权进行公开、公示，并应系统的说明所出让水权的水域面积、水质以及在不同季节的水量状况，同时应规定水权使用的时间权限等，以使水权的竞争者明晰水权的具体内容以及水质特征。

作为竞买人或者受让人在申请获得水权之时，应对水的防治进行具体的规划，在方案中规划具体的水权使用计划，并必须附带相应的水污染、水治理方案，以保证下一个水权使用者获得初始的水质状态。这是将民事法律关系引入水权初始分配中必须要严格控制的方面，以防止在水权出让的过程中，造成水资源的污染，这也违背了我们在水权配置过程中应遵循的预留原则。

3. 水权出让合同的订立

合同的订立是实现合同法律效果的关键环节，既然是合同，就必然要遵守合同订立的一系列的原则和程序，如平等、自愿、公平、诚实信用等原则。根据上述水权出让合同的缔结方式，将合同置于市场之中，相对摆脱公权力的干涉，通过公平竞争的方式进行，可以使水资源得到更好更合理的开发利用，真正实现水资源的有效合理配置。在平等协商的环境下，与水资源行政部门对等协商，最大程度争取自己的利益，更利于合同最终目的的实现。

4. 水权出让的主体和客体

（1）水权出让的主体。我国《水法》第 3 条规定："水资源属于国家所有。水资源的所有权由国务院代表国家行使。”有关水权的出让主体可以参考我国土地使用权的出让主体，2005 年最高人民法院《关于审理涉及国有土地使用权合同纠纷案件适用法律问题的解释》明确了土地使用权出让的主体只能是县、市人民政府。但是水资源相比土地资源来说有其自身的特点，水资源的动态性、季节性、多样性等都影响着水权的出让主体。因而，水权的出让主体应当是多元的、立体的。如仅在某一县、市行政区域范围内的河流、湖泊或地下取水，由该行政区域地方人民政府予以出让，取水量较大的出让行为应当交由该省级人民政府乃至国务院水利部门；对于在流经某一县、市行政区域范围内的河流、湖泊取水的，由流域管理委员会或湖泊管理局授权该行政区域地方人民政府予以出让，取水量较大的出让行为应当交由流域管理委员会、湖泊管理局乃至国务院水行政主管部门。

综上，水权出让的主体主要包括：县、市人民政府、省级人民政府、流域管理委员会、湖泊管理局、国务院水行政主管部门。在具体的水资源开发利用过程中，可以实行企业化的运作和管理模式，可以组建相关水公司代替人民政府及其水行政主管部门从事具体经营业务活动，政府及其水行政主管部门主要来加强对水权流动的管理和宏观调控。

（2）水权出让的客体。我国《水法》规定：“农村集体经济组织的水塘和由农村集体经济组织修建管理的水库中的水，归各该农村集体经济组织使用。”这里讨论的是水权出让，故将农村集体经济组织的水塘和由农村集体经济组织修建管理的水库中的水排除在外。有关水权的客体有“局部水资源”和“一定之水”之争。水权出让是水资源所有者的出让行为，存在于水资源所有权之上，是水资源所有权的定限物权。水资源所有权的客体很显然是水资源，水权出让的客体也应当是水资源，但在水权设立时通过水权登记等形式，以取水地点、取水方式、水质、取水总量、取水流量过程限制等水权限定条件加以界定，使之具体化，从而同水资源所有权的客体相区别。水资源亦具有明显的区域性、定量性和排他性，当水资源为特定的区域利用后，其他流域或其他区域就被剥夺了水资源利用的权利。故而将水权出让的客体归纳为“局部水资源”较为合理。需要指出的是蕴含在水资源中的生物资源等其他资源应当排除在外。水权出让不得改变水功能区划，《水功能区管理办法》将水功能一级区分为保护区、缓冲区、开发利用区和保留区 4 类。水功能二级区在水功能一级区划定的开发利用区中具体划分，主要有饮用水源区、工业用水区、农业用水区、渔业用水区、景观娱乐用水区、过渡区和排污控制区 7 类。水权的出让，在未经法定程序批准的前提下，不得擅自改变水功能区的类型。例如，未经批准不得将饮用水源区的水资源出让转为工业用水。

另外，不同的用水户其取水用途不同，用水性质不同，其权利优先性也不同。例如，涉及群众生活、农业灌溉等用途的水权较一般工业用取水享有优先专用权，即所谓的“时间优先，权利优先”。也有学者将水资源依据功能作如下划分：第一是水资源的生命功能，强调水是生命的源泉，是生命发生、发育和繁衍的基础条件，这里将水作为一种生命的维系；第二是水资源的资源功能，水资源的开发利用对于促进经济的发展有着重要作用；第三是水资源的生态功能，水资源的开发利用对于抵御自然灾害，改善环境质量都有着积极作用。这里的生命功能用水和生态功能用水也不应是水权出让的客体。[1]

---

〔1〕 万马：“巢湖流域取水权出让制度的应用研究”，载《水资源与水工程学报》2015 年第 2 期。

5. 水权出让合同的履行

合同的最终目的就是合同的履行，由于水权出让合同的签订主体和过程的特殊性等原因，它的履行不同于一般的民事合同，也异于其他的行政合同。合同的一方是水资源管理行政机关，一定程度上受到公权力的影响与控制，在合同履行过程中，不可避免地会出现公权特权化现象，合同会在一定的范围内受到该公权、特权的制约。但契约的成立所要求的是平等的民事主体，虽然水权出让合同有一定的行政合同的色彩，但是作为契约、作为合同都必须要遵守合同的基本原则和规则。无论是基于合同还是基于法律，双方当事人都必须在合同所约定的范围内认真履行义务，必须恪守诺言、讲求信用、不得损害他人利益、社会利益和国家利益。在双方当事人或与第三人之间发生因履行规则不明或违法时，同样应借鉴司法救济手段，维护各自的合法利益，应充分体现公平原则。

6. 水权出让合同的救济

救济解决的是当事人双方发生履行不能或者履行损害双方利益之时，应如何最大程度的维护自身利益的问题。水权出让合同的救济方式主要是司法救济，在传统的行政合同发生争议之时，只能依靠行政复议与行政诉讼等方式，而对于水权出让合同中的纠纷解决，基于合同的性质，单纯地依靠行政诉讼的手段并不全面，此时应引入民事诉讼的救济理念，将行政诉讼与民事诉讼相结合，可以解决第三人侵权时出现的问题。

这两种救济途径的结合，可以解决公权特权化造成的问题，将双方当事人归置于相对平等的地位，不仅能够保护行政相对人的利益，保护其处于弱势的地位，同时也限制了公权力，起到监督和制约的作用。

随着水权制度的不断完善，水权出让制度的构建将促进水权逐步与市场接轨，市场竞争机制的引入，将为公共利益的实现提供可能。水权出让合同制度不仅可以提高行政行为的可接受性，通过法律的稳定性和协调性来确定行政相对人的负担范围，而且符合法治国家的要求，有利于监督政府工作，同时，对保障相对人的合法权益，预防腐败具有长远的现实意义。

第六节　水权有偿出让研究

一、水权出让制度建设的现状

水资源使用权是将水资源用于生产和生活领域的权利。按耗水的不同，可以将水资源使用权区分为耗水性水资源使用权和非耗水性水资源使用权。水权属于耗水性水资源使用权，是水资源使用权的最重要且比较普遍的表现形式。

近年来，我国陆续出台了一系列的法律、法规和规章，推动了水权制度的建设。但是总的说来，当前的水权制度仍不够完善，市场在水资源配置中的基础性作用尚未得到充分发挥，相关的研究多是围绕水权的区域分配和水权转让，而政府向用户水权出让方式研究较少，且均是建立在无偿分配的基础上。《水法》规定："直接从江河、湖泊或者地下取用水资源的单位和个人，应当按照国家取水许可制度和水资源有偿使用制度的规定，向水行政主管部门或者流域管理机构申请领取取水许可证，并缴纳水资源费，取得水权。"从这一规定看来，水权似乎是有偿取得的。实际上，根据《取水许可和水资源费征收管理条例》和当前的做法，用水户只需通过水资源论证和申请取水许可证，不需缴纳费用即可获得一定限额的水权，该水权是无偿取得的。至于要缴纳的水资源费，只是根据用水户实际取水量征收，并不能表明该限额的水权是有偿出让的。在可以无偿取得水权的情况下，用水户不会选择通过有偿转让的方式从其他用水户获得水权，因此，尽管建立了水权有偿转让制度，但水权有偿转让的实例也不多，水权市场难以形成。

同时，由于水权的无偿出让，使得国家作为水资源的所有者，经济上的收益没有充分体现，相反，对水资源没有所有权的企业、单位、部门甚至个人，都可以凭借对水资源的实际占用而获得经济利益，水资源的无偿或低价使用，实质上是在经济上否定了其为国家所有的法定地位。国家投资于水利基础设施建设，却不能凭借水资源价值收回，其结果是只出不进，势必不能形成水利建设资金的良性循环，从而不利于水利建设和发展。由于水权无偿出让，即水资源使用者仅须付出低额的水资源费，使得水资源使用者缺乏外在压力，难于合理利用水资源，导致了多占少用、占而不用、用而不讲效益等混乱配置水资源的现象大量出现，造成了水资源浪费和水资源短缺的现象同时并存。

二、建立水权有偿出让制度的必要性

水权有偿出让，是指国家以水资源所有者的身份将一定限额的水权在一定期限内出让给用水户，并由用水户向国家支付水权出让金的行为。通过建立水权有偿出让制度，可以完善现有水权制度，提升水资源管理水平，促进水市场的形成，发挥市场在水资源优化配置中的作用，提升水资源使用效率和效益，促进水利事业的良性发展。

（一）水权有偿出让能弥补取水许可和水资源费征收管理制度的缺陷

对水资源依法实行取水许可制度和水资源费征收制度，是国家调控水资源需求、优化配置水资源、促进节约用水和有效保护水资源的基本法律制度，符合我国国情和建立社会主义市场经济体制的需要。取水许可和水资源费征收现已成为水资源管理的重要手段，也是实践证明行之有效的法律制度，但仍存在较多的理论与实际问题。

（1）用水户取水许可无偿取得，对于用水户节约水资源的约束和激励单纯依赖水资源费征收，但缺乏对水资源费征收的充分理论依据，缺乏统一明确的水资源费的制定方法。水资源费的理论内涵模糊，作为一种费用，是以付出的劳动或提供的服务成本作为依据，但征收的水资源费到底是弥补哪些支出，是否应包括国家水资源所有权的弥补并不清楚。水资源费内涵的不明确性，导致了它的定量计算方法存在差异。

（2）水资源费征收是依据实际使用的水资源量，与可用的水资源量脱节，在取水总量控制下，与剩余的可供出让的水权总量也无关，缺乏弹性，不能反映水资源和水权的稀缺性和竞争性，不利于激励用水户珍惜和节约资源，甚至在一定程度上纵容了水资源的浪费，如不在丰水时段尽量取水而在枯水时段过量取水。

根据《取水许可和水资源费征收管理条例》第 32 条的规定，水资源费缴纳数额根据取水口所在地水资源费征收标准和实际取水量确定。根据第 28 条的规定，取水单位或者个人应当按照经批准的年度取水计划取水。超计划或者超定额取水的，对超计划或者超定额部分累进收取水资源费。在水权无偿获取的情况下，用水户在申请取水许可时，很可能会加大甚至虚报计划用水量，以避免可能发生的累进用水费用。这种行为不仅不利于水权市场的建立，也可能导致用水户占有水资源使用权却不真正加以开发利用。政府作为水资源的所有权人，并且作为水资源开发和保护的主体，取水活动及其保障很大程度依赖于政府在水资源开发和保护中所作的努力。取水后的退水，即使经过污水处理，也仍然会对河流水资源造成一定的不利于环境影响。无论从水资源使用者补偿所有权人还是补偿所有权人在水资源开发和保护方面所作的努力的角度出发，都应该征收水权出让金。与水资源费是依据实际使用的水资源量征收相比，水权出让金是直接针对政府出让的允许取水量，水费用于弥补行政管理费用，收费一般基于最大允许取水量，而不是实际取水量。应当指出的是，仅仅根据最大允许取水量征收水资源费的方法，征收费用在取水前就已确定，节约用水并不能节约费用，也不利于激励用户节水。而采用水权出让金和实际使用的水资源量双重手段征收水资源费用，可以有效弥补这些缺陷。

通过有偿出让，水权变为一种财产权，可自由买卖、抵押或者交易，并计入企业的固定资产之中。水市场形成后，水权出让金的标准能与市场挂钩，通过市场调节，因而能够充分体现水资源的稀缺性和市场的供需关系。

（二）水权有偿出让是水市场形成的关键环节

水市场包括从政府向用水户有偿出让水权的一级市场和用水户之间有偿转让水权的二级市场，水市场是实现水权分配与再分配的市场分配手段。当前，我国的二级水市场已有较为完善的框架制度，从制度层面看，水权转让交易的二级市场已经基本建立。然而到目前为止，我国已开展的水权交易实务，数量相对较少，价格相对固定，一般由政府策划和引导，说明水权市场并未真正形成。

我国一级水市场尚未建立。目前，我国水权的分配是计划分配，用水户通过申请取水许可证无偿取得水权，无偿取得当然不是市场。由于可以无偿从政府获得水权，只要政府还有一定水权发放量，用水户就不会选择以从其他用水户通过有偿转让的方式获得，因而一般不会发生水权转让。从另一方面看，无偿取得的水权，有偿转让给其他用水户，将导致原始取得和转让取得之间的巨大差异，从而有失市场的公平性，不利于市场的形成。因此，只有建立水权有偿出让制度，才可形成真正意义上的水市场。依靠水权有偿出让，建立水权一级市场，实现从流域到区域或者区域到用水户之间的水权出让，与已有的水权转让二级市场相配合，构建完善的水权市场。

（三）水权有偿出让是水资源优化配置和节水型社会建设的重要措施

在社会主义市场经济条件下，解决水资源短缺问题，优化配置水资源，要研究并运用水权、水市场理论，充分发挥市场机制的作用，注重经济手段在水资源优化配置和节水型社会建设中的重要作用。我国在全国范围内推行水量分配，通过区域水权的分配，明晰各地区的初始水权，并结合建立水资源的宏观控制体系和微观定额体系两套指标体系，明确各个地区、各个行业、甚至每个用水户的用水指标和节水指标，将节水责任层层落实。水量分配和两套指标体系对于水资源优化配置和节水型社会建设将发挥重要作用，同时也将为水权市场建立奠定基础。

但是，水量分配和两套指标体系仍然是通过行政手段和计划手段配置和管理水资源，并不能保证充分满足高效率、高效益用水户对水资源的需求，仍然需要通过市场来调整社会对水资源的需求关系。水市场的真正建立，不能缺少水权有偿出让这一关键环节，只有建立水权有偿出让制度，才能真正促进水市场的形成，才能基于水市场引导水资源向高效率、高效益方向流动，弥补行政手段配置水资源的灵活性的不足，实现以节水、高效为目标的优化配置，为经济社会发展提供水保障。

（四）水权有偿出让有利于水利事业的良性发展

当前，全国许多地方水利基础设施仍然薄弱，迫切需要加大水利建设的力度。但在现行体制下，水利建设和管理几乎完全依赖于公共财政的持续投入，政府的财政负担很重，导致水利投入严重不足。土地管理为水利发展提供了借鉴和经验。在土地市场形成之前，城市建设资金也是完全依靠于国家财政投资，限制了城市建设和发展。通过土地有偿出让制度的建立，促进了土地市场的形成，既实现了资源的优化配置和充分利用，又使得土地出让收入和城市房地产税费收入等成为城市建设资金的重要组成部分，支撑了城市基础设施建设的快速发展，同时也达到了振兴行业的目的。

水权有偿出让制度的建立，为水资源项目建设的资金筹集增加了一条新的途径。通过水利工程措施，可提高水资源承载能力，增加新的水权。依托水权市场，这部分新增水权可以通过有偿出让获取资金，从而使项目的水资源效益转化为直接的经济效益。这些新增的水权可直接实现效益化，使市场成为水利工程筹资的重要组成部分，为水利行业的良性发展提供重要支撑。

三、水权有偿出让的制度建设

（一）水权有偿出让制度的原则

（1）合法性。应依据《水法》《物权法》等现有法律、法规和相关制度，在现有制度的框架下制定，保证政策的合法性。

（2）合理性。兼顾公平和效率，主要目标是促进水资源的合理开发、利用、节约和保护，保证经济社会健康、可持续的发展；保证政策的公平性，既能满足已获得水权用户的需求，也充分考虑新用水户的利益。

（3）可操作性。与现有的《取水许可和水资源费征收管理条例》《水量分配暂行办法》等条例相衔接，保持政策的连续性；充分考虑不同产业和行业的差别，先可对工业用水进行试点研究，从而具有一定的可操作性。

（4）透明性。政府对拟出让的水权进行挂牌公示，采取听证等方式征求社会意见。

（二）水权有偿出让的范围

用水户获得水权的方式分为三种：第一种是无偿划拨方式，主要针对一些事关国计民生的取水户；第二种是有偿出让方式，即政府向用水户有偿出让水权；第三种是有偿转让方式。依法有偿取得水权的用水户，向其他用水户进行水权有偿转让。这里讨论的水权有偿出让即用水户获得水权的第二种方式。

从总体上看，在我国境内直接从江河、湖泊和地下取用水资源，除法律规定不能出让的以外，其余均可以出让。水权的有偿出让范围应包括生活用水、生产用水（农业用水、工业用水和服务业用水）和生态用水。不在有偿出让范围内的水权包括以下几种：

（1）《水法》第3条规定："农村集体经济组织的水塘和由农村集体经济组织修建管理的水库中的水，归各该农村集体经济组织使用"。因此，水法界定的归农村集体经济组织使用的水资源，实际上国家已经无偿出让给相应的农村集体经济组织，不在有偿出让的范围内。

（2）《取水许可和水资源费征收管理条例》第4条所规定的，家庭生活和零星散养、圈养畜禽饮用等少量取水，为保障矿井等地下工程施工安全和生产安全必须进行临时应急取水，为消除对公共安全或者公共利益的危害临时应急取水，为农业抗旱和维护生态环境临时应急取水等不需要办理取水许可证的取水活动，不在有偿出让的范围内。

（3）在规定限额内的农业生产取水不在有偿出让的范围内。

（4）事关国计民生的取水户，按有关规定可以采取划拨方式无偿取得水权的，不在有偿出让的范围内。

（三）有偿取得与无偿取得水权的制度衔接

为了尊重现有的水权分配方式，保持政策的连续性，对有偿取得与无偿取得的水权，从制度上可作如下衔接：

（1）无偿取得的水权（划拨水权），原则上不允许参加水权转让交易，或者只有补交水权出让金以后，才能进行交易。水权到期后，依法可以继续享受划拨水权的，其水权不变。不能继续享受划拨水权的，可将该水权退回到政府（或水权储备中心）或重新申请，优先、有偿取得水权。

（2）政府有偿出让的水权，可以在期限内进行水权转让交易，在水权到期后可退回政府（或水权储备中心），或重新申请，优先、有偿取得水权。[1]

水权有偿出让制度可以与现有的水权有偿转让制度相结合，促进水权市场的形成，通过市场优化配置水资源，提高水资源管理水平，提升水资源利用的效率和效益，缓解水资源短缺问题。

---

〔1〕向朝晖：“水权有偿出让的必要性及制度建设”，载《武汉大学学报（工学版）》2009年第4期。

CHAPTER5

第五章 水权交易市场建设与水权转让合同

水资源进入市场进行水权交易，是运用市场机制优化配置水资源的重要途径。目前，我国已经建成从中央到基层三个层次的水权交易平台。但是需要注意的是，水权交易市场不同于普通的商品市场，它是一个不完整的市场，只是一个“准市场”。我国水权交易必须引入水权市场，既发挥市场机制配置资源的基础性作用，又发挥政府宏观调控作用以弥补市场失灵，两者相互协调、共同促进水权交易良性运行。水权转让合同是引起水权转让最为常见的一种法律事实，即水权人将水权转移给受让人，而由受让人支付转让费的协议。在水权转让的过程中，常发生第三方效应。第三方效应特别是第三方负效应的存在会导致对水资源的不当利用，进而导致市场机制有效配置水资源的功能失灵，对水权转让市场造成很大影响。

第一节　水权交易市场的“准市场”模式

一、我国的水权交易市场建设

水权制度是现代水资源管理制度的重要内容，水权交易是运用市场机制优化配置水资源的重要途径。2016 年 6 月 28 日，国家级水权交易平台——中国水权交易所在北京正式开业，作为国家级水权交易平台，更有利于充分发挥市场在水资源配置中的决定性作用。同时，为保障水权交易安全，出台《中国水权交易所风险控制管理办法（试行）》，推动水权交易规范有序开展，并为水资源的可持续利用提供有力支撑。

（一）水权交易市场的内涵

水利不单是工程建设，也要搞经营管理，还要进入市场。水资源进入市场，就是在流域统一规划的前提下，建立水资源有偿使用机制，通过行政收费或国家税收，实现所有权和使用权分离。水权交易市场具有趋利性，将自然水变成商品水，使其具有一般商品的共性，在水权市场进行交易，这是对稀缺水资源合理配置和高效利用的有效措施。

水权市场的基本架构包括两级三类：第一级是初始水权配置市场，第二级是水权交易与转换市场。第二级水权交易市场又包含地区间水权交易市场、部门间水权转换市场和用水户间的水权交易市场三类。一级水权市场在第四章中已有介绍，本章主要探讨的是二级水权交易市场。

（二）水权交易市场的特征

1. 我国水资源所有权属于国家所有

《水法》规定，我国水资源属于国家所有，这是国家统一配置水资源的基础。水资源所有权不因交易而改变，通过水权交易市场转变的是水资源的使用权，而非所有权。

2. 水资源市场的垄断性与广阔性

《水法》的颁布，标志着我国在立法的形式上对水资源进行了垄断，这主要是因为水资源是人类生活不可缺少的资源，它关系到国计民生。另外，尽管水资源在一定条件下可以再生，但是由于它的数量有限性及经济发展需求与供给间矛盾加剧，使水资源所有权的垄断不但成为可能，而且也是必然。同时，水资源市场具有广阔性，这是一般商品难以比拟的。水资源用途广泛，无论是生物生存还是国民经济的各个部门，都离不开水资源。水资源不仅对社会文明发展起到了不可替代的作用，而且对未来都产生了积极或消极影响。

3. 水资源市场的双重性

水资源作为经济生活中的投入物，在生产过程中创造价值而逐渐降低或失去原有价值。在人类生活中，水资源也是难以替代的物质。因此，水资源具有生产资料和生活资料的双重性，因而水资源市场也具有双重性。正因为如此，在制定水资源价格时，对于生产的投入物即生产资料应完全按照市场经济的原则进行；对于消费资料，价格的制定应有政策性倾斜，最高价格不能超过社会承受能力。

4. 水资源市场的时空分异性

水资源商品同其他商品的一个重要区别在于水资源商品具有明显的时空分异性。从空间分布来看，水资源数量和质量分布十分不均。例如，我国水资源数量总的分布是南多北少，水资源质量大体是经济发达地区水质较差，欠发达地区水质较好。从时间分布来看，即使是同一空间，在同一年内，水资源量的分布也存在很大差别。例如，北京市径流量分布 8 月最多，占全年径流量 80%以上，5 月最少，占全年径流量的 3%以下。水资源价格因水资源时空变化相应地变化，存在明显的时空价值差别。

5. 水资源市场的失效性

在水资源市场中，市场存在某些方面的失灵，主要表现在水资源的保护方面。由于受利益的驱使和企业的短视，在保护水资源环境中缺乏约束机制，常常依靠消耗资源和牺牲环境来换取经济的快速增长。由于水资源环境污染具有潜在性、渐进性、滞后性、长期性及涉及面广治理难的特点，因而完全依靠市场进行水资源保护是困难的，甚至是不可能的，必须辅之以宏观调控的手段以及相应的法律法规和政策，使水资源市场更加完善。

（三）水权交易市场的类型

水权交易市场可以分为两类：一是非正式的水权交易市场。这类水市场由于是非正式的，由地方自发形成，没有政府干预，最大的好处就是最穷的农民也可以参与市场交易。例如，农民向邻近农民销售某一季节或某一定时期、一定数量的自家多余的地下水或地表水。这种水权交易会促使节水和更合理的用水。非正式水权交易市场与正式水权交易市场的根本区别在于市场实施完全靠用户自己，不借助法律或行政手段，依靠用户个人的信誉或名声。非正式水权交易市场一般局限于同一地区，范围较小。二是正式的水权交易市场。通过法律建立可交易的水的财产权，保留和扩大非正式水市场的优点，同时减少因不合法和没有调控产生的负成本。正式的水权交易市场能够规范、避免与提高水价制定非统一水价有关的问题，并且合法的交易水权能够被很好地监控和实施，也能更有效的服从于法律法规，防止独占权的滥用，确保水的销售对第三方可得到的水量不产生负面影响，并保护环境。与非正式水权交易市场相比，正式水权交易市场的水权交易范围不受限制，能进行跨地区的水权交易。正式水权交易市场需要有政府的强有力支持和一系列科学合理的政策法规，资金投入量大，管理水平要求高，建设难度大。

（四）水权交易市场的作用

水权交易市场既有一般市场的共性，又有其特有的个性。

水权交易市场的作用主要有：提供商品水买卖和水权有偿转让的场所；在政府宏观指导下，形成水权交易的市场价格；调节水资源供求关系，缓解水资源供需矛盾；运用市场机制和经济杠杆，促进节约用水，提高用水效率；通过水权交易，缓解用水压力，减少水事纠纷；运用市场机制，通过水权交易，拓宽资金筹集渠道，促进水利基础设施建设。[1]

水资源作为一种公共商品和战略性经济资源，政府必须加强宏观调控，和市场机制相结合，共同管理好水权交易市场。

二、水权交易平台

西方国家水权交易平台较多的是“水银行”。我国水权交易平台建设主要有两种模式：一是水利系统自己独立新设水权交易平台，这是普遍形式，一般叫水权交易中心，内蒙古自治区叫“自治区水权收储转让中心”。二是利用已经存在并运行的产权交易平台（如广东省）、能源环境交易平台（如陕西省宝鸡市）等增设水权交易功能。我国水权交易平台从中央到基层已建有三个层次：一是国家层面，建立国家级水权交易平台——中国水权交易所。二是省级层面，内蒙古、宁夏、广东、河南、陕西等许多省区都纷纷建立了水权交易平台。三是基层，甘肃疏勒河流域、张掖和武威等，已在县乡建有规范的交易平台。

三、水权交易市场的交易规则

在市场经济条件下，水资源市场交易规则应该遵循市场经济运行机制，如公平竞争机制、供求平衡机制和价格决定机制

---

〔1〕 李永中等：《黑河流域张掖市水资源合理配置及水权交易效应研究》，中国水利水电出版社 2015 年版，第 74 页。

等。但是，由于水资源本身所具有的特性，如它是再生资源，可以多次使用，储存形式、运动过程受自然地理和人类活动的影响，年内变化有周期性、近似性和不重复性等。因此，水资源市场交易除了尽可能地遵循市场交易的普遍原则外，还呈现出特殊性，其主要表现在以下几方面：

1. 持续性原则

水资源是一种财富，但是这种财富不仅属于我们，而且也属于我们的子孙。国家是水资源所有者与支配者，也是子孙后代财富的代为管理者。因此，在水资源交易时，水资源所有者的收益至少不能低于水资源耗竭的补偿，达到水资源持续供给和利用。

2. 整体效益原则

水资源是稀缺的不可替代的自然资源，水资源短缺是制约国民经济发展的一个重要因素，如何让有限的水资源发挥更大的效益，科学交易水资源，是市场经济条件下面临的难题之一。水资源交易时，应着眼于整体利益，达到整体效益最佳。这里所指整体效益是指社会效益、经济效益、环境效益的综合效益。

3. 补偿性原则及公平交易

补偿性原则及公平交易是市场经济必须遵循的原则之一。水资源公平交易具有特定的含义，必须体现其补偿性。如水资源当地的居民为了保护水资源不受污染付出了巨大代价，他们的心血体现在良好的水质中。因此，在水资源交易上，他们不仅具有优先权，而且应该得到与其付出相适应的补偿。

4. 承受性原则

水资源是人类生活及工农业生产不可缺少的自然资源，水资源与其他常见的商品相比有着特殊性，它的需求弹性小。因此，在水资源交易过程中价格保持在社会承受能力范围之内是很重要的。当价格超过社会承受能力时，国家应予以适当的政策补贴，否则可能引起一定的社会问题。[1]

四、建立水权交易市场的必要性

水是重要的自然资源，水利不仅是农业、工业的命脉，也是国民经济的命脉，是基础产业。在发展社会主义市场经济体制中，水资源将起着其他资源无法替代的特殊重要的作用。建立水权交易市场，就是将水这种特殊的商品，逐步纳入市场运行轨道，遵循市场经济的一般规律，为社会各行业提供优质的服务，使水利行业逐步走向良性循环。这里的水，不是指天然水（地下水、大气降水、地表水），而是指经过人工开发、改造、控制和调节后的水资源，是人工可以支配利用的经济资源。建立水权交易市场，在客观上有其必然性。

（一）建立水权交易市场，是市场经济发展的必然趋势

水权交易市场不同于普通的商品市场，它是一个不完整的市场，只是一个“准市场”。建立水权交易市场具有特殊性，在我国市场经济体系还不完善的现阶段，国有资本从竞争性领域退出才刚刚开始，尤其是垄断经营的国有供排水企业，还没有引入竞争机制，他们还有效率低下、人浮于事、政企不分、产权不清的问题；加之多年来，水的供应都被当作社会福利，“低水价就是维护低收入阶层利益”观点的普遍性，都给水的市场化运作带来难题。

在我国建立水权交易市场，不仅可以提高效率、降低成本，还可以用价格杠杆来抑制水的过度消费，节约用水和保护水生态环境，实现水资源的优化配置。更重要的是可以解决战胜水

〔1〕 杨培岭：《水资源经济》，中国水利水电出版社2012年版，第86页。

危机所必然遇到的资金短缺的问题。所以，建立水权交易市场，运用经济手段来吸引国内外一切可以利用的资金，来解决我国的水问题，已经是摆在我们面前十分紧迫的课题。

（二）建立水权交易市场是我国水资源的特点所决定的

我国水资源具有短缺性，水资源时空分布又极不平衡，全国有 18 个省人均占有的水量低于全国平均水平。水资源的短缺已经成为制约国民经济和社会发展的重大因素。其次，有限的水资源得不到合理开发利用，一方面水资源短缺，另一方面水资源浪费又相当严重。随着国家经济建设的飞速发展，各地区各行业对水的需求也越来越大，供需矛盾将越来越尖锐。只有建立起有效的水权交易市场，发挥市场对资源的有效控制功能，才能使我国短缺的水资源得到合理且有效的配置。

（三）建立水权交易市场，是建立合理的水价形成机制的需要

水只有具备合理的价格条件后才能作为商品在市场中进行交易。因此，在制定水的价格时，不能单纯考虑社会的承受能力。我国作为严重缺水的国家，节水及其技术之所以难以推广，水价太低是一个根本原因。

市场经济条件下的水价应由三部分组成：资源水价、工程水价和环境水价。其中，资源水价和环境水价的确定，是对水资源和水环境的一种保护。此种方法，就是用价格杠杆去保护十分脆弱的水生态环境，用市场这只“无形的手”来引导人们在可持续发展的基础上进行生产经营活动。在实际水价制定过程中，水价应在一定时期内维持在一定水平，过于频繁地调整水价会严重损害水业部门的形象，还会导致政府对物价管理失控。

（四）建立水权交易市场，是水权管理逐步与国际接轨的需要

我国已经入世，各行业的发展都需要与国际接轨。我国是一个缺水大国，水资源开发这个大市场十分诱人。一直以来，美国、日本、法国等国的国际财团，都对我国的水市场表现出浓厚的投资兴趣。我们应当抓住这一机遇，利用有形的水市场，按照国际惯例，为水利工程建设市场与国际接轨铺平道路。

（五）建立水权交易市场是水利产业走向良性循环、摆脱贫困的最佳选择之一

新中国成立以来，我国的水利事业取得了巨大成就，初步形成了较为完善的水利工程体系，为保证我国社会主义建设的顺利进行发挥了重要的作用。但是，长期以来，在高度集中的计划经济体制下，水利行业忽视了价值规律，只讲社会效益，不讲经济效益；只讲投入，不讲产出，管理上的条块分割、“多龙管水”现象严重。水利本身没有形成良性循环，造成水利工程老化失修，效益衰减，水利行业贫困。随着社会主义市场经济体制的建立，水利行业的这些问题将变得越来越突出。这种状况，不仅使水利行业发展面临困境，也直接制约着全国经济的发展。要使水利真正发挥基础产业的作用，摆脱行业贫困状况，依靠国家及社会各方加大投入、全民支持水利建设是必要的。但更应该像能源、交通、通信、电力产业一样，充分发挥行业的比较优势，形成自我维持、自我发展的产业。如何形成这样的产业，路只有一条：就是通过改革，建立起良性循环的水市场。

总之，要实现水资源的优化配置，就必须利用市场机制，根据用水的边际效益配置水资源。要实现水资源的优化配置，就要在节水的基础上促进水资源从低效益的用途向高效益的用

途转移。要达到此目的，就必须培育和发展水权交易市场，允许水权交易。

五、水权交易市场的“准市场”模式

“准市场”模式是指我国水权交易必须引入水权市场，既要发挥市场机制配置资源的基础性作用，又要发挥政府宏观调控作用以弥补市场失灵，两者相互协调、共同促进水权交易良性运行。水权交易市场不是一个完全意义上的市场，因为水资源交换受时空等条件的限制；资源水价不可能完全由市场竞争来决定，而需要政府的宏观调控；水资源中具有私人物品特征的多样化用水才能进入水市场；不同地区、不同用水户之间因为存在差异难以完全进行公平自由竞争。〔1〕所以完全依靠市场进行水资源保护是困难的，我国的水权交易市场只能是一个“准市场”，这也决定了水市场需要实行政府宏观调控的特殊性。

目前，“准市场”模式在全球范围内取得了空前成功，以市场为基础的“市场式政府”被视为未来政府治理的系统战略和可行模式之一。“准市场”模式正在取代传统模式，成为公共服务中的主导性制度安排。我国水权交易的“准市场”模式，通过将“市场化”引入竞争压力、竞争动力和竞争机制，并发挥好政府的宏观调控作用，将会提高水权管理的绩效。〔2〕

---

〔1〕 汪恕诚：《资源水利——人与自然和谐相处》，中国水利水电出版社 2003 年版，第 308 页。

〔2〕 才慧莲：《我国跨流域调水水权管理准市场模式研究》，中国地质大学出版社 2013 年版，第 19 页。

第二节 水权转让合同概述

我国《水法》明确界定水资源属于国家所有，由国务院代表国家行使水资源所有权。多年来，由此项规定所引发的学界对于水权的争论从未停止。2012 年 1 月 12 日，国务院发布《关于实行最严格水资源管理制度的意见》，对在我国实行最严格水资源管理制度作出了全面部署和具体安排，并强调确立了“三条红线”。水权和最严格水资源管理之间密切相关。其中，用水总量控制红线的划定涉及水权初始分配，用水效率控制红线则关系水权交易，水功能区限制纳污红线涉及排污权交易。但这两个文件只是政策，不是法律。所以，水权转让问题还需要有一个法律层面的支撑。此前，水利部制定了《水权制度建设框架》和《关于水权转让的若干意见》，对水权转让问题作出了相关规定，同时开展水权转换试点工作。而早在新中国成立之初，面对我国北方地区水资源严重短缺的现状，为缓解南涝北旱的局面，我国就已经开始对“南水北调”工程进行一系列的研究和建设，现也已取得了重大进展。

我们可以看到，国家在水资源各项工作中取得了巨大的成就。但同时，我们必须清醒地认识到，人多水少、水资源时空分布不均是我国的基本国情和水情，水严重短缺、水浪费普遍、水污染严重、水生态恶化等问题一直是我国可持续发展的主要制约因素。随着经济建设深入发展，水资源需求将在较长一段时期内持续增长，加之全球气候变化影响，水资源供需矛盾将更加尖锐，即使是我国水资源比较丰富的地区也将面临更为严峻的用水形势。面对我国日益复杂的水资源问题，对于水权转让问题在民法层面上进行分析很有必要。虽然此前我国已有很多学者对水权转让进行了大量的研究，但从合同角度进行的研究尚不够全面。

一、水权转让和水权转让合同

（一）相关概念

我国《水法》第48条第1款对取水权进行了界定，除家庭生活和零星散养、圈养畜禽饮用等少量取水的以外，任何单位和个人直接从江河、湖泊或者地下取用水资源，应当申请领取取水许可证并缴纳水资源费，才能取得取水权。取水权，为水权的一类，是指权利人依法从地表水或地下水引取定量之水的权利。

水权转让，是指基于一定的事由，水权脱离取水权人，转归他人享有的现象。此处所说的“事由”，既包括行政行为，也包括法律的规定，但其中最为常见的应是水权转让合同。水权转让作为一种事实行为，产生了水权从水权人手中转移到受让人手中的变动结果。

水权转让合同是水权人将水权转移于受让人，而由受让人支付转让费的协议。由于我国现行法中并没有对水权转让合同进行直接规定，根据合同法的规定，除适用《合同法》总则的规定，可以参照与其相似的买卖合同的规定。水权转让合同是引起水权转让最为常见的一种法律事实，换言之，水权转让合同是水权转让的基础行为，而水权转让是水权转让合同生效并履行的结果。

（二）水权的用益物权性质

在分析水权转让合同之前，有必要对水权的性质进行明确的界定。目前，对于水权性质的界定有多重观点：用益物权、他物权、准物权、特许物权、特别法上的物权等，其中以准物权为通说（详见本书第三章第一节“水权的物权分析”）。诚如崔建远教授所指：权利客体的特定性、权利构成的复合性、权利的排他性、优先性及追及力是否具有特色等，均是某种权利是否属于准物权的判断标准。水权，是从水资源所有权中所派生的，分享了水资源所有权中的使用、收益权而形成的物权，因此，水权为准物权。

所谓准物权，不是属性相同的单一权利，而是由一系列性质有别的权利所共同组成，包括取水权、矿业权、渔业权和狩猎权等，最多还可包括权利抵押权和权利质权。其性质主要是用益物权。但对于此种准物权含义，学术界争议颇大。暂且不说准物权所包含的这一系列权利存在很大的差异，光从“准”字来看，以其作为法律概念的情形亦不同：“准侵权行为”和“侵权行为”共性大于个性，法律效果基本相同；“准法律行为”和“法律行为”虽本质上不同，但准用法律效果；“准契约”和“契约”个性大于共性，法律效果差异甚大；“准无因管理”和“无因管理”本质上不同，法律效果完全不同。由此可见，“准物权”的概念与“物权”的概念极易让人误解，且对其含义学界并未达成一致的意见，从中也无法得出水权的内涵和权利特性。

上述争议持续已久，直至《物权法》颁布。《物权法》第118条规定，单位、个人依法可以占有、使用和收益自然资源。《物权法》第123条也规定了依法取得的探矿权、采矿权、取水权、渔业权等受法律保护。由于《物权法》明确将取水权规定在用益物权编中，基于物权法定主义，我们应当明确水权的用益物权性质。

我国水资源归国家所有，但实际上国家无法直接使用和收益水资源，真正直接使用和收益水资源的人往往是大量的水资源非所有权人。这样，在不改变水资源所有权的前提下，就产生了由非所有权人向所有权人支付一定费用后，取得利用并收益所有权人所拥有的水资源的权利。这种权利与典型物权相比具有如下特性：

（1）水权不要求其客体具有特定性。水权的客体是池塘之水的场合具有特定性，而其他情形下，水权通常不具有特定性。

（2）水权具有优先性，但通常不具有排他性。水权与典型物权一样具有优先性，但所有权和用益物权都具有排他性，而水权作为用益物权却不同。在特定区域上数个水权之间并不互相排斥，这些水权之间的效力冲突也无法用排他原则来解决。

（3）水权具有占有权能的特殊性。汲水权、引水权等狭义的取水权不具有占有的权能。

（4）不用则丧失取水权原则。取水权人不利用取水权达到一定期限，其取水许可证将被注销，不再享有取水权，但基于河岸权所产生的取水权不受此限。[1]

（5）水权是具有公权属性的私权。绝大多数水权都须经水资源行政管理部门的许可才产生，且水资源作为一种社会资源、经济资源和环境资源，其中的社会因素几乎能够起到决定性的作用。

上述水权的特殊性使得其与典型物权的区别十分明显，但同时我们应该看到，水权具有绝对性、支配性、对抗性以及物上请求权，基于物权法定主义的要求，其与典型物权的共性显

---

〔1〕《取水许可和水资源费征收管理条例》第 44 条规定："连续停止取水满 2 年的，由原审批机关注销取水许可证。由于不可抗力或者进行重大技术改造等原因造成停止取水满 2 年的，经原审批机关同意，可以保留取水许可证。"《取水许可管理办法》第 30 条规定："连续停止取水满 2 年的，由原取水审批机关注销取水许可证。由于不可抗力或者进行重大技术改造等原因造成停止取水满 2 年且取水许可证有效期尚未届满的，经原取水审批机关同意，可以保留取水许可证。"

然应当处于更重要的地位。尤其是《物权法》第123条的规定也体现了我国法律对于水权用益物权性质的肯定。诚如崔建远教授所言，我们可以把《物权法》在用益物权编规定探矿权、采矿权、取水权、养殖权、捕捞权，作为第二次的准物权回归物权体系之中。区别于水权的“准物权”界定，确定其为物权，具体为水资源的用益物权性质更符合水权的内涵和特性。

二、水权转让合同的性质分析

（一）水权转让合同的民事性

法理学认为，某一法律行为的性质取决于该法律行为调整的物所反映的社会关系的内容和性质，以及该社会关系在法律制度中的规范形式。从法律关系的内容来看，一般主要可以分为刑事、民事、行政、经济、劳动、诉讼等法律关系。它们分别由不同性质的法律规范调整并反映不同的社会关系。水权转让合同究竟是民事合同还是行政合同，易发生混淆。

1. 民事合同与行政合同的区别

行政合同是指行政主体之间或行政主体与相对人之间为实现国家和社会公共利益，双方意思表示一致而达成的旨在产生、变更或消灭行政法律关系的协议。民事合同是指平等主体的自然人、法人、其他组织之间设立、变更、终止民事权利义务关系的协议。

民事合同与行政合同相比较，具有以下几项特征：

（1）民事合同的主体双方主体地位平等，而在行政合同中，一方通常是从事行政管理、执行公务的行政主体，另一方则是行政管理相对人，行政主体处于主导地位并享有一定的行政特权。

（2）民事合同是为了实现主体私法上的权利和义务，而行政合同则是为了公共利益而执行公务，具有公益性。行政合同是为了履行公法上的权利和义务而签订的。这种公益性决定其内容必须符合法律、法规的规定，双方都没有完全的自由处分权。民事合同则不然，只要民事合同不违反法律、行政法规的强制规定，就应合法有效。

（3）民事合同中，双方主体地位平等，而在行政合同的履行、变更或解除中，行政主体享有行政优益权，双方地位不对等。

（4）民事合同主要受民法调整，遵循民法中自愿、平等、公平和诚实信用等民法原则，而行政合同则受特殊法律规范调整，其内容除少部分受民商法调整外，总体上是受行政法调整的，行政合同的纠纷通常也是通过行政法的救济途径解决。

2. 水权转让合同的民事性分析

水权转让合同反映的是一种民事法律关系，水权转让合同宜确定为民事合同。

（1）从合同主体方面来看，水权转让合同具有民事性。水权转让合同的当事人是平等的民事主体，当事人在不违背第三人利益的前提下，可以基于独立的意思，协商并签订合同，完成转让行为。因此，从主体上来看，水权转让合同具有民事性。

（2）从合同目的方面来看，水权转让合同具有民事性。从让与人方面看，水权人出让水权，获得经济利益；从受让人方面看，受让人支付水价，获得水权，也是为了私利目的。水权转让合同虽然涉及了水行政机关的管理监督，但这种管制只是一般性的行政事务管理并无调控经济和社会的目的，它的存在不影响水权转让合同的民事性。

（3）从水权转让的原则上来看，水权转让合同具有民事性。水权转让应当遵循平等、自愿、有偿的原则，由当事人在法律规定的范围内签订合同。水权转让的原则体现了水权转让合同是以意思表示为构成要素的行为，具有民事性。

（4）从合同的形式和内容方面来看，水权转让合同具有民事性。从形式方面看，因我国现行法对水权转让合同尚未直接规定，故准用《合同法》关于买卖合同的规定。从内容方面看，水权转让合同的内容主要是指订立合同双方当事人、标的物、用水期限、水价、违约责任等。其中，当事人的地位平等，一方是水权让与人，另一方是水权受让人，标的物是水资源，让与人行使权利不是来源于法律规定，而是来源于合同。

（二）附保护第三人利益的合同

在水资源国家所有的情况下，水资源所有权人所代表的其实是不特定的全体国民或者公众。而公众并非是水权转让合同的当事人，根据合同相对性原则，当然对水权转让合同无权干涉。这样，在环境利益不受损害的前提下，如何实现水权转让合同当事人利益与第三方利益的平衡，就成了一项议题。

目前学界对这一问题的解决方法尚未达成一致，如有学者主张建立为第三人利益之公益合同制度，将水权转让合同设计成为第三人利益之公益合同。所谓公益合同，是指那些一方当事人为政府机关，另一方当事人为普通民事主体，以兴建公共设施或提供公益服务为内容的合同。由于这类合同的目的是为公共利益服务，基于国家政策的考虑可能对这类合同中的第三方受益人予以保护。也有学者主张德国法中“附保护第三人的契约”更适合我国水权转让合同性质的定位。所谓“附保护第三人的契约”，是指特定契约一经成立，债务人对债权人之外有特殊关系的第三人也有照顾、保护的附随义务，否则，债务人需对该第三人所受的损害负赔偿责任。

针对上述两种观点，笔者认为借鉴德国法中“附保护第三人的契约”，将水权转让合同定位为附保护第三人利益的民事合同更为恰当。这种定位，赋予了除当事人以外的第三人以独立的请求权，不仅有利于保护环境资源，而且能够保证合同以外的第三人不因合同的履行而受到损害。如果合同当事人一方在合同履行中违反法定义务，侵害了公众的环境利益，第三人则有权要求确认合同无效或者请求变更、解除合同，并有权主张一方或双方当事人赔偿所造成的损害。在水权转让合同中，即使合理履行合同仍可能给附近居民造成损害，在这种情况下，第三人可以直接根据合同关系向水权转让人和受让人请求赔偿。这不仅扩大了合同责任的适用范围，保障了第三人的利益，也促使了合同当事人能够更好地履行法定环境义务，促进了社会可持续发展。

“随着国家对契约自由干预的加强，从商业实践、社会政策和公共利益来考虑，将越来越多的第三人纳入合同条款的保护范围，已成为合同法的新趋势。可以说，无合同即无权利的绝对信条正在逐渐缩小其势力范围，而从事实和正义出发考虑第三人的利益将会被越来越多的国家的合同法所采纳。”[1]将水权转让合同界定为附保护第三人利益的合同，可以平衡合同当事人与第三人之间的利益冲突，这种设计正好符合当代合同法的发展趋势。

三、水权转让合同与相关合同的区别

（一）水权转让合同与水权出让合同

依据水权贸易合同的目的可以将水权贸易合同分为国家和私人间的水权出让合同和私人与私人间的水权转让合同。水权

〔1〕 傅静坤：《二十世纪契约法》，法律出版社 1997 年版，第 170 页。

出让合同是指政府与私人之间就水资源使用权转移达成的协议，“出让”一词代表了政府与私人之间关系的性质：即政府在对水资源的总体数量和质量进行控制的前提下，将水资源通过合同出让给私人，从而完成水资源初始配置的过程。

因此，水权出让合同是对水资源的初次分配，形成国家与水权人之间进行转让的一级市场；水权转让合同是对水资源的二次分配，形成私人之间就水资源进行转让的二级市场。由于水权出让合同与水权转让合同处于水资源分配的不同阶段，在水权流转机制中起着不同的作用，所以两者有很大的差别。

（1）从合同主体方面看，水权出让合同的当事人一方是国家，国家将水资源使用权在一定期限内出让给水资源使用者，水资源使用者向国家支付水资源使用费。而水权转让合同的双方当事人皆为私主体，是获得水资源使用权的人。

（2）从合同的限制方面看，一级市场是一个不完备的市场形态，不能存在自由的市场转让，且一级市场追求的是公平，二级市场追求的是效率，故国家对水权出让合同的限制较之水权转让合同必然更为严格，水权出让合同的公益性也必然比水权转让合同浓厚。

（3）从两者关系来看，水权出让合同是水权转让合同的前提和基础。首先，水权出让合同决定着水权转让合同的数量和质量。国家从总量上确定了可供使用的水资源的数量，并将其以一定形式在社会个体间进行分配后，社会个体间方可在此数量内自由转让。其次，水权出让合同还决定着水权转让合同的内容。私人通过水权转让合同所实现的水资源使用权，是有限制或附加义务的，而这种限制和义务往往会在出让合同中确定。在水权转让合同中，双方的权利和义务以此为基础，不能随意增加或减少。

（二）水权转让合同与供用水合同

供用水合同是指供水方向用水方提供水，用水方为此支付价款的合同。供用水合同与水权转让合同是各自独立的两类合同，二者的区别在于：

（1）合同的主体不同，供用水合同的供方必须是依法取得供水营业资格的企业，其他任何单位和个人都不能成为这类合同的供方主体，而在水权转让合同中，水权让与方没有这种限制。

（2）合同的标的物不同。水权转让合同的标的物是水资源，而供用水合同的标的物是商品水。水资源不同于商品水。

（3）合同的内容不同。水权转让合同的公益性使得合同中应当包含适当的环境条款，而供用水合同不需要。

（4）对第三人的效力不同。水权转让合同是特殊的保护第三人利益合同，第三方并没有被完全地排斥于合同之外，而供用水合同是典型的民事合同，严格遵循合同相对性原则，合同的效力仅及于合同的当事人。

（三）水权转让合同与水工程用益权合同

水资源自身具有流动性，因此行使水权时，已不存在完全的自然原始状态下的水资源。汲水权、排水权等水权的使用都需要建造特定的水工程，即与河床、河岸、河底或湖岸、湖边紧密结合在一起的物，如河堤、大坝、围堰、水库甚至码头、港口等。水资源使用权的赋予始终与水工程相联系，从而在实践中易造成水权转让合同和水工程用益权合同的混淆。

水工程用益权合同是指平等主体之间的自然人、法人及其他组织之间就水工程的使用和收益达成的民事合同。水权转让合同和水工程用益权合同是各自独立的两类合同。两者区别如下：

（1）合同的标的物不同。水权转让合同的标的物为水资源，是动产，而水工程用益权合同的标的物是水利工程，是不动产。

（2）是否包含有公益性不同。水权转让合同兼具私益性和公益性，是具有公权性质的私权合同，而水工程用益权合同则是纯粹的私权合同。

此外，并非所有的水权转让合同都必须签订水工程用益权合同，通过签订水工程用益权合同获得水工程用益权后也不必然获得水权。

第三节 国外水权交易和水市场理论与实践

一、美国水权交易和水市场理论与实践

（一）水权交易和水市场理论及实践

美国是世界上市场经济最为发达的国家，水权制度创设最早，也较为完善发达，世界最早的可交易水权制度就是于 20 世纪 80 年代出现在美国西部地区。目前，美国水权交易主要集中在西部各州，以加利福尼亚水银行最富有特色。美国加利福尼亚州从 1987 年起连续经历了 5 年干旱，为消除旱灾带来的负面影响，州政府于 1991 年发起建设了水银行。水银行本质上是一种水权交易中介组织，其主要负责购买出售水资源的用户的水，这些水包括农地休耕后的节约用水、使用地下水而节约的地表水、水库调水等，然后将收购来的水卖给急需用水的用户。水银行的主要作用是简化了水权交易程序，促进了水权便捷交易，更合理地对水资源进行了配置，并给交易双方带来了较好的经济效益。因此，这种水权交易形式逐步在美国推广开来。

另外，在美国的西部还成立了灌溉公司，公司股份是以水权作为表现形式。灌溉农户通过加入灌溉协会或灌溉公司，并

按分配取得水权、依法取得水权或在流域上游取得蓄水权。在灌溉期，水库管理单位把当年入库的水量按水权分配，给拥有水权的农户输放一定水量，并用输放水量计算库存各用水户的蓄水量。现在，美国还出现了网上水权交易，即水权的买卖双方到水权市场网站进行登记，而后在网上完成水权交易。

在美国，用水主体间的水权转让与交易主要是通过水权市场来实现的，并辅以行政手段加以指导和引导。水市场中的绝大部分水交易是从农村转向城市。据统计，在德克萨斯州，99%的水交易是从农业用水转变为非农业用水。该州的里格兰市，1990 年确立的水权中，有 45%自 1970 年起就已经被买走。

（二）加州水银行制度

水银行由美国爱达荷州首创，后来被加利福尼亚州、科罗拉多州、德克萨斯州及亚利桑那州等许多水资源缺乏的地区采用。英国、法国、德国、意大利、比利时、丹麦、希腊、荷兰、西班牙、爱尔兰、卢森堡、葡萄牙、瑞典等欧洲国家也越来越多地利用水银行应对水资源紧张的局面，水银行是这些国家水资源管理的重要组成部分，其中加州的水银行制度最有特色，也最著名。

1. 加州水银行诞生背景

加州水银行问世于 1991 年，但其雏形早就存在。早期的加州水权交易就包括在 1977 年间由联邦土地复垦局赞助中央峡谷工程水权人的一个成功的水银行以及接下来的水资源合并协议和其他的水权交易。

从 1987 年开始，加州连续数年干旱，当时加州主要蓄水池都因旱灾而干涸，城市水量供给严重不足，农业、工业和城市居民用水都面临着严重的威胁。在这种紧急情况下，由州水资源部（DWR）组织并负责操作的 1991 年干旱水银行诞生了。水银行本质上是一种水权交易中介组织，通过水银行，州水资源部从自愿出售水的用户那里购买水资源，之后再卖给急需水的用户。

2. 加州水银行的具体运作

（1）购水合同。州水资源部成立了一个购水委员会（Water Purchase Committee）负责水银行水购买的前期工作。委员会成员由潜在的交易双方代表组成。其任务是为水银行交易协商出一组示范合同条款、确定统一水价以及评估在此价格上将获得的水量。为了鼓励水权出售人积极参与水权让与并保护其合法权益，委员会拟订的购水合同包括了一个价格伸缩条款，该条款规定如果特定之日处于相似处境的其他水权购买人所出价格超过本合同价格的10%，水权出售人可按这二者中较高价格进行出售。水资源部通过这样的方式打消了水权出售人的顾虑，尽量使其水权出售利益得到最大化，从而鼓励了水权人将水卖给水银行。

（2）水银行水的具体来源。在干旱的条件下，出售人通过以下几种方式将水进行节余：

第一，农地休耕。通过休耕的方式将节余下来的灌溉用水出售给水银行。1991年，水银行购买的水大约一半都是来自休耕土地。第二，地下水取代（Ground Water Substitution）。土地所有人抽取地下水浇灌庄稼而将地表水转让给水银行。甚至一些合同规定直接抽取地下水卖给水银行。但是，过度抽取地下水可能会给水资源造成损害。为了消除这一隐忧，合同规定出售者必须对地下水进行测量，然后由当地的水管理部门向水银行输送等量的水。第三，水库调水。

（3）水银行水的具体分配。水银行通过各种水购买合同收集了大量的水资源，但是如何公平地将水资源进行再分配，使其得以最大化利用也是水银行运作的重要组成部分。加州水银行根据需要的迫切程度来确定分水的优先顺序，确保处于最急迫状态的参与者能够首先得到满足。

首先，公共健康和安全被认定为最紧急，所以，水首先满足该方面的需要。其次是被认定为迫切需要，包括全年必需水量70%得不到满足的工业用水和生活用水、需水保证具有高经济价值农作物的存活的农业用水、动植物保护用水。再次是事先接受配额的实体以及为了减少实质经济损失而需要水额外供应的用水人。最后用于州水道工程的蓄水。

（4）水银行的改进。1991 年的加州水银行为缓解加州干旱所带来的严峻形势发挥了较大作用，但是其操作也招致外界一些负面评价，包括水的购买是基于早期需要的，而这些需求与所签署的合同不一致，以及其操作影响了以农业为支柱产业地区的经济状况，过度抽取地下水带来的地下水问题、环境问题等。

为解决这些问题，1992 年的加州水银行在操作上进行了很多改进。第一，除非事先存在有意愿的水购买人参与了合同协商，否则 DWR 不会购买任何水。第二，不再通过农业休耕合同来购水。水只能通过地下水交换和储存地表水获得。第三，用所谓的系统库（system of pools）来记录水的购买和出售情况。每一个池代表了一个水银行需要满足的具体水需求。当供需情况发生变化时，再创建一个新的池。尽管每一个池的水价都是根据其独特条件创建的，但是新池的创建并不会改变这一价格。第四，更加重视渔业和野生生物的水需求。例如，渔业和狩猎部为保护渔业和野生动物栖息地购买了 20 000 立方英尺水。而 1991 年的水银行并没有因为此目的而直接进行水购买。第五，进行其他交易。水银行在成立之初进行的是水实物交易，1995

年开始组合“水资源买进选择权交易”和“水资源实物交易”。所谓水资源买进选择权是一种销售合同，枯水银行设定了每立方米供水的预付款价格，从水权者手中买进了价值3.8亿立方米的水权，然后转售给需求者。

3. 加州水银行评价

加州水银行的成功运行表明：水权人对参与水权交易具有很大的积极性，鼓励了水权人通过节水技术等方式将多余的水出售给急需用水的人，促进了水从经济效益产出较低的利用领域流向具有较高经济价值的利用领域。

（1）促进水权便捷交易。与一般的水权交易相比，加州水银行具有难以比拟的优势。由于加州水银行并非一个市场机构或自治机构，而是由州水资源部支持实施的，因此其不但享受资金技术上的支持，在具体审查方面也会享受法律给予的特殊优待。这样，通过水银行进行交易具有天然的优势。水银行能够得以成功运作，很大一部分原因是在通常条件下妨碍水权进行交易的法律和制度限制都被取消了。州立法在1991~1992年取消了可通过水银行进行水权交易的环境影响评价，这些法律上的便利为成功实施水交易提供了更多的机会。同时，因为所有的合同条款都是标准化的，并且交易过程非常透明，水银行也能从实质上减少水权交易的交易成本。

（2）灵活克服法律障碍。在河岸权之下，传统上禁止河水用于非河岸土地或者流域外的土地。加州水银行购买的水全部是从圣克利门托与河口三角洲流域输送到其南部海湾，其距离早已跨越河岸土地的界限。为了克服这一合法性障碍，加州水银行采取了一个既灵活又便利的方式巧妙化解了这一难题，即河岸权人向州水资源部出售的水并不涉及水的转移与引出，而是以河岸权人同意将其原本正常要引出的水留于河道内的方式进行交易。换句话说，水银行并没有从河岸权人处购水，而只是以参与交易的河岸权人放弃其用水的方式将水继续留于河道内。通过向河岸所有人购买“放弃用水承诺”，而非水本身，水资源部得以实现两大目标：在使州水道工程中有更充足的水用于分配或者供水银行出售的同时也保护了河口三角洲的水质。在1991年的水银行实施过程中，将近一半的水都来自河岸权人。

（3）政府发挥了重要的主导作用。美国加利福尼亚州水银行之所以成功运行，其重要原因是州政府的主导并且参与。一是加利福尼亚州水资源局设有审核委员会，对水权交易的数量、质量及用途进行严格控制，以避免水权交易对他人或环境造成危害。二是通过水银行的运行，政府掌握着水资源配置的主动权，将水银行的水在沿线不同地区、行业及生态保护中科学分配，促进调水沿线经济社会发展。三是保障生态环境用水。水银行常常预留生态、应急用水，然后才允许水资源的买卖。从加州的情况看，根据当年情况，政府在不同年份有不同用水份额的考量：加州1991年将45%的水量用于城市，15%的水量用于农业生产，40%的水量由政府统一支配。1992年，加州25%的水量用于城市，60%的水量用于农业灌溉，15%的水量支持环境及野生动物需求。在1994年，加州将15%的水量用于城市供水，85%的水量给予农业灌溉。

（三）水权交易和水权市场主要特色

（1）水资源所有权公有，使用权私有。美国西部各州水法规定水资源归州所有，而水权初次分配主要是以私有制为基础的滨岸所有权制度和优先占用权制度。水所有权的公有使州政府在行政管理上可以为了公共利益（如环境生态、野生动植物和景观娱乐等）而进行调节；水使用权的私有有利于保障个人用水效益和提高用水效率，加上完善的核算体系为使用和交易水资源提供了可预期性，保障了交易利益，促进了水权市场的发展。

（2）以较为完善的法律体系作为保障。美国由国家和州两个层次法律构成的法律体系来规定水权转让和交易。国家层次的法律如1965年的《水资源规划法案》《国家水委员会法案》《水资源开发法案》等主要协调各州之间的水权转让关系；州层次的法律如《加州水法》《科罗拉多州水法概要》等管理各州水权交易。任何调水工程、水权交易都以法律为先导，依据完善的法律体系行事。

（3）交易过程透明，程序严格。水权作为私有财产，允许移转和交易。水权的转让和交易必须由州水机构或法院批准，需经过申请、批准、公告、有偿转让等一系列程序。每个环节的进行都是以不损害其他人的利益和环境生态安全为前提，一旦对生命财产和环境生态造成损害，将面临严峻的处罚。

（4）水权交易有公证的水权咨询服务公司作中介。水权咨询服务公司在美国水权交易中发挥着重要的作用，凡乎所有的水权交易都要通过水权咨询服务公司。水权咨询服务公司提供各种记录档案和其他必需的证明材料，为委托人水权的占有水量、法律地位以及水权的有益利用提供专家证词、完成详细的水权调查报告、对水权的实际价值进行评估、代理诉讼等中介专业服务。

二、澳大利亚水权交易和水市场理论与实践

（一）水权交易和水市场概况

澳大利亚进入20世纪70年代后，随着水资源短缺状况日益加剧，水资源供需矛盾进一步突出，可授权的水量也越来越少，

有时甚至超过可利用量，所以新用水户很难通过申请获得水权，在这种情况下，澳大利亚政府通过立法允许水权交易。通过水权交易购买用水权成为新用水户可获得所需水量，具有节余水量的用户也可通过交易获得收益。1983 年，新南威尔士州和南澳大利亚进行水权交易，这是澳大利亚的第一次水权交易。新南威尔士州开始时只允许墨累河沿岸的私人引水者进行水转让，到 1984 年制定条例将工业用水也列入可转让范围。1983～1984 年度新南威尔士州完成 4 次临时水权交易，交易量为 257 万立方米。从 80 年代末开始，在本州内以及同其他州之间可进行临时或永久水权交易并且交易额逐年增长。1989 年出现首次永久性水权交易，1989～1990 年度永久性水权交易为 5 次，交易量为 270 万立方米。

进入 20 世纪 90 年代，澳大利亚的水交易迅猛发展，给澳大利亚的农业和用水户带来了巨大的经济利益。这是澳大利亚联邦政府政务院水改革框架的一项重要成果。1994 年 2 月，澳大利亚联邦政务院签署批准了水工业改革框架协议，其中最重要的改革之一是要求各州推行水分配综合体系，其基础是水权与土地权的分离和水权综合体系的建立。1995 年 4 月，澳大利亚联邦政务院批准推行包括水工业在内的国家竞争政策和相应改革计划。联邦政府以协议的形式承诺为改革提供财政资助，以推动各州贯彻改革计划，这大大促进了水权交易的发展。1997～1998 年度，仅新南威尔士州就完成 1980 次临时水权交易，总交易量达 5.07 亿立方米，其中跨流域水权交易 133 次，交易量 6278 万立方米；完成永久性水权交易 125 次，交易量 4760 万立方米。1999 年 4 月，在政府灌区内也开始了水转让。在维多利亚州，2003 年水权临时转让年交易量已达 2.5 亿立方米，永久转让年交易量为 2500 万立方米。目前，水权交易在澳大利亚相当普遍，水权交易制度也比较完善，许多州已形成了固定的水权交易市场，已成为世界上水权交易和水市场的典范。

实践证明，澳大利亚水权交易使水资源的利用向更高效益的方面转移，给农业以及其他用水户带来了直接的经济效益，促进了区域发展，改善了生态环境。用水户和供水公司出于自身的经济利益，更加关注节约用水，促进了先进技术的应用，提高了用水管理水平。澳大利亚水权交易的典型案例要数南澳大利亚的墨累-达令流域的水权交易。根据澳大利亚产业委员会估计，在墨累-达令流域，每年因水权交易而产生的经济效益可达 4000 万澳元。当然，由于立法、自然条件、经济和政治等方面的不同，水权交易在不同的州、地区、区域和流域之间的发展还有所差异。

（二）水权交易制度的主要内容

1. 水权交易的原则

（1）所有水权交易应以合适的水资源管理规划和农场用水管理规划为基础，地表水水权交易应符合河流管理规划以及其他相关资源管理规划和政策，地下水权的交易一般只能在共同的含水层内进行，同样要符合地下水管理规划及其他规划和政策；

（2）水交易必须以对河流的生态可持续性和对其他用户的影响最小为原则，除必须保障生态和环境用水外，还要符合供水能力和灌区盐碱化控制标准，以保护生态环境的健康发展；

（3）交易必须有信息透明的水交易市场，为买卖双方或潜在的买卖双方提供可能的水权交易的价格和买卖机会。

2. 水权交易范围和方式

在澳大利亚，批发水权、许可证和用水权均可转让，但水权交易是有适用范围的。澳大利亚法律规定，核心环境配水以及为保障生态系统健康、水质的保留用水不得交易。一些家庭人畜用水、城镇供水以及多数地下水同样是不可交易的。

水权交易方式从时间上划分，可以分为临时转让（年度或季节的水量交易）和永久转让（水证转让）；从空间上划分，可以分为州内转让和州际转让，这两种方式交叉组合，就有四种方式：州内临时水权转让、州内永久水权转让、州际临时水权转让和州际永久水权转让。根据中介方式的不同，水权交易还可分为私下交易、通过经纪人交易和通过交易所交易三种。

3. 水权交易的具体程序

澳大利亚比较具有代表性的是维多利亚州的水权交易制度，下面以维多利亚州水权交易程序为例来说明。在维多利亚州，水权交易基本由市场决定，政府只是调控而不进行直接干预，转让人可采取拍卖、招标或其他方式进行。但是水权转让必须遵守《维多利亚水法》中有关规定，主要有：

（1）转让人必须事先向有关部门提出申请，并缴纳规定的费用。批发水权和许可证的转让须向自然资源与环境部提出申请，灌区内农户用水权的转让需向负责供水的管理机构提出申请。批发水权的永久转让，申请人必须在政府公报或在相关地区广泛发行的报纸上刊登布告，说明转让的水权是部分转让，还是全部转让，以及出售方法的具体细节。

（2）自然资源和环境部在考虑由其组织的调查组的意见和其他必须加以考虑的因素后，可以批准批发水权或许可证的转让，也可以不予批准。灌区内用水权的转让必须经供水管理机构同意，永久转让还需经在转让方土地上享有权益的人的同意。

（3）在批发水权永久转让后，出让人必须申请调整授权。批发水权可临时或永久转让给州内的土地所有者或占用者，也可临时转让给州外的土地所有者或占用者。

（4）永久转让给州内或临时转让给州外的土地所有者或占用者后，出让人必须将出售细节给受让人，以便在土地注册簿中登记。许可证转让后，自然资源和环境部可以修改许可证必须遵守的附加条件，对州外土地所有者或占用者的转让，必须遵守政府公报上颁布批准命令中规定的期限和条件。

（5）批发水权临时转让给农户或灌区内用水权的临时转让，其转让期限规定为：在双方协议的时段内生效，但是，如果转让在灌溉期内被批准，则不得超过该灌溉期的剩余时间；如果转让批准在两个灌溉期之间，则不得超过下一个灌溉期的全部时间。

（6）澳大利亚州际的交易必须得到两个州水权管理当局的批准，交易的限制条件包括水交易不会对第三方和环境生态产生负面影响。流域委员会还会根据交易情况调整各州的水分配封顶线，以确保整个流域的取水量没有增加。

4. 政府的职能

澳大利亚州政府在水权交易中起着非常重要的作用，包括：

（1）提供基本的法律和法规框架，建立有效水权交易制度，保障土地所有者、管理当局、灌溉公司或合作社以及其他私营代理能够有效进行交易，而不会对第三方产生负面影响及对河流、含水层、环境和可持续发展产生破坏。

（2）作为资源的看守者，建立用水和环境影响的科学与技术标准，规定环境流量。

（3）提供强有力的检测制度并向广大社区发布信息，如通过发展水交易所等方法促进价格公开和市场信息的传播。

（4）明确私营代理机构的权限，使它们在权限内运营。

（5）促进对社区有明显效益的水交易。

（6）维持资源的供给，保证优先顺序的灵活性，处理不断出现的各种新问题等。

（三）水权交易和水权市场的主要特色

1. 水权交易主要是农业或畜牧业用水之间的水权交易

澳大利亚是世界闻名的农业、畜牧业大国和重要的矿山出口国，农业、畜牧业、矿产业非常发达，用水量占全国用水总量比例非常高。据统计，1995～1996 年，澳大利亚畜牧业用水占 35%，农业用水约占 27%，工业及其他用水占 26%，城市用水占 12%。农业和畜牧业用水占全国用水总量的比例超过了 60%。

用水结构决定了水交易结构，与美国的水市场是由工业和城市用水户主导不同，在澳大利亚，水交易主要是农业或畜牧业用水之间的交易，其中大部分的水权交易发生在农户之间，也有少部分发生在农户与供水管理机构之间；大部分属于临时性交易，少部分为永久性交易。

2. 政府和中介机构发挥了重要作用

在澳大利亚，州政府和中介结构在水权交易中起着非常重要的作用。州政府对水权交易起着调控和管理作用，包括：建立有效的水权交易制度；对水权交易进行有效监管以保证水交易不会对第三方和环境生态产生负面影响；建立用水和环境影响的科学与技术标准，规定环境流量；规定严格的检测制度并及时向公众发布信息；规范和监管水权交易中介代理机构等。

水交易中介如经纪人、代理商、水交易所、水权服务公司起着服务和桥梁作用，提供各种中介专业服务，包括提供水权记录档案和其他必需的证明材料，为委托人水权的占有水量、法律地位以及水权的有益利用提供专家证词，提供详细的水权调查报告，对水权的实际价值进行评估等。

3. 跨界河流共享水权

在澳大利亚，水资源是公共资源，所有权归州政府。跨州河流水资源，则是在联邦政府的协调下，由有关各州达成分水协议，各州共享水权。例如，墨累河是澳大利亚一条流经维多利亚州、南澳大利亚州及新南威尔士州的主要河流。随着对墨累河取水需求量的不断增加，三州对墨累河水分配也出现了越来越大的矛盾。由于澳大利亚联邦政府没有水资源的拥有权，墨累河的水权只能通过两种方案解决：一是三州按其所需，无节制地从墨累河取水，这种取水方式显然不利于水资源的合理开发和水环境的保护；二是三州签订有关协议，将墨累河的水权规定为三州共同所有，然后根据协议对水权进行再分配，以确定各州所拥有的具体水权。1914 年，三州政府在联邦政府的参与下签订了《墨累河水资源协议》，以定量的方式明确了各州所拥有的具体水权。

4. 水权可以作为资本资产融资

澳大利亚法律规定水权作为一种财产权是可以交易的。随着水权交易制度的创新，水权不仅可以买卖，而且还可以作为资本资产如抵押品和附属担保品来融资。也就是说，澳大利亚不仅存在水权出让和转让市场，而且存在水权金融市场。用户拥有的水权可以作为抵押标的物进行抵押，从有关金融机构获得抵押贷款，用于水权转让和交易。

5. 水权交易程序明确，可操作性强

澳大利亚各州政府水法规中对水权交易程序和买卖合同中的有关内容作了具体规定，这些规定详细、透明，具有较强的可操作性。例如，新南威尔士州中一个农场主如要进行水权转换，可以先上网查询或向相关政府机构咨询水交易程序、方式、方法等相关内容，然后下载相关材料进行申请。在申请的同时，由于水交易市场信息是透明公开的，这个农场主还可查询和了解水市场中可能的水权交易的价格和买卖机会。申请通过后，农场主就可以按照法律规定的交易程序进行水权转换了。

三、日本水权交易和水市场理论与实践

（一）水权交易概况

日本水权转让分为两种，一是永久转让，二是枯水季节暂时转让。永久转让一旦水权返还后还要再度分配给水权的需要者。后者仅作为“水的融通”，在枯水时期由日本河流管理部门和水权相关者进行协商将农用水和发电用水分配给城市自来水企业。

不过，日本《河川法》规定，已获得许可的水权所有者不能直接将水权转让给他人，只能由政府给予新用水者以水权。也就是说，当发生水权转让时，水权首先必须交回到河流管理部门手中。新的申请人必须向河流管理部门提出申请，经批准后才能得到这个水权。这说明：一方面日本河流管理部门对水权转让和交易有很强的控制权，水权转让和交易是不灵活的；另一方面，现行法律条件下直接交易水权是非法的。虽然水权交易已逐渐成为国际发展趋势，但日本还没有通过立法使水权直接转让和交易合法化。

（二）野村综合研究所设计的日本水权交易制度

目前日本没有直接的水权交易，也就不存在水市场，但随着国际上很多国家如美国、澳大利亚、智利等建立了水权交易制度和水市场，日本是否需要建立水权交易制度和建立什么样的水权交易制度已成为日本国内研究学界的一个重要研究题目，日本著名的研究所——野村综合研究所提出了其设计的日本的水权交易制度。

1. 建立水权交易制度的必要性

野村综合研究所指出日本建立水权交易制度的必要性在于：一是全球性气候变化背景下，日本政府必须增加投资不断完善水利设施，做好应对洪水和旱灾的准备，但由于日本出生率下降和人口老龄化使人口数量不断减少，政府财政负担加重，这需要筹措大量资金用来维修或加固水坝、水堰等与水利设施。二是预计到2040年日本未使用的淡水资源每年将达到100亿立方米。为了水资源的转让与流通，日本需要建立更加合理有效的水权交易市场。如果能够将尚未使用的淡水资源变为可持续交易的水权商品，就可筹集资金解决水利设施的资金困难。三是建立水权交易制度可在水资源分配中引进价格机制以大幅提高用水的有效性，通过水权交易市场实现与支付能力相匹配的水权的再分配。

2. 分段式水权交易制度设计

为符合日本《河川法》现有规定，日本野村综合研究所提出了分段式水权交易制度，也就是说，分段式水权交易制度并没有改变现行的水权需求者与河流管理者之间的关系，即先由需求者向河流管理者申请所需的水权使用量，再由河流管理者审查批准并分配水资源。具体来说，分段式水权交易制度设计如下：

（1）将国内水权制度相关者分为三方：①河流管理者、②一次水权者、③二次水权者。河流管理者就是上面所说的河流管理部门，一次水权者是现在的水权持有者一方，二次水权者是需要水权者一方。

（2）水权交易分为两个阶段：第一阶段，河流管理者先将水权分配给一次水权者；第二阶段，一次水权者与二次水权者进行水权交易。第一阶段中，有权进行“水资源分配”的河流管理者既可是原有的水资源分配管理部门，也可是新建立的水资源分配结构。第二阶段水权交易体系中的一次水权者就是已有的水权者——农场主、工业用水企事业机构，二次水权者一般设定为某一时点水资源最终需求者，即处于水循环末端的供水机构和农业用水供给机构等。以上制度设计不会改变现在的水权者（一次水权者）用水，因为当一次水权者需要水资源时，允许他们自行使用而不必向水权交易市场出售自己的水资源。

分段式水权交易制度的主要特征就在于它只是明确了各个用水者单位时间内最大用水量与日均用水量之间的差距，设计的分段式水权交易制度可根据以上两个用量差距出售那些尚未使用的水资源。

3. 建立水权交易市场

水权交易市场是一次水权者与二次水权者之间供需交易的市场，预计初期的交易量较少，交易方式主要采用“相对交易”和“竞价交易”的方式，国内水权交易市场要计算交易量并记录交易数据，这些数据将作为水资源管理机构再度分配水源的参考依据，也可用在管理取水量方面，如检验某河流是否过度取水以便保持河流的正常流量。需要积累并分析的数据是水坝水位、河水流量、地下水位、降水量、水需求动向，能被充分处理的排水的水量，与水有关事故的统计，短期、中期、长期的降水预报，水权交易所的水交易数据。对通过多种渠道收集的数据还需要统一进行加工，规范形成市场交易需要的、可供决策的信息。

4. 水资源金融商品交易与资本市场

有效地进行水的实物交易、规避交易风险、发展水权交易衍生金融商品是非常重要的。野村研究所新设计的水权交易制度重视金融市场，希望吸收金融市场上的投资资金进入水资源领域，并引导一定的收益回流到水资源领域用于资源保护。日本水权交易市场上具体的交易商品包括：

（1）水实物。水实物是指一次水权者所持水权作为原资产的、有物权属性的水权选择权，但有附加条件，即一旦遭遇枯水期将中止该权利。水权选择权持有者能够在规定的河流范围内取水，或能够要求一次水权者转让在规定场所内的淡水资源等。

（2）水权远期交割。水实物的远期交割只限定在有完善安全的运输手段的地区之间进行，因为远期交割必须保证能够实际完成水的转让移交。

（3）水权的期货交易和水权指数交易。这些交易不发生水实物的物理上的位移和转让，因此与其他交易方式比较，期货交易和指数交易更具灵活性。

5. 政府发挥监管作用和服务机构发挥中介作用

野村研究所提出水权交易市场制度的建立必须依靠政府的政策指导和统筹管理，也要发挥服务机构的积极作用。

（1）建立水资源管理机构。水资源管理机构负责管理地表水和地下水，将记录并管理日本国内淡水资源的全部数据，掌握淡水资源的总量，掌握各河川流域可转让、可出口的淡水量，同时也可监管水权交易所报告的水权交易情况。日本经济通产省具体设计水权交易制度，监管与水权交易有关的现货与期货商品交易。日本财务省负责对水权交易的课税，同时设立水利税特别会计，将该税种作为目的税统一征收，税收收入可用来支付国内水利基础设施维修管理和更新费用。

（2）设立水权交易所。可选择在以下任何一家交易所内建立水权交易所，如东京工业品交易所、东京谷物商品交易所、中部大阪商品交易所、关西商品交易所。建立的交易所在进行水权交易结算的同时，代国家收缴水权交易税，统计并收集水权交易记录，定期向政府部门和国民公布这些信息。

银行和投行等金融机构参与水权金融商品交易，包括水权实物、水权现货、水权期货等；船运公司按照交易合同负责水的运输；保险公司通过销售各种保险，例如灾害保险、运输保险等。保险公司还可开发销售与水资源和气候相关的衍生保险商品。

（三）日本水源区的利益补偿机制

上游地区往往因为环境和生态保护、库区淹没、水源水质保护而使生产和生活活动受到较大限制，如虽然自然资源丰富但不能发展高耗能、高污染的产业等，而下游地区可以从良好的生态环境和优良水质中获得更高的经济利益。因此，由下游地区对上游地区或水源区进行必要的利益补偿是促进区域协调发展和居民共富的一个重要手段。日本在这方面做了较好的尝试。

日本在1972年制定了《琵琶湖综合开发特别措施法》，开创了对水源区的综合利益补偿机制，1973年制定了《水源地区对策特别措施法》则把这种做法变为普遍制度固定下来。借鉴日本的成功经验，我国也应逐步建立水源区的综合利益补偿机制。

（1）参照日本做法，在国内重要水源区进行利益补偿机制试点，取得成功后，将做法和经验后向全国推广。

（2）可制定《水源地区保护法》，除规定水源保护区的划定办法、各类主体对保护水源保护区的责任和义务之外，还应规定对水源保护区实行利益补偿的原则，作为实施利益补偿的法律依据。

（3）各水源保护区所在流域的有关地方政府共同组建流域

共同基金，出资比例由有关各方面按在水资源利用中的受益程度协商确定。基金的用途主要用来支持和鼓励对水源区和上游地区的生态环境保护和水质保护行动。

第四节　我国水权交易实践探索

一、我国水权交易模式

针对我国水资源管理体制和不同区域、不同行业特点，水权试点区域积极探索行业间水权交易、用户间水权交易、集体水权交易、跨区域水权交易、跨流域水权交易、上下游间水权交易，创造了许多具有中国特色的水权交易模式。

行业间水权交易是我国水权交易中最普遍的交易方式，是在不突破行政区水量总量指标的前提下，行政区间不同行业之间的水权交易。其中鄂尔多斯节水工程水权转换案例和宁东能源化工基地水权转换案例较为典型，两地开展“农业综合节水-水权有偿转换-工业高效用水”模式的水权转换试点，将农业节约水量有偿转让给工业，实现了水往“高”处流。用户间的水权交易目前主要发生在农户之间，一般为当年某轮灌溉需水时发生的短期交易。甘肃张掖和武威农户水权交易非常活跃。集体水权交易是全国 7 省区试点内容之一，部署江西省和湖北省开展这项工作，其中江西省做法比较突出。跨区域水权交易较为典型的案例发生在内蒙古鄂尔多斯市和巴彦淖尔市，重点开展盟市间的水权交易。河南省是跨流域水权交易试点省，为此省水主管部门积极促进新密市与近期有水权结余的平顶山市合作，达成了我国首例跨流域水权交易，既盘活了平顶山市的水资源存量，也解决了新密市的水资源短缺。上下游关系是流域最重要、最棘手的问题。广东省作为水利部水权试点省之一，在东江上游惠州市与下游广州市之间进行上下游水权交易试点，大力探索水权交易制度建设。

二、水权行业间转换——鄂尔多斯水权转换工程

鄂尔多斯位于黄河“几”字湾内，东、西、北三面被黄河包围，但是虽然被黄河紧紧包围，鄂尔多斯却因为缺水经济发展受到严重影响，工业项目因缺水指标而搁置，黄河水权转让就是在这样的背景下展开的。

为了进行工业建设和改造农田灌溉，鄂尔多斯水权转换在内蒙古沿黄地区开辟了一条解决工业项目用水短缺、调整工农业用水结构、促进工农业协调发展的有效途径。按照水利部《关于内蒙古宁夏黄河干流水权转换试点工作的指导意见》，内蒙古自治区编制了《内蒙古自治区黄河水权转换总体规划报告》，2005 年首先在鄂尔多斯南岸自流灌区开展了水权转换试点工程建设，工程投资 7.02 亿元，至 2007 年底全面完成水权转换试点工程一期工程建设任务。2010 年二期工程开工建设，工程投资 16.97 亿元。

鄂尔多斯两期水权转让工程共计可转让 2.296 亿立方米水指标，已配置 40 个重点工业项目，其中一期指标配置 24 个项目，二期指标配置 16 个项目。目前，一期水权转让工程已实施完毕，转让水量 1.3 亿立方米，二期工程正在建设中，拟转让水量 0.996 亿立方米。两期工程全部实施后，鄂尔多斯黄河水的水权指标将由工业初始水权 0.913 亿立方米、农灌初始水权 6.087 亿立方米改变为工业水权 3.209 亿立方米、农业水权 3.791 亿立方米。水权转让收益用于农田灌溉水渠的改造，喷灌、滴灌以及其他现代灌溉设施的建设，改大水漫灌为节水灌溉。鄂尔多斯的水权转换工程是行业间水权转换的典型案例。

按照黄河水权转让的相关规定，黄河流域的“可转让水权”是指通过节水措施，节约下来的可以转让给其他用水户的那部分水量。可转让水权要具备几点要求：①已经超过黄河省级耗水权指标的省（区），节约水量不能全部用于水权转换，要考虑偿还超用的省级耗水水权指标；②节约的水量必须稳定可靠，能够满足水权转换期，通常在 25 年内，持续生产转换水量所必须的节水量；③生活用水和生态用水、环境用水不得转让；④要充分保护农民的合法用水权益，任何违背农民意愿的水权用途变更都要严禁；⑤可转换水量确定应充分考虑水权转让区域的生态环境用水要求，避免因水权转换对水权转让区域的生态环境造成不利影响。[1]

由此可见，可转换水权的取得非常难得，鄂尔多斯想要取得更多的其他地区的转让水权，难度非常大。不仅如此，黄河流域在审批权限和程序方面更加严格。因此，取得“可转让水权”并顺利通过水权转换审批程序是一件非常困难的事情。但是，鄂尔多斯跨行业水权转换工程已经表明内蒙古自治区的水权交易市场取得了巨大的成就。

三、水权跨区域转让——内蒙古巴彦淖尔水权转让

巴彦淖尔市位于我国三大灌区之一的河套灌区的主要区域，拥有发达的灌溉文明。河套灌区是黄河中游的特大型灌区，是亚洲最大的一首制自流引水灌区，是我国设计灌溉面积最大的灌区，也是国家和内蒙古自治区重要的商品粮、油生产基地。2003 年，水利部确定内蒙古自治区为全国第一个黄河干流水权

---

〔1〕 刘世庆等：《中国水权制度建设考察报告》，社会科学文献出版社 2015 年版，第 104~121 页。

转让试点，开展盟市内水权转让工作。2014年，水利部再次确定内蒙古自治区为国家级水权试点地区，重点探索推进跨盟市水权转让试点工作，巴彦淖尔市率先开展灌区水权综合改革，推进跨盟市水权转让。该工程主要在巴彦淖尔市与鄂尔多斯市、阿拉善盟之间进行，计划2014年7月至2017年11月，通过三年努力，完成巴彦淖尔市河套灌区沈乌灌域一期项目节水2.3489亿立方米，向鄂尔多斯市、阿拉善盟转让1.2亿立方米水。

内蒙古跨区水权交易模式的交易规模大、经济效益高、节水成效好，为其他地区积累了宝贵经验并树立了典型。交易规模上，巴彦淖尔沈乌灌域一期规划是国内最大的交易规模。经济效益上，把水资源从农业转换到工业，本身就是低附加值产业向高附加值产业的进步。据测算，巴彦淖尔农业单方水效益大概在3元左右，鄂尔多斯工业单方水效益超过125元，效益提高41倍，为全自治区经济社会持续发展提供了可靠保障。节水成效上，经过节水工程建设，河套灌区年引黄河水量由20世纪90年代的52亿立方米降至2014年的48亿立方米，年节水近4亿立方米，其中大型灌区续建配套与节水改造、中低产田改造、土地整理、农业综合开发等重点项目建设年均节水1.5亿立方米；压缩高耗水作物种植面积，大力推广区域化种植和集中连片种植，高耗水作物种植面积由过去的60%压缩到目前的40%，年均节水1亿多立方米。2015年灌区节水改造投资规模达到6.5亿元，节水规模预计超过3亿立方米。

内蒙古跨区域水权转让虽然取得重大成就，但是我们也应当看到，水权转让中仍存在一定的问题。此次巴彦淖尔节水工程建设形成的水权费用是1.03元/立方米，加上工业用水资源费0.4元/立方米，工业用水成本达到1.43元/立方米，较水权转让前翻了三倍多。另外，水权费用虽然已经分批收取，但由于是按25年水权价格计算，每批价款数额仍然较大，对企业运营提出挑战。另外，虽然水权转让是市场机制的产物，但目前政府在水权转让中依旧占据主导地位，市场发育不完善是客观事实。实际操作中政府为了让高效益的项目落地投产，会用财政补贴大部分企业水权费用，将来可能发展成为以水指标作为竞争筹码吸引投资的局面，水权收储转让更多的是各地方政府话语权的博弈和地方财力的比拼。特别是在内蒙古模式中，水权未确权到户，农民没有节水积极性，水价等经济杠杆更难发挥作用。〔1〕

四、跨流域水权交易探索——南水北调河南水权交易

河南省是我国重要的人口大省、农业大省、经济大省和新兴工业大省。随着国家中部崛起战略和粮食生产核心区、中原经济区、郑州航空港经济综合实验区四大国家战略的深入实施，城镇化、工业化和农业现代化的加速发展，河南省用水需求进入区域水资源供需失衡状态，水资源的紧缺已成为制约不少地方经济和社会发展的瓶颈。2004年南水北调中线工程建成通水后，联通了省内11个省辖市和34个县（市、区），跨越长江、淮河、黄河、海河四大流域，为开展区域间水量交易带来了机遇。南水北调中线工程建成通水，相当于增加了河南年均水资源总量的9.3%，加上当地水和外调水优化配置、经济结构调整等原因，部分市县在一定期限内也有转让水量指标的空间。同时，南水北调沿线各市县用水需求不平衡，部分市县提出了调

---

〔1〕 刘世庆等：《中国水权制度建设考察报告》，社会科学文献出版社2015年版，第124~138页。

整或购买南水北调水的需求。[1]

2014年，河南省成为水利部确定的全国7个水权试点省份之一，试点任务是跨流域水量交易。在南水北调受水区内开展水量交易，不仅能够探索不同流域之间的水量转让，也可探索跨地市、跨省区之间的水量转让，为建立健全水权交易制度起到示范带动作用。河南省水权交易试点的目标是：通过2~3年的努力，基本建立南水北调水权交易规则体系，完成河南省水权交易中心组建，初步构建统一、开放、透明、高效的省级水权交易平台，利用该平台促成若干宗水权交易实例，为探索更大范围的水权水市场建设提供支撑和经验借鉴。

五、上下游水权转换——以黑河流域甘肃张掖为例

黑河是我国仅次于塔里木河的第二大内陆河，干流全长928公里，全流域涉及青海祁连、甘肃肃南、山丹、民乐、张掖、临泽、高台、酒泉、嘉峪关、金塔以及内蒙古额济纳三个省区的部分地区，上下游依赖程度高。二十世纪50、60年代，黑河开始进入持续干旱期，加上过度开荒造田和节流灌溉，出现断流且持续时间不断延长，50年代断流约100天，1999年断流近200天，绿洲和湖面萎缩，沙尘暴肆虐，全流域生态持续恶化。2001年，国务院批复《黑河流域近期治理规划》，对黑河开始治理。张掖，这个素有“金张掖”之称，黑河水量最丰沛且经济发展和耗水最大的中游大市，为确保黑河调水和增泄治理，2000年在全国第一个开始实施节水试点、水权试点和水价改革。[2]

---

〔1〕 刘世庆等：《中国水权制度建设考察报告》，社会科学文献出版社2015年版，第153~160页。

〔2〕 李永中等：《黑河流域张掖市水资源合理配置及水权交易效应研究》，中国水利水电出版社2015年版，第48~50页。

自2000年实施黑河跨省调水以来，张掖市连年完成黑河水量调度任务，至2014年底累计向下游输水157亿立方米，占来水总量的58%。据水利部黑河近期治理后评估成果，目前下游生态得到明显的恢复和改善，下游地区地下水位明显回升，沿河生态系统和生物链得到恢复和改善，植被种类增多，沿河周边生态环境已恢复到20世纪80年代水平，取得了显著的生态效果和社会效益。〔1〕

在水权交易中，灌区对水权交易的范围作出了明确规定，社会公益用水、产业结构调整用水、地方政策优惠奖励的水以及因特殊情况出现的超指标用水不得交易。农民分配到水权后便可按照水权证标明的水量去水务部门购买水票。水票作为水权的载体，农民用水时，要先交水票后浇水。对用不完的水票，农民可通过水市场进行水权交易、出售，交易价格应以物价部门核定的水价标准为基础，确定限价。张掖的水票流转是在微观层面的水权交易，强化了农民用水户节水意识，推动了农业种植结构调整，进一步丰富了我国水权交易的形式。〔2〕

第五节　水权转让合同的订立与效力

一、水权转让合同的主体

（一）水权转让合同主体概述

合同是一种双方法律行为，因而合同的成立必须存在双方当事人，同时必须满足民法对法律行为主体的一般要求。水权

〔1〕 刘世庆等：《中国水权制度建设考察报告》，社会科学文献出版社2015年版，第220~225页。

〔2〕 水利部黄河水利委员会：《黄河水权转换制度构建及实践》，黄河水利出版社2008年版，第77页。

转让合同作为民事合同，必须存在双方当事人。水权转让合同的主体是指参与水权转让法律关系，享有民事权利、承担民事义务的主体。在我国民事主体包括自然人、法人和非法人组织，那么水权转让合同的主体也应当分为自然人、法人和非法人组织。

作为水权转让合同一方当事人的转让人必须是取得水权的民事主体。换言之，转让人必须拥有合法的水权。水权的取得有原始取得和继受取得之分，前者主要因申请取得。我国《水法》第48条第1款规定："直接从江河、湖泊或者地下取用水资源的单位和个人，应当按照国家取水许可制度和水资源有偿使用制度的规定，向水行政主管部门或者流域管理机构申请领取取水许可证，并缴纳水资源费，取得取水权。但是，家庭生活和零星散养、圈养畜禽饮用等少量取水的除外。"该条款所规定的即为原始取得。继受取得包括因法律行为或继承而取得的情形。无论是原始取得还是继受取得，均须经过水行政主管机关或流域管理机构的审核批准，经登记后取得水权许可证，才能成为水权人。

在水权转让合同中，受让人也必须符合法律的规定，《水利部关于水权转让的若干意见》中对于水权受让人作出了明确的限制，其中规定：取用水总量超过本流域或本行政区域水资源可利用量的，除国家有特殊规定的，不得向本流域或本行政区域以外的用水户转让。水权也不得向国家限制发展的产业用水户转让。这两种用水户无法通过水权转让合同的方式取得水权。另外，水权的转让，非经法定程序批准，转让人和受让人不得改变原有水功能区的类型。目前，我国的水功能区划分为两级体系，一级水功能区分为保护区、保留区、开发利用区和缓冲区四类，二级水功能区分为饮用水源区、工业用水区、农业用水区、渔业用水区、景观娱乐区、过渡区、排污控制区等七类。水权转让人不得改变水功能区转让水权，受让人也不得改变水功能区行使水权，例如不得将保护区的水资源转为工业用水。[1]

（二）交易者资格审查制度

水权转让双方要经过资格审查，符合条件才能进行水权转让。

水权转让方必须符合如下条件：①可转让的合法拥有者，只有水权持有者才能将自己所拥有的水权加以转让，任何单位和个人都无权对不属于自己的水权进行转让；②具备完全民事行为能力；③转让的水权必须是可交易的和没有争议的水权，如果是由几个民事主体共有的水权，则应当取得共有人的同意或共同授权；④转让方出售的水是可以利用的；⑤具备必要的输水能力。

水权受让方必须符合如下条件：①具备完全民事行为能力；②符合取水条件；③扩大用水量的受让方，要提供实施节水措施的证明，说明其确实在节水基础上通过购买水权满足用水需要；④具备必要的输水能力。[2]

（三）政府作为水权转让合同主体分析

政府能否成为水权转让合同的主体这个问题，是由我国第一例水权交易所引发的。在“东阳义乌案”中，东阳市人民政府和义乌市人民政府实际上充当了水权转让合同主体的角色。虽然在该交易中两市利益都得到了增加，促使了双方都更加节约用水和保护水资源，使市场起到了优化资源配置的作用。但

---

〔1〕 谢文轩：《水权使用者的社会责任论》，黄河水利出版社 2011 年版，第 47 页。

〔2〕 王晓东：《中国水权制度研究》，黄河水利出版社 2007 年版，第 70 页。

是，地方政府是否能作为水权转让合同的主体却存在争议。

民事主体，是指按照法律规定，能够独立参与民事法律关系，享有民事权利和承担民事义务的人。在我国民法中，民事主体主要包括自然人、法人和非法人组织，在一定范围内，国家也能够成为民事法律关系的主体。民事主体参与民事活动时，应当具有权利能力和行为能力。国家的行为能力主要依靠国家机关来实现，国家机关作为国家的代表机构，通过法定程序，以国家的名义参与民事法律关系，享有民事权利，承担民事义务。政府作为国家机关的一种，可以代表国家参与到民事合同中去，成为民事合同主体。

政府虽然可以以民事主体的身份参与到民事活动中去，但政府的主要职能仍是行政管理，若过多参与民事活动，会削弱国家的职能，同时也违背了国家参与民事活动的本意。只有在市场本身的运行出现问题，非国家参与难以解决的前提下，或国有资产受到不法侵害时，国家才可按照法定的程序参与相应的民事法律关系。

在水权转让合同中，政府不适合成为合同的主体。地方政府在水权转让合同中，应当是管理者，而不是参与者。在水权制度中，政府作为公共管理者，参与水权的界定和规制，统一协调管理水权，扮演着水权管理者的角色，包括中央政府在内的各级政府不应成为水权转让合同的主体。因为政府机关只能作为管理者或裁判者，在水权转让市场中充当中间人的角色，如果政府再作为水权主体的话，就容易导致政府权限不清，违反市场公平竞争的原则，不利于保障水权制度的公平性。

二、界定可转让水权

不是任何水权都可以转让，水权必须具有可让与性。《水利部关于水权转让的若干意见》中规定：在地下水限采区的地下水取水户不得将水权转让。为生态环境分配的水权不得转让。对公共利益、生态环境或第三者利益可能造成重大影响的不得转让。不具有可让与性的水权还包括非依取水许可证取得的取水权和依水权的性质不得转让的水权，如无偿取得或低价取得的福利水权或社会公共事业的水权。以不能转让的水权作为标的订立合同的，合同的效力会受到影响。

可转让水权应符合下列基本条件：必须是明晰的水权，包括水量、水质、可靠性、使用的期限以及输送能力等内容；必须是没有争议的水权，是通过合法程序取得的水权；必须是符合转让原则的安全水权，其交易不会对第三方和环境造成损害或造成损害小于潜在的收益；必须是经过水权管理机关登记注册的水权。

三、水权转让合同的成立及生效

（一）水权转让合同的成立

合同的成立是指合同因符合一定的法定要件而被法律认为客观存在，一般须经过要约和承诺两个阶段，并具备相应的条件，如存在双方当事人、意思表示一致等要件。水权转让合同的成立除须满足合同成立的一般要件外，还须满足特定的形式要件即具备书面形式。具体而言，水权转让合同的成立必须具备以下几个条件：

（1）存在双方当事人。详见前文“水权转让合同的主体”，此不赘述。

（2）双方当事人意思表示一致。合同的成立须双方当事人就合同的内容达成合意，但是否须就全部内容达成合意合同方能成立则存在争议。《合同法》第 30、31 条规定，承诺的内容应当与要约的内容一致，承诺对要约的内容作出非实质性变更的，除要约人及时表示反对或者要约表明承诺不得对要约的内容作出任何变更的以外，该承诺有效，合同的内容以承诺的内容为准。该条款虽然没有直接规定当事人就合同主要条款达成合意的，合同成立，但实际上承认了这一观点。据此，水权转让合同的双方当事人就合同主要条款达成合意，且对非主要条款没有特别约定的，合同成立。

（3）须具备书面形式。合同法遵循契约自由原则，对合同形式要求仅以法律规定为限。水权所涉及的利益并非仅止于合同内部，而是涉及社会公共利益和第三人利益的重要法律事实，采用口头形式势必难以理清水权转让所涉及的诸多复杂关系，故水权转让合同应当采取书面形式，以保护各方利益，并定纷止争。当然，如果当事人未采用书面形式但一方已履行合同主要义务，对方接受的，合同亦成立。

（二）水权转让合同的生效

合同成立并不当然意味着合同生效，合同成立与生效系合同过程的两个阶段。所谓水权转让合同的生效，是指已经成立的水权转让合同，经水行政主管部门的批准并登记后，依照当事人意思表示的内容而发生法律效力。水权转让合同的生效要件包括：

（1）合同当事人在缔约时具备相应的行为能力。自然人作为合同当事人必须是完全民事行为能力人。无论是法人还是自然人，如其作为水权转让合同的转让人则必须为水权人。

（2）合同当事人意思表示真实。合同是重要的民事行为，是实现意思自治的最主要的工具。民事行为以意思表示为主要构成要素，因此，意思表示应当是当事人内心的效果意思的真实反应，这种效果意思必须以一定的方式表示出来。如果意思表示不真实，则合同可能无效、可撤销或可变更。

（3）合同不违反法律、行政法规强制性规定，不损害国家或社会公共利益。水权转让合同作为一种环境民事合同，其影响国家、社会公共利益的一面远甚于其他民事合同，因此法律、行政法规对其所做的限制也远多于其他民事合同，除《民法通则》《合同法》的一般规定外，《水法》《环境保护法》《水污染防治法》《水土资源保护法》《防洪法》等诸多法律对水权转让合同作出限制，此外还有《水利部关于水权转让的若干意见》《取水许可和水资源费征收管理条例》《取水许可管理办法》等众多的行政法规和部门规章。水权转让合同不得违反上述法律法规，否则合同无效。

（4）水权转让合同须经批准登记才生效。《取水许可和水资源费征收管理条例》第27条规定："依法获得取水权的单位或者个人，通过调整产品和产业结构、改革工艺、节水等措施节约水资源的，在取水许可的有效期和取水限额内，经原审批机关批准，可以依法有偿转让其节约的水资源，并到原审批机关办理取水权变更手续。具体办法由国务院水行政主管部门制定。"由此项规定可见，针对水权转让合同，倾向于采取登记要件主义。

四、水权转让合同的内容

（一）水权转让合同的条款

1. 水权转让合同的主要条款

水权转让合同一般应当包括以下条款：①当事人的名称或姓名和住址；②水权转让标的；③转让水量；④水质标准；⑤转让价格及付款方式；⑥转让理由和受让用途；⑦转让期限、水源地和转让方式；⑧违约责任；⑨环境污染责任；⑩争议解决方法等。

2. 环境条款和其他限制性条款

水权转让合同除要具备民事合同的一般条款外，为实现对第三人和公共环境权益的保护，还应当包含有环境及其他限制条款。

水权因其不可替代的生态环境功能，需要由政府采取特殊手段来保障社会公共利益。因此，水资源的私人用品用途应该受制于其公共品用途。水权转让合同作为水权转让的主要方式，将其定位为附保护第三人利益的民事合同，应当明确环境条款、设置限制条款，使合同双方当事人均负有保护环境的法定义务，以实现社会公共利益和第三人利益的保护，从而保护环境资源。同时，还应当规定水权转让合同当事人违反法定义务时所应当承担的损害赔偿责任，来保障和实现环境条款具有的效力。

（二）水权转让合同的内容

合同内容包括合同权利和合同义务，水权转让合同内容的设置，包括三个部分，即转让人的权利和义务、受让人的权利和义务以及第三人的权利。

1. 水权转让人的权利和义务

（1）按照合同的约定收取转让金。

（2）将特定剩余年限水资源使用权转让给受让人，并办理转移登记。

（3）交付有关单证和资料。

（4）保证所转让水资源水质标准符合合同约定。

（5）告知义务。水权转让人应当将可能发生的水危害和水污染以及预防和处理措施告知受让人和有关水行政机关。

（6）容忍义务。水权转让人必须服从代表公共利益的国家水资源管理部门的监督管理。

2. 水权受让人的权利和义务

（1）依照合同获得水资源使用权，并依照合同约定用途合理使用的权利。

（2）收益的权利。水权受让人可以依法取得利用水权所获得的利益。

（3）依照合同的约定支付转让费用。

（4）履行协助义务，提供办理转让手续所需要的证照、资料。

（5）必要的注意义务。采取有效措施预防和处理水危害和水污染，防止域外水污染。

（6）使用者负担义务。受让人应当承担一定的费用，包括水权出让金的继续支付、排污费、损害赔偿费等。

（7）服从监管的义务。行使水权的过程必须服从代表公共利益的国家进行的必要的监管。

3. 第三人的权利

第三人的权利是依据水资源的生态价值利用权所获得的法定权利，并以“环境条款”的形式存在于水权转让合同中。当第三人的环境权益因水权转让合同的订立而受到损害的时候，可以据此进行救济：

（1）知情权。第三人有权知晓与自己利益相关的水权转让合同及水资源状况。

（2）请求权。第三人在自身环境权益受到侵害以后有向司法机关请求保护的权利。

（3）自力救济的权利。第三人在情势紧急来不及寻求公力救济时，为保护合法的环境权益，可以依法自行采取有效措施防止损害的发生。

（三）水权转让合同的要式要求

由于水资源关乎社会公共利益与第三人利益，其重要性不言而喻，因此，水权转让合同应当采取书面形式，明确规制水权转让所涉及的多方权益。从合同的生效来看，传统的民事合同大多只经过当事人的协议即可生效，对于涉及不动产的合同则需要登记，但登记的效力一般属于对抗效力，很少采用登记要件主义。在我国目前法律体系下，水权转让合同尚属无名合同，因此，其在法律适用上只能准用合同法总则或其他类似合同的规定。根据《合同法》第44条的规定，无须经过批准、登记手续即能生效。但是，水权转让合同所牵涉的水资源，它本身具有公共物品的属性，水权转让合同肩负水权高效流转和水资源保护的使命。水权转让合同的内容、程序是否合法关系到水资源这一重要资源的合理利用和可持续发展，也关系到社会经济的长足发展。因此，出于维护公共利益的目的，国家对水资源的开发、利用进行监督控制。国际上，水权转让也普遍采用登记要件主义。

由上可见，水权转让合同应当经过批准登记才能产生法律效力，需要履行严格的审批程序。合同当事人必须经过有关水管部门的许可，履行登记程序，否则，合同不发生法律效力。

五、水权转让合同争议问题辨析

（一）水权转让合同与物权变动效力

我国水资源归国家所有，但在市场经济体制的背景下，为解决市场主体的用水紧张局面，通过允许市场主体以协商订立合同的方式转让水权，是缓解当前水资源短缺的有效方式和途径。我国《取水许可和水资源费征收管理条例》(简称《条例》)《取水许可管理办法》(简称《办法》)都承认了水权的转让。[1]

我国物权变动的模式基于发生法律事实的不同，分为民事行为和民事行为以外的原因，其中合同是取得物权最常见的法律事实。水权作为不动产用益物权，水权转让合同为水权发生物权变动的最常见原因。实务中，转让合同生效和物权变动效力的纷争时有发生，我国现行法中对于水权转让合同和物权变动效力的相关规定并不完善，因此有必要在此进一步探讨。

我国物权变动采折中主义模式，不动产物权的变动除当事人之间达成一致的意思表示尚且不够，还需要履行登记的法定方式。即通常情况下，不动产物权变动以生效的合同和登记作为生效要件。那么，合法有效的水权转让合同再加上登记，就发生了物权变动即水权转让的效果。此处，登记只是水权转让这一物权变动的生效要件，而非水权转让合同的生效要件。[2]水权转让合同的生效可以参照合同的生效加以判断。仅有合法有效的水权转让合同尚不能发生物权变动的效力，其只是物权变动的基础行为和原因行为，而登记则是水权转让的要件。

---

〔1〕《取水许可和水资源费征收管理条例》第27条规定："依法获得取水权的单位或者个人，通过调整产品和产业结构、改革工艺、节水等措施节约水资源的，在取水许可的有效期和取水限额内，经原审批机关批准，可以依法有偿转让其节约的水资源，并到原审批机关办理取水权变更手续。具体办法由国务院水行政主管部门制定。"《取水许可管理办法》第28条规定："在取水许可证有效期限内，取水单位或者个人需要变更其名称（姓名）的或者因取水权转让需要办理取水权变更手续的，应当持法定身份证明文件和有关取水权转让的批准文件，向原取水审批机关提出变更申请。取水审批机关审查同意的，应当核发新的取水许可证；其中，仅变更取水单位或者个人名称（姓名）的，可以在原取水许可证上注明。"

〔2〕《物权法》第15条规定："当事人之间订立有关设立、变更、转让和消灭不动产物权的合同，除法律另有规定或者合同另有约定外，自合同成立时生效；未办理物权登记的，不影响合同效力。"

综上，水权转让合同和物权变动各自具有不同的生效要件和效力，水权转让合同具备法律行为的成立和生效要件即可产生法律约束力，在转让方不履行合同义务办理登记时，受让方可要求对方继续履行，也可追究对方违约责任以弥补损失；若水权转让合同不成立、无效或被撤销，取水权则因丧失法律上的原因而导致无法办理登记手续，即使已经办理转移登记手续，转让方也可基于不当得利而主张返还。

（二）水权转让合同中若干法律限制

1. 构建水权转让合同中的平等交易主体

水权转让合同的主体是依法获得水权的单位和个人，广义上的水权转让包括水权的出让和转让两种情形，而狭义的水权转让仅指水权的转让。出让，是指水权的初始配置方式，主要通过国家收取水资源使用费、发放取水许可证的行政许可方式来进行的，是一种不平等主体间的行政行为，不具有民法意义上的转让合同主体的平等性。只有在二级水市场上的水权转让才是真正的平等主体间的转让。从理论上讲，水权交易的主体应当包括中央和地方各级政府、各类企、事业单位、农村集体经济组织、家庭和个人。然而，我国现阶段水权的主体绝大多数为公共机构，如水利管理机构、地方政府部门、村委会等，虽有少数供水公司、用水企业、事业单位等，但大多可以由国家直接进行干预和控制。甚至有学者直接认为水权的主体有两类：一类是政府，一类是法人。[1]但事实上，政府作为水权转让合同的主体并不适当，而且家庭和个人这类水权主体在现实中严重缺位，水权主体也并未形成真正多样化的结构。

---

〔1〕“最严格水资源管理需要什么样的制度体系”，载 http://www.chinawater.com.cn/newscenter/zgsltbgz/201406/t20140617_352854.html，2014 年 10 月 12 日访问。

我国要真正实现水资源的市场配置，必须在高效的前提下兼顾公平，满足各社会阶层和个人对水资源使用权的需求，赋予所有水权交易主体以平等的法律地位，不论行政级别的高低，不论政府和个人，均应平等地在自愿协商的基础上按照法律规定的程序和方式进行水权交易，在享受权利的同时必须履行相应的义务。只有这样，才能真正实现民法意义上的水权转让。

2. 对水权转让合同中取水期限的限制

《条例》对取水人的取水权进行了诸多限制，如取水期限、取水量、取水用途、取用水源、退水地点和方式等。其中，取水许可证有效期限一般为5年，最长不超过10年。取水许可证的期限虽然可以延续，但需要提前进行申请，并由原审批机关作出是否延续的决定。不仅如此，《条例》和《办法》中都规定了“连续停止取水满2年的，由原审批机关注销取水许可证”这一“不用则丧失取水权原则”，对取水权人提出了不得长时间（达到一定期间）不利用水资源的要求，否则将丧失取水权。这一规定借鉴了美国西部水权取得先占原则的内容〔1〕，这些对水权的限制，尤其是对取水权期限的限制，符合效率原则，有利于在水资源短缺的情况下分配有限的水资源。但针对水权转让合同而言，这些限制不仅是对水权人水权的限制，亦是对水权转让合同中受让人的水权的限制，尤其是在取水权期限临近届满时，增加了水权转让的难度。

通常来说，用益物权人获得用益物权后，无论用益物权人是否行使其权利，该用益物权都会存在，除非该权利因违反法

〔1〕在美国西部，水权取得主要实行先占原则，其内容包括：其一，先占者优先使用权；其二，有益用途；其三，不用即作废。

律规定或社会公共利益被取缔。[1]对取水权期限的上述限制也让我们认识到，我国现阶段所规定的取水权，不是一项可以闲置、囤积、永久保有的财产，而这一内容是和财产法的精神相违背的。而对于“不用则丧失取水权原则”，现美国也已摒弃，我国在当前积极探索取水权转让的大背景下，更应考虑废除这一原则。

取水权的期限，适当的进行限制是有必要的。对此可以参考土地使用期限并结合我国现阶段不同取水权的具体情况区别对待。如建设用地使用权可以采用划拨、出让和流转方式获得，其中以出让方式获得的建设用地使用权是无期限的。参考此种情况，我国的取水权也应当设立永久性取水权、季节性取水权、临时性取水权等不同类型，针对那些具有社会公益性内容的取水权应当设置无期限的水权，当然这种“无期限”并不是永远无期限、无条件的获得取水权，政府可以根据公共利益的需要在符合法定情形下依法收回取水权。季节性和临时性取水权可以针对不同情况设置合理而明确的期限，而不应用“一般为 5 年，最长不超过 10 年”这一模糊概念代替，在缺水季节的水权转让中，应当优先满足农业用水，剩余水量再补充工业用水。对取水权期限的分类及合理界定，有利于提高我国水权交易的效率，也可避免水权转让合同中的纠纷。

3. 水权转让合同的范围限制

《关于水权转让的若干意见》规定了水权转让的限制范围，

---

〔1〕《城市房地产管理法》第 26 条规定：“以出让方式取得土地使用权进行房地产开发的，必须按照土地使用权出让合同约定的土地用途、动工开发期限开发土地。超过出让合同约定的动工开发日期满一年未动工开发的，可以征收相当于土地使用权出让金百分之二十以下的土地闲置费；满二年未动工开发的，可以无偿收回土地使用权；但是，因不可抗力或者政府、政府有关部门的行为或者动工开发必需的前期工作造成动工开发迟延的除外。”

其中第9~13条分别规定了五种“不得转让”的情形。[1]这些规定正是与《关于水权转让的若干意见》中所强调的“公平和效率相结合的原则”“推动水资源向低污染、高效率产业转移”内容相一致。另外，《条例》第20条规定了取水申请不予批准的8种情形，对于水权转让合同而言，即规定了取水权受让人能够获得取水权的8种限制条件。

通过对上述一系列规定的整合，我们不难发现，对于水权转让合同中的受让人，我们附加了过多的限制，也使得能够转让的水权范围非常狭小，现实中的水权转让所起到的调剂水资源余量、实现水资源高效分配的作用十分有限。因此，应当积极发挥通过合同方式转让水权的优势，充分尊重合同双方当事人的意思自治，政府只在其中发挥适当干预的作用即可，切不可因干预过多以致打击合同交易双方的积极性，从而鼓励通过水权转让实现水资源的高效合理配置。

4. 水权转让合同的生态化要求

“水资源取之不尽，用之不竭”是我国长期以来的传统水资源价值观念。现实生活中，水资源长期被无偿利用或者仅收取少量的水费，造成了水资源的巨大浪费以及非持续开发利用，并有逐年加重的趋势。为此，我国在相关法律法规中开始尝试保护水资源。例如，《水法》提出了一系列行之有效的用水管理制度，以保障节约用水、防止污染。《关于水权转让的若干意见》中也指出，为适应国家经济布局和产业结构调整的要求，在确保粮食安全、稳定农业发展的前提下，应积极推动水资源

---

[1] 地下水限采区的地下水取水户不得转让；取用水总量超过本流域或本行政区域水资源可利用量的，除国家有特殊规定的，不得向本流域或本行政区域以外的用水户转让；对公共利益、生态环境或第三者利益可能造成重大影响的水权不得转让；为生态环境分配的水权不得转让；不得向国家限制发展的产业用水户转让。

向低污染、高效率的产业转移。水权转让要有利于建立节水防污型社会，防止片面追求经济利益。2008年，我国再次修订了《水污染防治法》，明确将“保障饮用水安全”作为立法目的，并将“优先保护饮用水水源”放在了首位。

随着水资源危机的日益严重，人们开始认识到传统的物权制度在促进水资源高效利用方面发挥了巨大的优势，但由于其以功利主义为主要导向，加剧了人与自然尤其是人与水资源之间的矛盾和对立，从而导致了全球范围更大规模的水资源危机。在这一背景下，水资源生态化的观念逐渐兴起。通过合同方式实现水权的交易，水权人可以节约用水，将剩余的水权全部或者部分转让给他人获得。现实中往往出现农业用水大量转向工业和城市生活用水的情形，这种转让能够提高水资源的利用效率，但同时也会增加水污染的治理成本。对此，我们必须对水权转让合同附加关于生态保护的限制，有些水不能简单转让，否则会对自然环境造成损害。例如，剩余农业用水不能简单转给工业。因为在通常情况下，农业用水污染少、排水多，而工业可能污染多、排水少。即使用水总量一样，用水带来的结果可能完全不同。通过合同方式转让水权不仅仅要考量水量的问题，更要兼顾生态问题。

针对此种情况，在水权转让合同中，强调对于第三人以及社会公共利益的保护，探索水权与排污权同步交易的合同形式。同时积极研究水环境侵权的相关问题研究，从而从根本上杜绝水资源浪费和污染问题。

（三）特殊的水权转让合同效力分析

1. 转让人未获得取水许可证的水权转让合同

水权人取水权的取得主要依赖取水许可证，取水许可证由水行政主管部门或流域管理机构所颁发，若转让人并未获得取水许可证而与受让人签订水权转让合同导致合同无法履行，根据《合同法》第51条的规定，属于无权处分行为，合同效力待定。但根据《买卖合同的解释》第3条的规定[1]，无权处分的买卖合同为有效合同。水权转让合同参照买卖合同的规定，那么，上述无权处分的取水权转让合同则属于有效合同，受让人可主张违约责任。

根据梁慧星老师的解读，《买卖合同的解释》第3条的适用范围是：所有人处分自己的财产而因某种原因处分权受到限制的案型和将来财产买卖合同案型。[2]水权转让合同虽可以参照买卖合同的规定，但其不同于将来财产买卖合同。我国现行法律法规对于水权转让的前提就是“依法获得取水权的单位或者个人”，即转让人必须具有合法有效的取水权，获得取水许可证。对此，应区分情形对待：

第一种情形：该合同签订时转让人不具有取水权，且国家尚未出让该取水权。若转让人嗣后不能也不可能获得该取水权，将构成自始履行不能，该转让合同无效，受让人可主张缔约过失责任。

第二种情形：该合同签订时取水权归属于他人而非转让人。此种情形可有两种做法：其一，受让人知道或应当知道此种情形，可准用《合同法》第51条的规定，转让合同效力待定。若取水权人不追认，该转让合同无效。其二，受让人不知此种情形，可准用《合同法》第150条的规定，认定该转让合同有效，

---

〔1〕《买卖合同的解释》第3条的规定：“当事人一方以出卖人在缔约时对标的物没有所有权或者处分权为由主张合同无效的，人民法院不予支持。出卖人因未取得所有权或者处分权致使标的物所有权不能转移，买受人要求出卖人承担违约责任或者要求解除合同并主张损害赔偿的，人民法院应予支持。”

〔2〕“梁慧星老师对买卖合同司法解释第三条的解读”，载 http://blog. sina. com. cn/s/blog_ 67743c3b0101enlm. html，2014年11月25日访问。

转让人承担违约责任。也可直接准用《买卖合同的解释》第3条的规定，认定该转让合同不因转让人无权处分而无效，由转让人承担违约责任。

2. 转让人分别与多个受让人签订的水权转让合同

转让人与受让人甲签订了水权转让合同，并办理了水权过户登记，后转让人又就同一水权与受让人乙签订了水权转让合同，则构成无权处分，可参照前文所述无权处分的规则办理。若转让人与受让人甲签订了水权转让合同，后又就该同一水权与受让人乙签订了水权转让合同，并办理了取水权过户登记，此时转让人为有权处分，合同效力不受影响，而转让人对甲则构成嗣后履行不能，应承担违约责任。

转让人就同一水权与多个受让人订立水权转让合同，均未办理过户登记的，在转让合同均合法有效的前提下，各受让人均要求转让人履行权属变更登记义务的，可参考《最高人民法院关于审理涉及国有土地使用权合同纠纷案件适用法律问题的解释》第10条的规定[1]作如下处理：

（1）均未办理水权过户登记手续，已先行合法铺设引水管道和修建取水设施的受让人取得水权。

---

〔1〕《最高人民法院关于审理涉及国有土地使用权合同纠纷案件适用法律问题的解释》第10条规定："土地使用权人作为转让方就同一出让土地使用权订立数个转让合同，在转让合同有效的情况下，受让方均要求履行合同的，按照以下情形分别处理：（一）已经办理土地使用权变更登记手续的受让方，请求转让方履行交付土地等合同义务的，应予支持；（二）均未办理土地使用权变更登记手续，已先行合法占有投资开发土地的受让方请求转让方履行土地使用权变更登记等合同义务的，应予支持；（三）均未办理土地使用权变更登记手续，又未合法占有投资开发土地，先行支付土地转让款的受让方请求转让方履行交付土地和办理土地使用权变更登记等合同义务的，应予支持；（四）合同均未履行，依法成立在先的合同受让方请求履行合同的，应予支持。未能取得土地使用权的受让方请求解除合同、赔偿损失的，按照《中华人民共和国合同法》的有关规定处理。"

（2）均未办理水权过户登记手续，又未先行修建取水设施，先行支付转让费的受让人取得水权。

（3）合同均未履行，受让人用水目的不同的，应根据《水法》第21条的规定〔1〕，按照生活用水、农业用水、工业用水、生态用水、航运用水的顺序，确定用水目的在先顺序的受让人取得水权。

（4）合同均未履行，受让人用水目的相同的，依法成立在先的受让人取得水权。

上述四种情形下，取得水权的受让人应依据人民法院的裁定到水行政主管部门办理变更登记，未能取得水权的受让人可按照《合同法》的有关规定向转让人请求解除合同、赔偿损失。

第六节 水权转让的程序及其政府管制

一、规范水权转让方式

水权转让可采取"协商"与"拍卖"两种方式进行：

（1）双方协商。这种方式的水权转让可以是买卖双方的协商，也可以是由买卖双方和水行政主管部门或政府委托授权的管理单位三方共同参加的协商。

（2）拍卖。水权转让也可以采用"拍卖"的方式进行，拍卖是一种市场手段，是一种完全意义上的市场行为，体现了市场的公平和合理。

〔1〕 开发、利用水资源，应当首先满足城乡居民生活用水，并兼顾农业、工业、生态环境用水以及航运等需要。在干旱和半干旱地区开发、利用水资源，应当充分考虑生态环境用水需要。

二、水权转让的主要程序

水权转让是国家产权市场的重要组成部分，应该有其政府制定或经政府批准的交易程序和交易规则。

（一）水权转让申请

水权转让人和受让人分别向水权交易管理部门提交水权转让申请书和水权购买申请书，由水权交易管理部门进行资格审查，严禁水权非相关人员进入水权交易市场炒作，同时也是对是否属于可转让水权进行审查，严禁非交易类水权转让，这是对水权转让主体资格和转让对象的审查。另外，在批准转让申请时还要审查所进行的转让行为对第三人用水是否构成利害关系，较大量的水权转让申请还应当提交第三人的无利害关系的承诺书或其他相关文件，以减少水权交易造成的水事纠纷。

申请书的内容应包括：水权转让方和受让方双方的名称和地址、转让的起始时间和期限、转让的水量、转让价格、被转让的水的用途、申请理由、受让方的取水地点、受让方的取水方式、受让方的节水措施、受让方的退水地点和退水中主要污染物含量以及污水处理措施。

（二）资格审查

行政主管部门或其授权的水权交易管理部门，在收到水权转让人和受让人的水权转让申请书和水权购买申请书后，对水权转让申请进行登记；根据水权转让的原则，综合考虑转让双方水权的性质和现有水权持有者的状况，依据有关法律规定，采取专家咨询等多种方式对水权转让申请进行资格审查、影响评估。

登记后的转让水权，取水因水源量不足而发生争执时，按交易的先后顺序取水，顺序相同的先取得水权的有优先权；顺序相同而同时取得水权者，可按水权登记额定用水量比例分配或轮流使用。[1]

（三）公示公告

管理机构资质审查合格、评估通过后，应将交易意向公示；相关各方无异议后，向交易双方发出审查意见；交易双方缴纳相应的管理费用后，发正式批文，并将水权转让的结果登记注册并进行公告。[2]

三、场内、场外水权交易市场模式及其程序

水权有两种基本的市场交易模式：一种是水权交易所的集中买卖，称为场内交易；另一种是存在于水权交易所之外的零星的通过非正式市场进行的水权转让，称为场外交易。场内交易和场外交易是互补关系，在水权交易市场的建设过程中，对两者都应持鼓励态度。

（一）场内水权交易市场模式

1. 场内水权交易市场及其特点

场内水权交易采取水权交易所形式，其本身属公司制的不以营利为目的的法人，实行会员制，通过吸纳水权公司入会，组成自律性的会员制组织。所谓会员，是指经中国水权监管委员会或水权监管机构批准设立、具有法人资格、依法可从事水权交易及相关业务，并取得水权交易所会籍的水权交易有限责任公司（简称“水权公司”）。水权交易所本身不参加交易也并不制定水权交易价格，而是通过为水权买卖双方提供公平竞价的环境以形成公平合理的价格。水权交易的最终目的是为了

〔1〕 马国忠：《水权制度与水电资源开发利益共享机制研究》，西南财经大学出版社2010年版，第168页。

〔2〕 王晓东：《中国水权制度研究》，黄河水利出版社2007年版，第71页。

实现水权的最优配置。场内交易并非是所有用水户入场交易，而是用水户委托水权交易所的会员——水权公司进行交易，而委托的方式可以通过柜台、网络、电话等通信手段。临时水权交易的可采用互联网交易技术。

场内交易有以下特点：

（1）具有集中、固定的交易场所和严格的交易时间，水权交易以公开的方式进行，有利于扩大交易规模、降低交易成本、促进市场竞争、提高交易效率。

（2）交易者为具有交易资格的用水户，一般自然人不能直接在水权交易所交易。

（3）水权交易所具有严密的组织、严格的管理，须定期真实的通报各流域水权情况，水权的成交价格是通过公开竞价决定的，交易的行情及时向公众公布。

2. 场内交易的主要程序

（1）交易资格审核。在进入水权交易所进行交易以前，买卖双方必须满足一定的交易资格要求，即买卖双方必须是获得水权监管机构批准的并已经是注册的用水户，只有经过批准后方可入场进行委托交易。

（2）委托。经批准可以入场交易的购买者，必须在自己的账户上存入足够的资金。委托的方式根据委托人的资金额度进行委托买卖；急需用水者可选择市价委托；通过节水工程获得多余水权而希望通过交易获利的，可以使用限价委托。

（3）竞价。所有的交易都由设置在交易大厅的系统终端输入委托，交易所会员也可以利用办公室的终端输入委托。所有的交易都由电脑按照“价格优先、时间优先”的原则自动撮合，还可以补充“数量优先”这一原则。这里的数量优先是指委托量较小的水权交易者可以获得优先交易的权利，其目的在于保护规模较小的用水户的利益。在水市场发展的初始阶段，考虑到交易规模可能不会太大，所以可以在一周内选择若干天进行集中竞价，具体的竞价频率应视交易量的变动而进行调整。

（4）审核交易和交割水量调整。交易达成后，若属长期或永久水权交易，买卖双方将按照指定格式书写转让协议，递交水权监管机构或其分支机构审核，主要审核交易的合法性，并按照比率交易原则调整交割水量，核减或注销原有的取水许可证，颁发新的取水许可证。对于长期或永久水权交易来讲，水权监管机构还要指定补偿计划并实施；若属临时交易，受委托的水权公司可即时让买卖双方办理交割，即可把实际交易的结果打入买卖双方各自的账户上。比如，可把交易的水量打入买方的水权账户上，同时把将资金打入卖方的资金账户上。

（二）场外水权交易市场模式

1. 场外水权交易市场及其特点

场外水权交易市场也可称为水权柜台交易市场或水权店头交易市场，是水权交易所外由水权买卖双方当面议价成交的市场。同场内交易不同，场外水权交易没有固定的场所，其交易主要通过电话、传真等，也可通过网络进行交易。水权场外交易可以采取多种方式，最为一般的是，水银行公布买入价和卖出价，水权转让方按照买入价将水权出售给水银行，水银行将库存的水权按照卖出价卖给购买者。在这种方式下，水银行起到了交易的媒介作用，这种业务实际上相当于水银行的自营业务。

场外水权交易市场是场内水权交易市场的有益补充，与其相比，具有以下几个方面的特点：

（1）灵活的交易地点和交易时间。场外水权交易市场没有集中的交易场所，是一种分散的、无形的市场，它通过电话、传真、网络等先进的通讯工具将交易主体联系起来。另外，由于不像水权交易所那样要有固定的交易日、固定的开盘和收盘时间，场外交易的时间也比较灵活。

（2）灵活的交易数量。场外交易市场的交易单位是灵活的，可以采用水权交易所规定的交易单位，也可以是零星交易。

（3）较低的交易费用。在买卖双方直接交易中，无须支付佣金，节省了交易成本。

（4）水银行是场外水权交易的核心。用水户可以委托水银行进行交易，也可以直接同水银行进行交易，交易方式较为灵活。

（5）根据水银行提出的买入价或卖出价确定场外水权交易的成交价格。除此之外，也存在用水户同水银行之间，根据具体成交数量和其他交易条件，经过协商确定最终成交价格。但是总的来说，场外交易一般不采用公开竞价的方式来决定交易价格。

2. 场外交易的程序

（1）水银行参照水权交易所的即时价格，结合市场供求状况，公布当天的买入价和卖出价。

（2）用水户经水权监管机构批准，按照买入价向水银行出售水权；购买方按照卖出价向水银行购入水权。

（3）水权监管机构核准两种方向的交易，调整交割水量，核减或注销原来的取水许可证，颁发新的取水许可证。[1]

四、水权转让的政府管制

管制，即政府用来控制经济行为的法律和规定。政府机构

---

〔1〕 姚杰宝等：《流域水权制度研究》，黄河水利出版社 2008 年版，第 171～172 页。

依据法律授权，通过制定规章、设定许可、监督检查、行政处罚和行政裁决等行政行为对水权转让的市场进入、价格决定、交易数量、水资源质量和交易服务施加直接的行政干预。政府可以代表水权相关人员对市场作一定的理性比较，这在经济上是富有成效的，也为水权转让的秩序稳定提供充分的保障，是一种经济的行为更是一种社会的行为。为了降低水权交易的成本，保证交易最有效的结果，政府必须对水权转让及交易市场进行严格的管理。

水权交易管制的内容：

（1）转让主体的管制。水权转让是水资源的一种使用制度，不同于一般产品的市场交易。为避免投机和投资行为，政府要限定转让的主体。水权转让的主体只能为水权相关人和具体的用水户，其他投资者不得购买水权进行炒作和投资盈利，不允许屯水持价。允许社会投资水利事业，但不允许投资炒作水权进行投机谋利。

（2）转让价格的管制。水资源属于关系国计民生的特殊商品，政府必须在协商价格基础上对其价格进行设定并确定浮动范围，即使属于水权相关人也不得有水资源的投机行为和欺诈行为。

（3）水权转让类别的管制。不允许交易的水权如生态用水水权、河道保留部分水权等都不得进行交易。

（4）水权转让时间的管制。水权转让有时间的限定，一方面是取水时间的制定，这属于取水量的变相限制；另一方面是取水时间段的限定。我国核算水资源量一般是以年度进行计算的，一般来说，河流水权交易的水权量和取水时间应以一个年度为一个时间段，湖泊、水库等水权交易时间可以灵活掌握。

第七节　水权转让中的第三方效应

水权转让中的第三方效应，是指在水权转让活动中，交易主体对他人（第三方）的利益造成损害或给他人带来收益，第三方没有为受到的损害得到应有的补偿或者没有为得到的收益支付相应的成本。

一、第三方主体

在水权转让中第三方总是不可避免的出现，从法律意义上说水权转让中的第三方主要是指持有既定水权，交易双方水权转让会使其受到损失或者获取利益，我们也可以称第三方为水权转让中附加风险的主体。水权转让的第三方本身是非交易主体，但是在交易过程当中不可避免地会牵涉与其相关的经济、社会和环境利益，是否将其看作交易的第二主体是水权转让涉及第三方时难以抉择的问题。第三方作为“交易影响的当事人”，它涉及的范围比较广泛，主要包括农民、农业及当地为农业服务的相关企业、生态环境（包括水资源、鱼类和水生动物、湿地及湿地上的濒危物种）、城市利益、农村社区以及其他主体（包括水上娱乐者、水力发电厂等）。

二、第三方效应的类型

水权转让过程当中受到影响的情况，我们称之为水权转让的第三方效应。

1. 正面效应和负面效应

在水权交易过程中水权转让的第三方效应可以分为第三方

正效应和第三方负效应。第三方正效应是指在水权转让的过程当中对他人产生有利影响，但是水权转让的主体没有得到相应的补偿。第三方负效应则是指在水权转让的过程当中给他人带来不利影响或损失，但是交易主体并没有对其造成的损失负责，支付赔偿费用。

2. 经济效用、社会效用和环境效应

第三方效应还可以划分为经济效应、社会效应和环境效应。经济效应主要是指水权转让对第三方的收入、就业以及买卖机会的影响；社会效应主要是指水权转让对第三方所在社区结构、社会内聚性和水资源控制的影响；环境效应主要是指水权转让对第三方流域内水流、湿地、渔业、野生动植物的影响，除此之外还有对下游水质水量以及周边水上娱乐的影响。

水权转让的第三方效应是一个不可预测因素，它大部分时候不是水权转让主体的主观愿望，仅有一小部分是交易主体的故意行为。第三方效应特别是第三方负效应的存在会导致对水资源的不当利用，进而导致市场机制有效配置水资源的功能失灵，对水权转让市场造成很大影响。

三、第三方效应对水权转让的影响

1. 第三方效应对水权转让合同公平的影响

公平交易是市场经济的基本原则，如果失去交易的公平性，市场经济就丧失了其应有的作用。水权转让追求的目标是效率和公平，而第三方效应的出现就成为了实现这个目标而不可回避的一个障碍。在法律上来说，水资源是一种共有资源，不属于任何私人所有，所有权的特殊性决定了水权的转让必定不同于一般私人物品的转让。在市场经济条件下，市场水权的交易主体首先考虑的必然是自己的利益，因此如果在交易过程中出现了第三方，那么就会为了维护自身的利益而牺牲第三方的利益。但是水权的共有性决定了第三方有权利享受水权转让带来的利益，这种做法显然不符合适用法律公平公正的原则。很多国家包括中国为了保证水权转让合同的公平性都规定了水权转让的基本原则，包括必须符合利益性使用，以及不得对第三方造成任何破坏等。

2. 第三方效应对生态环境的影响

现实的水权转让当中，如果水权交易主体将从水权交易市场上购买的水权用于生态环境的恢复或由此减少对生态用水的占用时，对生态环境就产生正面效应。但也有水权转让主体为了尽量避免第三方效应对自己利益的影响，可能采取无限制的水权转让模式，这种超负荷的水资源开发会使流川水量大规模减少，并引发流川水量的稀释和净化作用的减弱，进而导致河流水质的下降，情况严重的甚至会对周边的生态环境造成不可修复的破坏，如实地生态破坏、水生物生存空间减小、野生动物饮水和荒漠化问题加剧等，这就产生了负面效应。[1]

从经济学的角度来看，水权转让的第三方效应实际上是外部性的表现，外部性则是导致市场失灵的重要原因之一。“当在水权转让中存在第三方效应时，水权交易就不能满足最优的条件，通过水权交易市场进行水资源的配置则会出现效率损失。第三方效应不仅影响当前的水权配置和利用，并且对未来水权的获得和水资源的利用与配置效率也会产生潜在的影响。”[2]

四、水权转让影响评价

为了促进实现更公平、更合理的水权交易，对于水权转让

---

〔1〕 朱珍华：《水权研究》，中国水利水电出版社 2013 年版，第 131 页。

〔2〕 黄亚军：《微观经济学》，高等教育出版社 2000 年版，第 300 页。

中产生的第三方效应有必要进行评价，并尽可能降低和清除负效应。根据水权转让影响的方面和涉及的第三方类型，将其影响评价分为生态环境影响评价和社会经济影响评价。

（一）生态环境影响评价

水权转让的生态环境影响评价指的是对即将进行的水权转让发生后可能会对生态环境所造成的影响进行分析、预测和评价，并提出相应的预防或减轻不良影响的对策和措施。水权转让中涉及的生态环境影响评价范围不应过大，一般而言，应包括水权转让的转让人所在地区、受让人所在地区、水资源流经中间地区以及相应的流域上下游地区等。对地表水的影响评价应尽可能以水功能区为分析单位，评价的重点区域为取水和退水等发生变化的水域和可能受到影响的周边水功能区。而对地下水的影响评价时应当以受影响地区的水文地质单元为重点区域。

对水权转让的生态环境影响进行评价时，应根据相关的法律法规、规划以及水资源管理等的相关要求，分析水权转让引起取水、退水或者其他改变时是否与流域和区域水资源配置、管理与保护相协调一致。引起取水、退水或者水资源用途等变化的水权转让行为必须遵守水功能区的管理规定，并且要考虑评价范围内已经批准或已经发生的水权交易的累积生态环境影响。对水权交易的生态环境，对环境影响很小，不需要进行生态环境影响评价的水权交易转让，可以进行登记管理，提交相应的环境影响登记表；而可能造成轻度环境影响的水权转让行为，应当编制生态环境影响报告表，对产生的环境影响进行分析或者专项评价；而造成重大影响的水权转让，则必须编制生态环境影响报告书，对产生的环境影响进行全面评价。

对水权转让进行生态和环境影响评价的内容应包括：①对

水资源基本条件的影响；②对水域主要功能和纳污能力的影响；③当影响区域涉及重要和敏感水功能区时，要分析水资源状况变化对该地区的影响，以及可能由此产生的生态问题，也包括对重要生态需水保护目标的影响；④当交易中涉及地下水或对地下水有影响时，需要对地下水的情况进行分析；⑤当水权交易中涉及水用途改变，带来退水变化时，需要对回流情况进行分析，并分析相应的影响；⑥对于水权交易造成的间接影响或者潜在的长期影响等难以进行定量估算的，应当定性说明影响的可能程度和范围，提出相应的补救或者补偿措施建议。

（二）经济和社会影响评价

水权交易的经济和社会影响评价指的是对水权交易中因水量或水质等发生变化受到影响的第三方社会经济主体评价其可能受到的影响，并提出相应的避免和补偿措施。一般而言，受到影响的第三方主要包括：农业及相关为其服务的产业、农民和农村社区、城市居民以及与水相关的产业（如水上娱乐业、水力发电厂等）。

经济影响评价的内容主要是针对与水资源利用相关的一些方面：对农业的影响；对水资源利用相关产业等的影响；对居民生活用水的影响；其他可能产生的影响。

社会影响评价涉及的内容较为广泛，涉及社会的各个方面，包括人口、国民收入分配、资源、就业、社会福利以及价值观念等因素，均是当代社会稳定、安全以及社会发展的重要因素和重要标志。

五、水权转让影响防范机制

尽管我国相关的法律法规已经对第三方权益的保护做出了规定，例如《水利部关于内蒙古宁夏黄河干流水权转换试点工作的指导意见》中明确规定在水权转换中，要保障农民及第三方的合法权益，要保护生态环境，但是目前对水权转让中第三方效应的研究较少，其评价方法和体系尚未建立，而评价的实施更为欠缺。要进一步推动水权转让制度，需要实施第三方影响防范机制。

（1）完善水权交易监督管理机制，进行水权交易总量控制。

（2）对水权转让合同进行限制。将水权转让合同定位成附保护第三人利益合同，可通过法律规定，赋予公众能够以第三人的法律地位来解决水权转让中对公众的经济利益和环境权益造成损害等问题。

（3）建立完善的公众监督机制。

（4）建立安全风险保证金制度。对所有水权转让应按比例收取一定的安全风险保证金。可动用此保证金来补偿受害者或者修复所造成的损害。[1]

---

〔1〕 柳长顺等：《西北内陆河水权交易制度研究》，中国水利水电出版社 2016 年版，第 45~47 页。

CHAPTER6

第六章

公共服务均等化背景下供用水合同的法律和政策思考

党的十八大报告提出，到 2020 年总体实现基本公共服务均等化。供水服务是一项关系到国计民生的基本公共服务，既属于基本民生性服务，又属于公共事业性服务，属于推行均等化的基本公共服务范畴。

水是人们生活的必需品，人们的生活时时刻刻都离不开水。供水更是和人们的生产生活密切相连，是生产和生活不可缺少的基本物质条件，也是制约经济和社会发展的重要因素。在过去，供水一直被作为纯福利性事业，供水行业管理体制存在政企不分的状况，供水设施的建设、供水的经营管理、供水的分配、水价的制定、水费的收取等，全依赖于政府的指令，水费的收取根本不能反映水作为商品应有的价值。在这种情况下，造成社会普遍不重视供用水合同。

随着经济的快速发展，我国供水事业发展迅速。近年来，民间资本大量涌入供水行业，供水行业进行了管理体制的改革，其经营活动逐渐推向市场，再加上公共服务均等化这一目标的提出，供水行业必须对供用水合同引起重视，以避免各种纠纷的出现。

第一节　基本公共服务均等化与供水服务均等化

一、基本公共服务均等化政策的基本内涵

基本公共服务可以分成基本民生性服务、公共事业性服务、公益基础性服务和公共安全性服务等种类。主要包括就业服务、基本社会保障、义务教育、公共卫生、基本医疗、公共文化、公益性基础设施、生态环境保护、生产安全、消费安全等具体服务。它是促进社会稳定、和谐与发展的重要条件，基本公共服务均等化是加快城乡统筹步伐和缩小区域发展差距的直接动力，是促进国民经济又好又快发展的重要途径。2005 年，党的十六届五中全会在通过的《中共中央关于制定国民经济和社会发展第十一个五年规划的建议》首次提出公共服务均等化。党的十六届六中全会《中共中央关于构建社会主义和谐社会若干重大问题的决定》明确提出，逐步实现基本公共服务均等化。党的十七大报告明确提出，要积极推进和注重实现基本公共服务均等化。党的十八大报告提出，到 2020 年总体实现基本公共服务均等化。

基本公共服务均等化的基本内涵是指全体公民享有基本公共服务的机会均等、结果大体相等，同时尊重社会成员的自由选择权。

第一，“机会均等”是指虽然每个社会成员的社会起点不大一样，个体能力也不尽相同，但在享受基本公共服务的机会方面应该是均等的。

第二，“结果大体相等”是指各个社会成员最终能享受的基本公共服务应该是大体相等，至少都能达到一个最基本的公共服务标准，但绝不是搞平均主义。

第三，“尊重社会成员的自由选择权”是指在提供大体均等的基本公共服务的过程中尊重社会成员的需求差别和选择权，部分社会成员可以放弃最基本的公共服务，选择适合自己的公共服务。也就是说，相关部门确保全体公民都有均等的机会去享受大体相等的基本公共服务，也允许公民自己选择更加适合自己的服务。

二、供水服务均等化问题

1. 供水服务均等化的重要性与复杂性

水是生命之源，是最为重要的生活必需品之一。在水资源日益短缺、水资源污染问题日益严重的大环境下，确保每一位公民能以较低的成本享用到安全可靠的生活用水是政府的一项基本责任。供水服务是一项关系到国计民生的基本公共服务，既属于基本民生性服务，又属于公共事业性服务，属于应该推行均等化的基本公共服务范畴。

目前，不同区域之间、城乡之间的供水公共服务差距仍然较大，同样供水服务水平的价格差异也较大，部分缺水城市的局民可以很方便地享用低价高品质的水，而一些农村无法享受到安全可靠的饮用水，不利于城乡统筹发展与区域协调发展，也不利于整个水资源与环境的可持续开发和利用。因而，推进供水服务的均等化是贯彻落实民生政策，统筹城乡发展，协调区域发展的重要举措，具有重要的意义。

供水服务均等化是一个十分复杂的问题。首先，不同区域水资源的丰裕程度不一样，水环境质量不一样，取水远近与供水的难易程度不一样，供水成本差异也较大，居民承担供水成本的能力也不一样，在全国范围内实现基本供水服务均等化比较困难。其次，供水服务目前属于市政服务范畴，其责任主体为地方政府。不同地方政府的财政能力和服务管理能力有很大差异，江浙等经济发展水平较高地区的部分地方政府财力相对雄厚，供水管网等覆盖到农村，使农村居民可以享用到与城市大体相等的供水服务，但中西部地区的多数地方政府的财力相对较紧，很难实现城乡供水服务的均等化。因此，有必要将基本公共服务均等化政策要求与供水服务的特点相结合，综合分析各种因素，探索符合供水服务实际的均等化路径。

2. 供水服务均等化的范围

基本公共服务均等化的最终目标是全体公民能均等地享受各种基本公共服务，但供水服务水平与服务价格的影响因素很多，影响机理十分复杂，又属于地方政府责任范畴，短期内不可能在全国范围内实现均等化服务。但是，供水服务均等化是社会经济与公共服务发展的重要趋势，有必要根据社会发展的实际状况对均等化的范围进行界定，使之具有现实意义和可操作性。

供水服务均等化的范围界定包括服务区域范围、城乡服务对象范围等。首先，需要确定是供水服务应在多大的服务区域范围内实现均等化。服务区域范围的大小依次可以是全国、流域、省域、市域、县域、镇域等，从目前的实际情况来看，在全国、流域与省域范围内实现供水服务均等化的困难较大，在市域或县域范围内实现供水服务的均等化比较可行，但在同一流域范围内实施统一的水资源费则是合理的。其次，需要确定的是供水服务是否要在城乡之间实现均等化。城市供水与农村供水具有很多不同点，农村居民相对分散，不同村庄之间统一集中供水的成本较高；自行取水相对方便，限制较少，居民就地自行取水或村内统一取水和供水较为可行。东南沿海部分地区的农村人口密度较大，社会经济条件较好，有条件也有必要实现城乡供水服务的均等化；其他地区农村发展水平相对薄弱，更应根据当地的实际情况加强农村饮水工程建设，而不应一味地追求城乡供水服务均等化。再次，需要确定在特定区域内的服务对象范围。居住在同一城市的所有居民都应均等地享受城市供水服务，考虑到城市中低收入群体的承担能力较低，可以通过社会保障服务体系对此类群体进行一定的补贴，减轻其生活压力。

3. 供水服务均等化过程中的公平与效率

公平和效率是评估公共政策与公共服务的两个重要指标，两者相互关联和影响。供水服务均等化的主要目的是促进社会公平。供水服务均等化过程需要考虑的公平类型包括起点公平、过程公平与结果公平。起点公平主要是指在供水服务均等化过程中需要考虑不同地区的水资源状况、经济发展水平、取水与供水条件等起点差异，也要考虑同一地区不同社会群体的收入水平差异等影响，通过财政转移支付与补贴等形式使弱势群体得到适当的照顾，缩小不同主体之间的起点差距。过程公平主要是指机会公平，即均等化范围内的每一个社会群体都应有同等机会享用同等的供水服务，都应有同等的机会享受最高效优质的服务。结果公平是指均等化范围内的每一个社会群体最终都能享受到基本同质的供水服务。

供水服务的均等化并不是不讲效率的平均化，也要追求服务效率。为了确保供水服务均等化过程的效率，有必要引入竞争机制与激励机制。在供水服务商选择中设立招投标等竞争机制，使最有效率的水务运营企业获得更多的服务项目，迫使其他水务运营企业不断提高运营效率。对供水服务运营企业的服务水平进行监管和绩效评估，使其具有提高绩效的压力和动力，不断提高自身的运营效率。

4. 供水服务均等化成本的分担

为了提高供水服务的公平程度，促进供水服务的均等化需要支付一定的额外成本。供水服务属于地方性的准公共产品，其服务水平与服务价格直接受当地水资源状况、人口分布状况、供水服务规模等因素的影响。水资源丰富、水质良好、水源地近、服务人口量大且集中的地区供水成本低，供水水质高但价格低。供水服务的市场化运营更为容易，深受水务运营企业的青睐。独立进行本区供水服务可以较低的价格购买到高质量的供水服务。如果将供水服务均等化的范围拓宽，如从城市内部拓展到城乡一体化，在一定程度上扩大了社会公平的范围，但农村用水户比较分散，城乡均等的供水服务的平均成本将大幅度上升。这种增加的成本如何分担比较合理值得研究。如果实现供水服务均等化的不同主体属于同一行政主体与财政主体管辖，那么大家共饮一水、平均分担成本比较合理，以共同的财政来统一支付也是比较可行。但如果实现供水服务均等化的不同主体属于不同的行政主体与财政主体管辖，那么大家平均分担成本就比较困难。

综上，我国地域差异复杂、发展阶段不一、改革模式多样，对于城镇供水行业来说，实践摸索固然重要，理论的研究和指导则更为关键，因此有必要对供用水相关理论进行进一步的探讨。

第二节　供用水合同概述

一、供用水合同的界定

我国《合同法》第十章把供用电、供用水、供用气和供用热力四种合同作为一类有名合同统一规定，说明这四类合同在本质上具有相似性。《合同法》第 184 条规定："供用水、供用气、供用热力合同，参照供用电合同的有关规定。"另外，《城市供水条例》第 2 条也对城市供水进行了界定："本条例所称城市供水，是指城市公共供水和自建设施供水。本条例所称公共供水，是指城市自来水企业以公共供水管道及其附属设施向单位和居民的生活、生产和其他各项建设提供用水。本条例所称自建设施供水，是指城市的用水单位以其自行建设的供水管道及其属设施向本单位的生活、生产和其他各项建设提供用水。"综上，供用水合同是指供水人向用水人供水，用水人支付水费的合同。我国城市供水主要包含城市公共供水和自建设施供水两个方面。

二、供用水合同的法律性质

1. 供用水合同具有公用性

所谓公用性，是指供水人提供的水的消费对象不是社会中的某些特殊阶层，而是一般的社会公众，包括自然人、法人和其他组织等。因此，供水人对于提出供应要求的用水人，负有强制缔约义务，一般不得拒绝，除非这种供应对供水人来说代价过分高昂，或不符合安全条件等原因而不能供应。其目的在于使一切人都可以平等地享有与供水人订立合同，利用水的权利，这也是公共服务均等化的基本要求。

2. 供用水合同具有公益性

所谓公益性，是指供用水合同的目的不只是为了让供水方从中得到利益，更主要的是为了满足人们生活的需要，提高人们的生活质量。公共供用企业并非纯粹以盈利为目的的企业，而是以促进公共生活水平等公益事业为重要目标的企业。供水主体应符合特定性的要求，即只有通过主管行政部门审批并获得相应资质的供水企业才能从事供水服务。另外，国家对供用水合同的收费标准有一定的限制，供水人不得随意将收费标准提高。[1]

3. 供用水合同具有继续性

以时间因素在合同履行中所处的地位和所起的作用为标准，合同分为一时性合同和继续性合同。一时性合同，是指一次给付便使合同内容实现的合同。继续性合同，是指合同内容非一次给付可完结，而是继续地实现的合同。水的供应，对于供水人和用水人双方来说都不是一次性的，而是持续的。对供水人一方来说，为向用水人供应自来水，需要花费相当的代价铺设管道，这显然不能只是为了一时的利用。而对于用水人来说，一般也是为了长期生活的便利才利用这些管网设施提供的上述资源。作为继续性合同，即使其供给或收费为分期的，或为各个的，但这些各次分开的给付或费用支付并不作为各个独立的合同，而仍为一个合同。

另外，供用水合同的标的物为可消耗物，在一次利用之后，即为返还不能，不像其他买卖合同一样可以将标的物返还。因此，在供用水合同因各种原因终止时，其效力仅向将来发生，而不能溯及过去。

4. 供用水合同属于典型合同

以法律是否设有规范并赋予一个特定名称为标准，合同分为典型合同与非典型合同。典型合同，又称为有名合同，就是在法律上已有规范规制并赋予一个特定名称的合同。供用水合同也是《合同法》中规定的典型合同。

界定供用水合同为典型合同的意义在于可以优先适用法律

〔1〕 崔建远：《合同法》，北京大学出版社 2013 年版，第 462 页。

对供用水合同的特别规定。《合同法》分则对“供用电、水、气、热力合同”进行了规定，其中，供用电合同对供用水合同有参考适用作用。同样，买卖合同的法律规则对供用水合同也有参考适用作用。

5. 供用水合同是双务合同

以是否由双方当事人互负对待给付义务为标准，合同分为双务合同和单务合同。双务合同，是指双方当事人互有债权债务，一方的义务正是对方的权利，彼此具有对待给付义务的合同。在供用水合同中，供水人负有供水的义务，享有收取水费的权利，用水人负有支付水费的义务，享有使用水的权利。因此，供用水合同属于双务合同。

界定供用水合同为双务合同，首先，供用水合同适用先履行抗辩权和不安抗辩权规则。例如用户丧失了商业信誉，供水人可以行使不安抗辩权，暂时中止供水，待对方为对待给付或提供相应担保后恢复供水。其次，是标的物的风险负担问题。《合同法》第142条规定：“标的物毁损、灭失的风险，在标的物交付之前由出卖人承担，交付之后由买受人承担，但法律另有规定或者当事人另有约定的除外。”除供用水双方另有约定外，在交付前，水的损耗由供水企业承担，在交付后，水的损耗由用水人承担。

6. 供用水合同是有偿合同

以当事人取得权益是否须付相应代价为标准，合同分为有偿合同和无偿合同。有偿合同是指一方当事人取得权益的同时，须向对方偿付相应的代价。供用水合同是双务合同，也是有偿合同。

界定供用水合同为有偿合同，首先，责任的轻重不同。在无偿合同中，债务人所负的注意义务程度较低，在有偿合同中则较高。正因如此，供用水合同中供水人负有较高的注意义务，须保证供水质量符合国家标准，因供水质量给用水人造成损害的，供水人负有相应的赔偿责任。其次，主体要求不同。订立有偿合同的当事人原则上应为完全民事行为能力人，限制行为能力人未经其法定代理人同意不得订立重大的有偿合同。供用水合同对当事人的行为能力要求原则上应为完全民事行为能力人。

7. 供用水合同是诺成合同

按照合同的成立是否需要交付标的物，可分为诺成合同与实践合同。诺成合同，又称为不要物合同，是指双方当事人意思表示一致即可成立的合同。实践合同，又称为要物合同，合同成立不仅需要双方当事人意思表示一致，而且还需要交付标的物。

界定供用水合同为诺成合同，其意义在于合同成立的要件不同，当事人的义务确认就不同。供用水合同只需供用水双方达成合意，合同即可成立，相对于实践合同较简单。实践中，用水企业与用户签订供水合同时约定合同期限，合同自约定之日起生效，其性质为附期限的供用水合同，并不因此影响供用水合同的成立。

三、供用水合同的基本类型

供用水合同是计划性很强的合同，国家对水的不同使用目的和使用期限以及使用方主体的不同，在水费、水价、是否优先供水以及合同的形式等方面，对不同的供用水合同规定了不同的标准。《城市供水条例》第 12 条规定："编制城市供水水源开发利用规划，应当优先保证城市社会用水，统筹兼顾工业用水和其他各项建设用水。"第 26 条规定："城市供水价格应当按照生活用水保本微利、生产和经营用水合理计价的原则制定。城市供水价格制定办法，由省、自治区、直辖市人民政府规定。”在建设部、国家工商总局联合印发的《城市供用水合同》示范文本中，明确规定：“示范文本中的用水人系指法人、其他组织等用户，不包括居民家庭用户。”可见国家对于不同的供水合同，其处理的方式是不同的。如果将《城市供水合同》示范文本用于居民家庭用户，很有可能引起对普通居民利益的侵害，也会给供水企业带来麻烦。因此，了解供用水合同的分类，对于用水方来说，可以在订立合同过程中最大限度地保护自己的利益，对于供水方来说，也可以更好地贯彻国家有关供水的法律、法规，更好地为用户服务，并且减少不必要的供水纠纷。

（1）根据用水方使用水的目的不同，可以分为居民生活用水和生产经营用水。生活用水满足的是人们日常的生活需要，和人们的生活质量密切相连；生产和经营用水满足的是用户的生产和经营需要。对于生活用水，国家优先供应，在保证生活用水的前提下，统筹兼顾工业和其他各项建设用水。在用户向自来水公司申请用水时，申请表上会标明是生产用水还是生活用水，对于生产用水其价格要高于生活用水，并且水质等方面对两者的要求也有所不同。

（2）根据供用水合同用水方当事人的不同，供用水合同可以分为一方为居民家庭用户的合同和一方为法人、其他组织用户的合同。这两类主体本身存在很大不同，因此其中合同内容存在诸多差异，供水企业不能套用适合法人和其他组织的合同给居民用户适用。对于用水人是居民的用户，其主要是生活用水，对于用水人是法人和其他组织的用户，多是生产和经营用水。国家对于法人和其他组织的用户，制定了专门的合同的范本，一般情况下，供用水双方就按照范本的内容签订合同即可。

对于一方是居民家庭用户的，国家没有制定统一的合同范本，现实中一般由各供水企业制作范本和用水人签订。

（3）根据供用水合同的期限不同，可以分为长期供用水合同和临时供用水合同。长期供水是指正常稳定的向用户供用水，是相对于临时供水而言的。临时供用水均为短期供水；一般的供水都属于长期供水，如向居民和法人等组织供水。临时供用水合同，适用于短期、非永久性用水的用户，如基建工地，抢险救灾等。临时用水的用户也应当办理用水手续，和供水企业签订临时用水合同，不需要用水时即办理停止用水手续并结清水费。

第三节　供用水合同的订立

一、供用水合同的主体

供用水合同法律关系的主体，包括供水人和用水人。用水人是指向供水人发出要约，希望供水人向其供水的人。供水人是指具有供水资格，应用水人的要求，向用水人供水的当事人。其中，对于供水人我国相关法律规范提出了明确而具体的要求。

（一）供水人

在我国，供水行业中对供水人的资质有一定的要求，其必须经过批准并达到一定资质才能够向用水人供水。城市供水方包括城市公共供水企业——自来水公司和城市自建设施对外供水的企业。由于城市自建设施对外供水的企业主要针对的是本单位的生活、生产和其他各项建设用水，因此我们重点介绍城市公共供水企业——自来水公司。

自来水公司，是指利用公共供水管道及其附属设施，向单位和居民的生活、生产和其他各项建设提供用水的企业。我国传统自来水公司多以事业单位这一非政府、非企业的组织形式存在，绝大多数城市供水企业是隶属于政府职能部门的国有自然垄断性单位，并同时承担者政府行政管理、公共事业发展、公益服务的职能，其人事任命、投资计划基本是由政府决定，企业缺乏内部激励机制，缺乏严格成本控制、加强管理的内在动力。自来水公司其本身的这种功能被纳入政府功能的一部分，或者说其成了政府实现经济管理职能的附庸。政府既要投资又要经营管理，自来水公司根本没有自主决策权，造成了自来水公司政事不分、事企不分的运营状态。另外，过去我们在水行业的指导思想是“微利保本”，很多地方的水价严重偏低。水价不能反映水的价值，自来水行业亏损严重，就只能依靠政府的补助，导致政府财政负担过重，供水设施的投资出现了严重的“瓶颈”。在这种大的背景下，自来水公司缺乏独立的市场主体地位。

近年来，国家逐步向社会开放了城市公用事业的投资领域，出台了一系列法规政策，如《国务院关于投资体制改革的决定》《市政公用事业特许经营管理办法》等，允许鼓励非公有资本进入基础设施、公用事业等领域，把竞争也引入了供水领域。自来水公司也抓住这个契机，进行体制改革，以适应现阶段公用事业改革和发展的实际，建立和完善协调运转、有效制衡的公司治理，使自来水公司成为法人主体和市场竞争主体。在完善政府监管体制的同时，实现公用事业由政府运作向企业运作的过渡和转变，逐步变成自主经营、自负盈亏的企业。经过改制后的自来水公司是企业法人，具有独立的市场主体地位，可以作为一方当事人与用水人签订供用水合同。

自来水企业的改制并不意味任何人或者企业都可以向公众供水，也不是说政府对其放任不管，事实上，相关法规对供水企业的资质提出了具体的要求，通过对供水企业的资质审批和考核来进行管理。《城市供水条例》第19条规定：“城市自来水供水企业和自建设施对外供水的企业，必须经资质审查合格并经工商行政管理机关登记注册后，方可从事经营活动。资质审查办法由国务院城市建设行政主管部门规定。”第23条规定：“城市自来水供水企业和自建设施对外供水的企业应当实行职工持证上岗制度。具体办法由国务院城市建设行政主管部门会同人事部门等制定。”因此，供水企业必须经资质审查合格后方可进行供水，并且受到政府部门的监督和指导。

（二）用水人

在我国，用水人包括普通居民和单位，法律并未对此作出特殊要求，只要具备我国合同法上的主体资格，都可以向供水企业提出申请，成为用水方。其中，单位用户包括法人和其他组织。合同当事人订立合同应当具有相应的民事行为能力，考虑到供用水合同的长期性和复杂性，用水人必须具有完全民事行为能力。

目前，供水企业多以示范文本同用户签订供用水合同，但该示范文本仅适用于企业用户和总表收费。近年来随着住房体制的改革，过去单位家属院总表收费模式逐步被住宅小区取代，供水人收费服务至最终用户已成为现实。但是目前，对于小区业主的供用水合同如何签订，因国家无示范文本，各地做法不一，绝大部分还在延续过去的合同，实践中容易出现纠纷。对此，有必要对住宅小区供用水合同签订的主体进行必要的探讨。

过去供水企业只负责到总水表查看，按总水表收费，水表以内的公共供水设施由产权单位负责维修并按期对各业主查表收水费，现在小区建成后就交给物业公司管理，实践中供用水合同多与开发商、物业签订，但是开发商将住房售出后产权已转移给业主，物业公司是受委托提供服务的，他们既不是产权人，也不是用水人，都不是适当的供用水合同签订主体，事实上这些单位也不愿签订。合同应与真正的产权人——每户业主签订，小区共用部分供水设施的维护管理与共用设施的共同产权人——全体业主（业主委员会）签订。

二、供用水合同订立中的强制缔约规则

契约自由原则作为近现代合同法的基本原则之一，为市场经济下的交易自由提供了较为行之有效的保障。但是随着社会发展，“契约即公正”“契约即法律”的理论受到了合同正义、社会本位以及道德平衡等思想的挑战。合同正义正逐渐成为合同法关注的重心，契约自由原则越来越多地受到国家意志的限制。自来水作为一种公共产品，其供给与完全由市场调节的私人产品供给的区别之一即包含了较强的政府政策因素。在供用水合同的订立中，主要体现在规定供水人的强制缔约义务上。

强制缔约是指一方当事人无正当理由，负有应对方的请求与其订立合同的义务。强制缔约义务只存在于一些与国计民生有关的公用领域诸如供电、供水、邮政服务等。强制缔约义务的作用在于救济契约自由在某些领域的缺陷。在需要以强制缔约义务约束的领域中，大多是公共产品。这些公共产品在供给上很容易形成自然垄断，对于消费者而言，欠缺真正的自由缔约基础，双方的缔约地位不平等，消费者处于弱势地位。法律为了保护处于弱势地位的合同一方当事人并更合理地组织社会经济，有必要以强制缔约义务对绝对契约自由引发的失衡进行矫正。

城市供水是保证一个城市生存和经济发展的重要物质之一，自来水产业提供城市生活必备的物质基础，与人们的生产生活

息息相关。建设部《关于加强市政公用事业监管的意见》明确指出："市政公用事业是为城镇居民生产生活提供必需的普遍服务的行业，主要包括城市供水排水和污水处理、供气、集中供热、城市道路和公共交通、环境卫生和垃圾处理以及园林绿化等。市政公用事业是城市重要的基础设施，是城市经济和社会发展的重要载体，直接关系到社会公众利益，关系到人民群众生活质量，关系到城市经济和社会的可持续发展，具有显著的基础性、先导性、公用性和自然垄断性。"

对于城市供水合同来说，双方当事人的地位往往是不平等的，一方是具有垄断地位的供水企业，另一方是普通的用户，如果一旦用户的缔约请求被拒绝，那么要约人就无法从他处获得自来水这种特殊商品，基本生产生活就无法正常进行。为了保障并实现消费者权益，在订立供用水合同过程中，强制缔约规则主要表现在：对于用水人向供水企业发出的要约，供水企业非因正当理由，不得拒绝用水人的申请，同时，供水企业必须给用水人提供合理的条件以缔结合同。[1]

三、供用水合同的主要条款及合同范本

（一）供用水合同的主要条款

依照《合同法》《城市供水条例》等有关规定，供用水合同的主要条款包括：

1. 双方当事人的姓名或名称和住所

这是供用水合同主体的情况。供水设施具有一定的特殊性，这主要体现在自来水必须通过铺设管道来运输，而管道铺设成

〔1〕 刘倚源等："城市供水合同订立中使用强制缔约规则必要性"，载《北方经贸》2014年第10期。

本较高，所以供水经营具有垄断性质，自来水公司是合法的供水单位当然是其中一方当事人。另一方当事人是一般主体，其姓名、名称或住所应当在合同中载明。

2. 供用水合同的标的物和供水具体内容

供用水合同的标的物是自来水，通常是要经过供水企业处理后净化出符合国家卫生标准的自来水让供水人使用。根据《生活饮用水卫生标准》的规定，生活饮用水的取得主要是通过供水企业利用取水泵等设备从水源地及地下水、地表水抽取水资源到蓄水池，经过沉淀、消毒、过滤等工艺流程进行处理，最后通过供水管网输送给居民饮用。

供水具体内容包括水的质量标准、用水地址、用水性质、用水量和供水方式等。供用水合同中应当载明供水人向用水人提供的水的具体质量标准，主要包括水质、水压及不间断供水等内容。用水地址是指在什么地域用水，供用水合同中应载明用水四至范围，即用水人用水四周边界。用水性质是指用水人对水的使用上的性质，如属于生活用水、生产用水、商业用水还是建设施工用水。用水量是指用水的多少，同时应当载明计费总水表安装具体地点等信息。供用水合同中还应当载明供水方式，在合同有效期内，供水人通过城市供用管网及附属设施向用水人提供不间断供水。

3. 用水计量、水价及水费结算方式

用水需要用计量器具计算。计量表安装时应当登记注册。供用水双方按照注册登记的计量水表计量的水量作为水费结算的依据。结算用计量器须经当地技术部门检定、认定。用水人用水按照用水性质实行分类计量。不同用水性质的用水共用一具计量水表时，供水人按照最高类别水价计收水费或者按照比例划分不同用水性质用水量分类计收水费。

水价，是指供水人向用水人供应水的价格。供水人依据用水人的用水性质，按照批准的供应水分类价格收取水费。在合同有效期内，遇到水价调整时，按照调价文件执行。水价的调整涉及公共利益，因此有关部门要调整水费，一般应召开听证会。

水费，是指水资源实现商品交换的货币形式。供用水合同中应约定水费结算方式。供水人按照规定周期抄验表并结算水费，用水人在规定日期前缴清水费。

4. 供水设施产权分界与维护管理

供用水设施产权的分界点是供水人设计安装的计费总水表处。以户表计费的为进入建筑物前阀门处。产权分界点（含计费水表）水源侧的管道和附属设施由供水人负责维护管理。产权分界点另侧的管道及设施由用水人负责维护管理，或者有偿委托供水人维护管理。

5. 违约责任和其他条款

供用水合同中应当约定违约责任条款，既防止当事人随意违约，也便于在出现违约行为时明确各方责任。除上述条款外，供用水合同双方当事人还可以约定其他条款，约定彼此的权利和义务，便于供用水合同更好地执行。

（二）供用水合同中预付水费条款的法律分析

近年来，预付费水表已经广泛应用在生产和生活供水中。但是，将传统的“先用水，后付费”改变为“先付费，后用水”，这是一种交易习惯的改变。很多用水人对预付水费产生怀疑，认为这是供水企业利用其垄断性强加给用水人的不合理要求。一是免除了供水企业“先用水，后付费”的义务，剥夺了用水人“先用水，后付费”的权利；二是免除了供水人应承担的向用水人“不间断供水”的义务，剥夺了用水人“连续用水”的权利；三是预付费水表费用较高，且是用来制约用水人的，因此大部分用水人不愿安装。

《城市供水条例》第24条规定：“用水单位和个人应当按照规定的计量标准和水价标准按时缴纳水费。”这一规定似乎告诉我们，用水人“先用水，后付费”是合法的。但是，事实上“先付费，后用水”也并非没有法律依据。首先，这一规定并没有对水费的交付方式进行明确规定。也就是说，只要双方在平等自愿、协商一致的原则下，在供用水合同中约定“先付费，后用水”这种水费结算方式，那么该约定是受法律保护的。其次，预收水费并不是一种最终的计费，不是水费结算。水费是以用水人水表记录的数据为依据，通过核算，按照多退少补原则，予以最终结算的。可见，只要双方当事人在供用水合同中达成合意，不违反法律的强制性规定，就是合法有效的。

（三）城市供用水合同示范文本

城市供用水合同

合同编号：

签约地点：

签约时间：

供水人：____________________

用水人：____________________

为了明确供水人和用水人在水的供应和使用中的权利和义务，根据《中华人民共和国合同法》《城市供水条例》等有关法律、法规和规章，经供、用水双方协商，订立本合同，以便共同遵守。

第一条　用水地址、用水性质和用水量

（一）用水地址为____________________________。用水四至范围（即用水人用水区域四周边界）是____________________________（可制订详图作为附件）。

（二）用水性质系________________用水，执行________________供水价格。

（三）用水量为________________立方米/日；________________立方米/月。

（四）计费总水表安装地点为：______________________________（可制订详图作为附件）。

（五）安装计费总水表共________________具，注册号为________________。

第二条　供水方式和质量

（一）在合同有效期内，供水人通过城市公共供水管网及附属设施向用水人提供不间断供水。

（二）用水人不能间断用水或者对水压、水质有特殊要求的，应当自行设置贮水、间接加压设施及水处理设备。

（三）供水人保证城市公共供水管网水质符合国家《生活饮用水卫生标准》。

（四）供水人保证在计费总水表处的水压大于等于____________________兆帕；以户表方式计费的，保证进入建筑物前阀门处的水压大于等于______________________兆帕。

第三条　用水计量、水价及水费结算方式

（一）用水计量

1. 用水的计量器具为：______________计量表；______________IC卡计量表；或者______________。安装时应当登记注册。供、用水双方按照注册登记的计费水表计量的水量作为水费结算的依据。

结算用计量器具须经当地技术监督部门检定、认定。

2. 用水人用水按照用水性质实行分类计量。不同用水性质的用水共用一具计费水表时，供水人按照最高类别水价计收水费或者按照比例划分不同用水性质用水量分类计收水费。

（二）供水价格：供水人依据用水人用水性质，按照__________

____政府____________（部门）批准的供水分类价格收取水费。

在合同有效期内，遇水价调整时，按照调价文件规定执行。

（三）水费结算方式

1. 供水人按照规定周期抄验表并结算水费，用水人在________月__________日前交清水费。

2. 水费结算采取________________________________方式。

第四条　供、用水设施产权分界与维护管理

（一）供、用水设施产权分界点是：供水人设计安装的计费总水表处。以户表计费的为进入建筑物前阀门处。

（二）产权分界点（含计费水表）水源侧的管道和附属设施由供水人负责维护管理。产权分界点另侧的管道及设施由用水人负责维护管理，或者有偿委托供水人维护管理。

第五条 供水人的权利和义务

（一）监督用水人按照合同约定的用水量、用水性质、用水四至范围用水。

（二）用水人逾期不缴纳水费，供水人有权从逾期之日起向用水人收取水费滞纳金。

（三）用水人搬迁或者其他原因不再使用计费水表和供水设施，又没有办理过户手续的，供水人有权拆除其计费水表和供水设施。

（四）因用水人表井占压、损坏及用水人责任等原因不能抄验水表时，供水人可根据用水人上____个月最高月用水量估算本期水量水费。如用水人三个月不能解决妨碍抄验表问题，供水人不退还多估水费。

（五）供水人应当按照合同约定的水质不间断供水。除高峰季节因供水能力不足，经城市供水行政主管部门同意被迫降压外，供水人应当按照合同规定的压力供水。对有计划的检修、维修及新管并网作业施工造成停水的，应当提前24小时通知用水人。

（六）供水人设立专门服务电话实行24小时昼夜受理用水人的

报修。遇有供水管道及附属设施损坏时，供水人应当及时进入现场抢修。

（七）如供水人需要变更抄验水表和收费周期时，应当提前一个月通知用水人。

（八）对用水人提出的水表计量不准，供水人负责复核和校验。对水表因自然损坏造成的表停、表坏，供水人应当无偿更换，供水人可根据用水人上＿＿＿＿＿＿个月平均用水量估算本期水量水费。由于供水人抄错表、计费水表计量不准等原因多收的水费，应当予以退还。

第六条　用水人的权利和义务

（一）监督供水人按照合同约定的水压、水质向用水人供水。

（二）有权要求供水人按照国家的规定对计费水表进行周期检定。

（三）有权向供水人提出进行计费水表复核和校验。

（四）有权对供水人收缴的水费及确定的水价申请复核。

（五）应当按照合同约定按期向供水人交水费。

（六）保证计费水表、表井（箱）及附属设施完好，配合供水人抄验表或者协助做好水表等设施的更换、维修工作。

（七）除发生火灾等特殊原因，用水人不得擅自开封启动无表防险（用水人消火栓）。需要试验内部消防设施的，应当通知供水人派人启封。发生火灾时，用水人可以自行启动使用，灭火后应当及时通知供水人重新铅封。

（八）不得私自向其他用水人转供水；不得擅自向合同约定的四至外供水。

（九）由于用水人用水量增加，连续半年超过水表公称流量时，应当办理换表手续；由于用水人全月平均小时用水量低于水表最小流量时，供水人可将水表口径改小，用水人承担工料费；当用水人月用水量达不到底度流量时，按照底度流量收费。

第七条　违约责任

（一）供水人的违约责任

1. 供水人违反合同约定未向用水人供水的，应当支付用水人停水期间正常用水量水费百分之____________的违约金。

2. 由于供水人责任事故造成的停水、水压降低、水质量事故，给用水人造成损失的，供水人应当承担赔偿责任。

3. 由于不可抗力的原因或者政府行为造成停水，使用水人受到损失的，供水人不承担赔偿责任。

（二）用水人的违约责任

1. 用水人未按期交水费的，还应当支付滞纳金。超过规定交费日期一个月的，供水人按照国家规定有权中止供水。当用水人于半年之内交齐水费和滞纳金后，供水人应当于48小时内恢复供水。中止供水超过半年，用水人要求复装的，应当交齐欠费和供水设施复装工料费后，另行办理新装手续。

2. 用水人私自改变用水性质、向其它用水人转供水、向合同约定的四至外供水，未到供水人处办理变更手续的，用水人除补交水价差价的水费外，还应当支付水费百分之____________的违约金。

3. 用水人终止用水，未到供水人处办理相关手续，给供水人造成损失的，由用水人承担赔偿责任。

第八条 合同有效期限

合同期限为__________年，从________年________月________日起至________年________月________日止。

第九条　合同的变更

当事人如需要修改合同条款或者合同未尽事宜，须经双方协商一致，签订补充协定，补充协定与本合同具有同等效力。

第十条　争议的解决方式

本合同在履行过程中发生争议时，由当事人双方协商解决。也可通过______________________调解解决。协商或者调解不成，由当事人双方同意由______________________________仲裁委员会仲裁（当事人双方未在本合同中约定仲裁机构，事后又未达成书面仲裁协议的，可向人民法院起诉）。

第十一条　其他约定______________________________。

供水人	用水人
（盖章）：	（盖章）：
住所：	住所：
法定代表人	法定代表人
（签字）：	（签字）：
委托代理人	委托代理人
（签字）：	（签字）：
开户银行：	开户银行：
账号：	账号：
电话：	电话：

四、供用水合同的内容和形式

（一）供水人的权利和义务

（1）供水人应当按照合同约定的水质标准不间断供水，这是供水人的基本义务。《城市供水水质管理规定》第7条规定："城市供水单位对其供应的水的质量负责，其中，经二次供水到达用户的，二次供水的水质由二次供水管理单位负责。城市供水水质应当符合国家有关标准的规定。"除高峰季节因供水能力不足，经城市供水行政主管部门同意被迫降压外，供水人应当按照合同规定的压力供水。对有计划的检修、维修及新管并网作业施工造成停水的，应当提前24小时通知用水人。若发生自然灾害或是紧急事故不能提前通知的，应在抢修的同时通知用水单位和个人，尽快恢复正常供水，并报告城市供水行政主管部门。

（2）供水人需要变更抄验水表和收费周期时，提前通知用水人的义务。供水人需要变更抄验水表和收费周期时，应当提前一个月通知用水人，并给予用水人一定的期限，因为这些情况的变更实际上是供水人对于合同履行方式的修改。

（3）及时抢修的义务。供水人服务的提供，依赖于管道的输送，供水人有义务保障运输管道和设施发挥正常的功能。因此供水人应设立专门服务电话实行 24 小时昼夜受理用水人的报修。遇有供水管道及附属设施损坏时，供水人应当及时进入现场抢修。

（4）按照合同收取水费的权利。用水人应当向供水人定期缴纳水费，用水人逾期不缴纳水费，供水人有权从逾期之日起向用水人收取水费滞纳金。如果用水人拖欠水费情节严重的，供水人经县级以上人民政府批准，可以在一定时间内停止供水。因用水人表井占压、损坏及用水人责任等原因不能抄验水表时，供水人可根据用水人上几个月最高月用水量估算本期水量水费。如用水人三个月不能解决妨碍抄验表问题，供水人不退还多估水费。对用水人提出的水表计量不准，供水人负责复核和校验。对水表因自然损坏造成的表停、表坏，供水人应当无偿更换，供水人可根据用水人上几个月平均用水量估算本期水量水费。由于供水人抄错表、计费水表计量不准等原因多收的水费，应当予以退还。

（5）监督用水人按照合同约定的用水量、用水性质、用水四至范围用水的权利。当供水人发现用水人没有按照供用水合同的约定用水时，供水人可以要求用水人立即改正，并赔偿供水人因此受到的损失。

（二）用水人的权利和义务

（1）获得符合合同约定的供水服务。供用水合同的标的物是自来水，符合合同约定的服务也就是说要获得一定水压和水质的不间断供水，否则用水人有权利主张违约。供水人因设备维修检验等原因需要停止供水时，用水人有权在 24 小时以前接到停水通知。

（2）有权对供水人收缴的水费及确定的水价申请复核，有权向供水人提出进行水表复核和校验。用水人在对水费和水价以及水表的准确性提出异议时，有权利向供水人提出申请进行复核或校验，供水人不得拒绝。

（3）按照合同约定按期向供水人缴纳水费的义务。

（4）其他义务。主要包括保证计费水表、水井及附属设施完好，配合供水人抄验表或者协助做好水表等设施的更换和维修工作；除发生火灾等特殊原因，用水人不得擅自开封启动无表防险，需要试验内部消防设施的，应当通知供水人派人启封；不得私自向其他用水人转供水；不得擅自向合同约定的四至外供水。

（三）供用水合同的形式要求

合同当事人在合同订立过程中所达成的合意实质上是合同的内容，而合同内容的合意表现的外在方法或手段，就是合同的形式。关于合同的形式，我国《合同法》第 10 条规定：“当事人订立合同，有书面形式、口头形式和其他形式。法律、行政法规规定采用书面形式的，应当采用书面形式。当事人约定采用书面形式的，应当采用书面形式。”第 11 条规定：“书面形式是指合同书、信件和数据电文（包括电报、电传、传真、电子数据交换和电子邮件）等可以有形地表现所载内容的形式。”我国法律、法规并未明确规定必须以特定的形式要求供水企业与用户之间应当签订书面的供用水合同，当事人之间订立供用水合同可以采用书面、口头及其他形式。

1. 口头形式

供用水合同的口头形式是指供用水双方以直接对话的方式订立合同。这种“对话”包括面对面的谈判、协商，也包括通过电话等方式的对话。也就是说供用水合同的一方当面口头或通过电话向另一方提出订立供用水合同的建议，另一方当事人当面口头或通过电话作出给予接受的答复后，该供用水合同即告成立。口头形式的供用水合同多适用于城乡一般生活用水户。其优点是简便易行，而缺点是一旦发生争议，供水人或用水人必须举证证明合同的存在及合同关系的内容，从而出现“举证难”的问题。口头方式的供用水合同随着供水企业规范化管理程度的提高，已经越来越少出现。

2. 书面形式

供用水合同的书面形式，最常见的是供水方单方拟定的供反复使用的合同文本。该类文本主要有几个部分构成，一部分为格式条款，用水人无法选择或更改，另一部分为意定条款，双方可以协商选择或协商填写。

由于供用水合同的内容具有复杂性和长期性，建议供用水合同采用书面形式。书面供用水合同的优点包括：①供用水合同属于连续性给付的合同，履行时间较长，采用书面形式可以明确双方权利义务关系，发生纠纷时举证方便，有利于减少纠纷的发生。②供用水合同的供水方相对单一，而用水方众多，又不能即时清结水费，数额也可能很大，如果不采用书面的形式，合同的履行和纠纷的解决都将是很困难的。现在，一些地方政府出台规定或政策，对供用水合同的形式作出了具体要求，如《福州市城市供水管理办法》规定：“单位用户应当与供水企业签订供用水合同；原有未签订合同的，应补签供用水合同。”对于书面形式，在供用水合同中，多采用格式合同的形式。

五、供用水合同的格式化

格式条款，是当事人为了重复使用而预先拟订，并在订立合同时未与对方协商的条款。供用水合同作为典型的格式合同，一般来说，其条款大多为格式条款，应当适用《合同法》有关条款调整。在维护社会公益、保护用户利益以及兼顾社会效率和公正的前提下，切实强化供用水合同中格式条款的重要作用，有利于减少供水服务合同纠纷，最大程度地维护自身的合法权益，促进供水事业更好更快地发展。

（一）充分认识格式条款的重要作用，有利于增强供水企业依法经营水平

供水运行机制虽然从计划经济转变为市场经济，但仍然是事实上的垄断行业。供用水合同采用格式条款，可以简化缔约手续，减少缔约时间，降低交易成本，提高生产经营效率，保证交易活动的标准化、便捷化，可以事先分配当事人之间的利益，预先确定风险分担机制，增加对生产经营预期效果的确定性，从而提高生产经营的计划性，促进生产经营的合理性。使用格式合同也会带来一定的消极影响，很容易受到相对方的质疑，被认为基于优势地位，限制合同条款的意思表示，强加不公平的条款。事实上，供水企业不可能与每个用户进行协商，分别订立合同。因此，采用格式合同实属必然。

当前，部分供水企业对供用水合同中的格式条款重视程度并不高，与用户签订的《城市供用水合同》约定的权利义务不明确或者责任不明确，发生矛盾或纠纷，无法充分利用双方签订的供用水合同进行考量和评价，往往要承担不利的法律后果。出现这种情况的原因，一方面是供水企业依法经营意识普遍淡薄；另一方面是供水行业没有专门的法律规范，《合同法》中仅

有类推适用供用电合同的指引，行政法规仅有施行于 1994 年 10 月 1 日的《城市供水条例》，远远不能适应城市供水管理和社会经济的发展，除极少数城市，城市供用水合同基本没有形成行政规制，更没有形成行业规制。

针对格式条款缺乏行政规制或者行业规制，以及供水行业法律法规滞后的状况，供水企业通过规制比较公平、合理的格式条款，平衡供用水双方的利益关系，不断提升依法经营水平，是供水企业适应市场经济的有效手段和重要保障。

（二）充分研究格式条款的立法目的，有利于满足供水企业合理化经营需要

《合同法》施行前，对于格式合同评价主要依赖于《民法通则》的基本原则，《合同法》施行后，其中的第 39 条、40 条和 41 条，从立法上明确格式条款的定义、无效和解释，对合同当事人进行规范性指引。但随着社会经济的发展和法学研究的深入，格式条款立法上的不足显现，《合同法》第 40 条后半段"或者"部分规定的免责条款，并非是"一律"无效，第 41 条后半段规定的格式条款和非格式款不一致的，并非全部"应当"采用非格式条款。

《合同法》第 40 条规定的文义涵盖过宽，依据立法目的，此类免责条款若系企业的合理化经营所必需，或者免除的是一般过失责任，或者是轻微过失违约场合的责任等，并且提供者又履行了提请注意的义务，那么，此类免责条款应当有效。根据非为企业合理化经营所必需的免责条款应从严控制的解释原则，对合同中的免责条款从功能方面可分为两类：一是企业合理化经营所必需的免责条款，二是非为企业合理化经营所必需的免责条款。前者旨在使企业确定风险预估成本，一方面避免了企业遭受偶发或无法负担的损失，直接维护合理经营，间接

以保障社会经济安定；另一方面也兼为保障了相对人的利益使之能以合理负担获得对价的实益。法律承认此类条款有效。非为企业合理化经营所必需的免责条款旨在排除或限制企业依法应承担责任，谋取不平衡利益，应从严控制。据此分析《合同法》第40条："具有本法第五十二条和第五十三条规定情形的，或者提供格式条款一方免除其责任、加重对方责任、排除对方主要权利的，该条款无效。"中的后段，可知该规定应当区分两种情况而分别适用，一是提供格式条款一方免除其责任、加重对方责任、排除对方主要权利，属于供水企业合理化经营所必需的风险，则这种条款有效，反之，则此类条款无效。就是说《合同法》第40条后段的规定，不符合立法目的，应予进行目的限缩，在条文表述上应当增加但书，即"但属于提供格式条款一方合理化经营所必需的风险分配时除外"。

《合同法》第41条后段中，"格式条款和非格式款不一致的，应当采用非格式条款。"也需要进行目的性限缩，在条文表述上也应当增加但书，即"但非格式条款严重损害了消费者合法权益时无效或者可被撤销"。对合同格式条款进行法律解释，当合同中同时存在格式条款和个别商议条款时，格式条款一般是不可能优先于个别商议条款，即个别商议条款优先，采用此原则，充分尊重了合同双方的意思，保护广大消费者或用户利益，但如果条款利用人利用其优势地位强行与用户或消费者进行"个别商议"，在比较公平合理的格式合同中也可能形成不利于消费者或用户的所谓个别商议条款。同时，需要注意的是，作对条款提供者不利的解释，并不是对所有格式条款进行解释时所适用的。只有在格式条款的理解，双方当事人存在争议，并且按照通常理解仍然不能解释时，才能运用对提供者不利的原则进行解释。

值得注意的是，根据《合同法》第39条的规定，采用格式条款订立合同的，提供格式条款的一方应当遵循公平原则确定当事人之间的权利和义务，并采取合理方式提请对方注意免除或者限制其责任的条款，按照对方的要求，对该条款予以说明，供水企业对供用水合同中的格式条款负有提请对方注意的义务和负有说明义务。根据司法实践，提请注意的时间要在订立合同过程中，即在合同成立之前，提请注意的程度，以能够提醒该格式条款所准备适用的一般相对人的注意为标准，可将“免除或者限制其责任的条款”内容用较显眼的或大一点的字体印刷，或者单独印制，让用户书写“本人已阅读上述免责条款”并签名认可。说明的义务是对格式条款的有关内容介绍，并根据相对人的要求进行相应的解释。

供用水合同中许多条款都起着分配风险的作用，如果不承认这类条款有效，那么合同就会是另一种状况，这样的免责条款应该有效，除非违反法律的强行性规定。

（三）充分利用格式条款的意思表示，有利于明确供用水双方权利义务关系

基于《合同法》关于格式条款立法的不足，供水企业必须增强格式条款的意思表示作用，明确供用水双方的权利义务关系。

首先，明确供用水设施运行维护责任界限。参照《合同法》第178条，供用水合同的履行地点，按照当事人的约定；没有约定或者约定不明的确的，供水设施产权分界处为履行地点。除少数用户自行安装外，水表及附属设施是用户支付费用，委托供水企业安装、修建。在供用水合同中明确约定双方产权分界处为水表供水一侧闸阀处，并用图示方式标明。明确规定产权分界点供水一侧供水设施属供水企业所有，由供水企业负责

运行、维护和管理，产权分界点用水一侧的用水设施属用户所有，由用户负责运行、维护和管理。这样的约定，明确用户是用水设施的物权所有人，享有使用权、收益权和处分权，同时负有运行、维护和管理义务，否则，发生损坏或损害将承担相应的责任。

其次，明确合同履行的附随义务。水表尽管属于用户所有，定期抄验水表读数以及定期更换、维修水表工作必须由供水企业承担，是供水企业已应当履行的合同义务，这就涉及抄验水表读数以及定期更换、维修水表工作时，用户必须履行相应的协助义务，供水企业必须履行通知义务，以及供水人在抄验或更换水表时，发现读数值或显示值异常应履行的及时告知义务。双方必须履行各自的义务，才能保证供用水合同全面、实际履行，增强供用水双方的协作与信任。

第四节　供用水合同的履行

合同的履行，是指债务人全面地、适当地完成其合同义务，债权人的合同债权得到完全实现。合同的履行是合同目的的起码要求，没有债务人完成合同债务的行为，债权人成立合同的目的就不会实现。供用水合同的履行是指供用水合同依法生效后，双方当事人按照合同规定的内容，全面完成各自的合同义务，实现合同权利，从而达到订立合同的目的。

一、供用水合同履行的原则

供用水合同履行的原则，是当事人在履行合同债务时所应遵循的基本准则。在这些基本准则中，有的是基本原则，如诚实信用原则、公平原则、平等原则；有的是专属于合同履行的原则，如适当履行原则、协作履行原则、经济合理原则、情事变更原则等。关于供用水合同履行的原则，主要有以下几项：

（一）适当履行原则

适当履行原则，又称正确履行原则或全面履行原则，是指供用水合同当事人按照合同规定的标的及其质量、数量，由适当的主体在适当的履行期限、履行地点，以适当的履行方式，全面完成合同义务的履行原则。我国《合同法》第 60 条第 1 款规定："当事人应当按照约定全面履行自己的义务。"

需要注意的是，适当履行和实际履行不同。实际履行强调债务人按照合同约定交付标的物或提供服务，至于交付的标的物或提供的服务是否适当，则无力顾及。适当履行既要求债务人实际履行，交付标的物或提供服务，也要求交付标的物、提供服务符合法律的规定和合同的约定。只有适当履行才不会存在违约责任，实际履行若不适当仍然要承担违约责任。

（二）协作履行原则

协作履行原则，是指供用水合同当事人不仅应当适当履行自己的合同债务，而且应基于诚实信用原则的要求，在必要的限度内，协助相对人履行债务的履行原则。《合同法》第 60 条第 2 款规定："当事人应当遵循诚实信用原则，根据合同的性质、目的和交易习惯履行通知、协助、保密等义务。"正是体现了协作履行原则。合同的履行，只有债务人的给付行为，没有债权人的受领给付，合同的内容仍难以实现。不仅如此，在供用水合同中，债务人实施给付行为也需要债权人的积极配合，否则合同的内容难以实现。因此，合同的履行，不仅是债务人的事，也是债权人的事，协助履行往往就是债权人的义务。具体而言，协作履行原则在供用水合同的履行中，体现在以下几个方面：

1. 及时通知义务

债务人在履行合同义务时应当及时通知对方，使对方做好接受履行的准备。债权人在要求债务人履行合同时也应当及时通知对方，让对方做好履行合同的准备。在可能出现提前履行、迟延履行或其他违约行为时，债务人应当及时通知对方，以便减少不必要的费用和防止进一步的损失。《城市供水条例》第22条规定："城市自来水供水企业和自建设施对外供水的企业应当保持不间断供水。由于施工、设备维修等原因需要停止供水的，应当经城市供水行政主管部门批准并提前24小时通知用水单位和个人；因发生灾害或者紧急事故，不能提前通知的，应当在抢修的同时通知用水单位和个人，尽快恢复正常供水，并报告城市供水行政主管部门。"在发生可能影响合同履行的情况时，合同当事人应当按照诚实信用原则，尽到通知的义务。如果供水人未按照该规定通知用水人而停止供水，给用水人带来损失的，供水人应当承担损害赔偿责任。

2. 协助义务

当事人在履行合同的过程中要根据诚实信用原则，相互协作，共同完成约定的义务。如在供用水合同中，在供水人对设施进行维护检修的时候，用水人应当提供必要的条件，保证供水人的维护工作顺利进行。

3. 保密义务

供用水合同的履行需要双方当事人的协助配合，在合同履行过程中，有时一方当事人会了解到对方当事人的某些商业秘密或其他秘密。根据诚实信用原则，秘密知悉人应当严格保密，不得将所知悉的秘密泄露给第三人，也不得自行使用所知悉的秘密。这一义务不仅贯穿于合同履行的过程中，在合同终止后仍然具有约束力。

（三）经济合理原则

经济合理原则要求在履行合同时，讲求经济效益，付出最小的成本，取得最佳的合同效益。该原则要求在客户申请用水时就应该考虑到供水的安全性和经济性等；对于用水人而言安全经济地使用自来水，配合供水人的用水检查，选择便捷的缴费方法等都是合同履行中经济合理原则的表现。

（四）情事变更原则

情事变更原则，是指合同依法成立后，因不可归责于双方当事人的原因发生了不可预见的情事变更，致使合同基础丧失或动摇，若继续维护合同原有效力则显失公平，允许变更或解除合同的原则。变更合同包括变更标的、增减标的物数额、延期、分期履行等。变更仍不能消除显失公平的结果则解除合同。如遇到国家政策明令停止给不符合产业结构的高污染、高耗水企业供水，供水人则只能与用水人解除合同。

二、供用水合同履行的特殊规则

供用水合同的特殊性和重要性，决定了合同的履行存在一些特殊规则，主要表现在以下两个方面：

（1）供用水合同的履行必须是持续性的。自来水是一种特殊的商品，属于流动物，贮存起来也会造成水质的变化，只能边生产边使用，其价值也只能在不断的使用中才能体现出来。自来水的这种特性决定了供用水合同是继续性合同，供水人按照约定连续的向用水人供水，用水人按照约定的时间间隔连续的就每一次供水支付价款。一般情况下，供水过程是“先供水，后收费”，供水人不能以用水人尚未支付水费为由而主张拒绝供水，但供水人未按照约定履行前次付款义务时，供水方有权按照法定的程序拒绝履行下一期给付的义务。《城市供水条例》第

35条第2款规定："有前款第（一）项、第（二）项、第（四）项、第（五）项、第（六）项、第（七）项所列行为之一，情节严重的，经县级以上人民政府批准，还可以在一定时间内停止供水。"该条款规定中的第（一）项即为"未按规定缴纳水费"的行为。

（2）供用水合同的分类履行。我国城市供水分为生活用水和生产、商业用水等。对于不同使用目的的合同，有不同的履行顺序，城市供水的履行，优先照顾生活用水，其次才是生产和商业用水等。另外，在水价上，生活用水也比生产和商业用水要便宜。《城市供水条例》第26条规定："城市供水价格应当按照生活用水保本微利、生产和经营用水合理计价的原则制定。城市供水价格制定办法，由省、自治区、直辖市人民政府规定。"

三、特殊情形下供用水合同的履行

（一）自然灾害情形下供用水合同的履行

根据我国《国家自然灾害救助应急预案》，自然灾害主要包括干旱、洪涝灾害，台风、风雹、低温冷冻、雪、沙尘暴等气象灾害，火山、地震灾害，山体崩塌、滑坡、泥石流等地质灾害，风暴潮、海啸等海洋灾害，森林草原火灾等。自然灾害属于不可抗力，在这种情形下，供水人的供水能力会受到影响，不能正常向用水人供水，而越是在这种情形下，供水对人们的生活越发重要，因此应当重视此种情形下供用水合同的履行。《国家防汛抗旱应急预案》规定，当因供水水源短缺或被破坏、供水线路中断、供水水质被侵害等原因而出现供水危机，由当地防汛抗旱指挥机构向社会公布预警，居民、企事业单位做好储备应急用水的准备，有关部门做好应急供水的准备。在这种情形下，城市供水的履行不仅是供水人的职责，也是政府的职责，政府应给与供水企业人力和财力方面的支持。供水企业应当在政府的指导下合理的履行自己的义务。

发生自然灾害时，供水人应努力保护好供水设施，当因供水水源短缺或被破坏、供水线路中断、供水水质被侵害等原因而出现供水危机时，除了在能力范围之内及时抢修，努力做好水质检验检疫工作，积极寻找合适水源增加临时供水外，对于不在抢修范围之内的状况，供水人应当在政府部门的指导下，合理履行供水职能，按照政府的指令分主次履行合同。当自然灾害过后，供水人应立即组织人员抢修，以最快速度恢复供水。

（二）水环境污染情形下供用水合同的履行

近年来，随着社会经济的快速发展，水污染事件时有发生，且越来越频繁，给社会尤其是居民生活造成重大影响。如2013年，漳河山西境内水污染致邯郸市大面积停水；2014年4月，兰州自来水苯含量超标20倍，导致长时间停水；5月，长江水质异常，江苏靖江停水近7小时；2016年，广西藤县水污染停水12小时。这些水污染事件的发生，严重影响了当地人们的生活水平，因此有必要对水污染情形下供用水合同的履行进行探讨，以降低不良影响。

事实上，水污染事件的发生给供水企业提出了更高的要求，很多供水企业纷纷建立了自己的应急预案，以保证在水环境污染的情形下更好地履行合同。具体来说，此时供用水合同的履行主要有以下几个方面：

（1）自来水公司应建立良好的预警和报告制度，当发生水污染时，应当向上级主管部门及时汇报。

（2）做好水质检测，使水质符合国家饮用水标准。在水源受到污染时，应当关闭这些水源的阀门，并积极寻找没有被污染的水源或者向外地请求水源帮助；根据供应能力，在政府指导下进行有选择的供水，优先保证城市居民的生活用水。

（3）必要时由政府统一调配矿泉水和桶装水等的供应。

（4）污染过后及时检测水源的水质，加强水质监测，待水质合格后及时恢复正常供水。

（三）供水人破产情形下供用水合同的履行

供水人破产时，由破产清算小组全面接管供水企业。所谓破产清算小组，是指破产宣告后依法成立的，全面接管破产企业并负责破产财产的保管、清理、估计、处理和分配，总管破产清算事务的专门机构。城市供水属于公用事业，作为从事公用事业的主要组织，自来水公司既具有企业的一般特性，是从事某种生产经营的商品经济组织，又有其特殊性：营业目标的公益性、市场地位的垄断性、服务渠道的管网化、产品不可贮存性以及运行的规模化和国家补贴等。这些特征恰恰说明供水对人们的生产生活非常重要。因此，在供水人破产的情形下，不能停止向用户供应自来水，而应该由破产清算小组履行供水义务并收取水费，继续履行合同义务。

第五节　供用水合同的违约责任

违约责任，即违反合同的民事责任，是指合同当事人不履行或不适当履行合同义务，所应承担的继续履行、采取补救措施或者赔偿损失等民事法律后果。

一、供用水合同违约责任的归责原则

违约责任的归责原则，是指基于一定的归责事由确定违约责任承担的法律原则，一般包括严格责任原则和过错责任原则。

1. 严格责任原则

所谓严格责任原则，是指一方当事人不履行或者不适当履行合同义务，给另一方当事人造成损害，就应当承担违约责任。我国《合同法》第107条规定："当事人一方不履行合同义务或者履行合同义务不符合约定的，应当承担继续履行、采取补救措施或者赔偿损失等违约责任。"该条规定将违约责任的归责原则明确界定为严格责任原则。严格责任原则的特点在于：①它不同于过错责任原则，即违约行为发生后，违约方即承担违约责任，而不以违约方的主观过错作为其承担违约责任的条件，非违约方无须就违约方的过错承担举证责任；②它不同于过错推定责任原则，即只有法定的抗辩事由可以作为免责事由，违约方没有过错不能作为免责的依据。而过错推定责任原则承认"无过错即无责任"，一旦违约方能够证明自己没有过错就不承担违约责任。

2. 过错责任原则

所谓过错责任原则，是指一方当事人不履行或者不适当履行合同义务时，应以该当事人的主观过错作为确定违约责任构成的依据。我国《合同法》虽然就违约责任的归责原则实行严格责任原则，但过错责任原则亦散见于分则之中。需要注意的是，违约责任的过错通常采用推定的方法加以证明，非违约方并不承担举证责任。

我国相关法律规范并未对供用水合同违约责任的归责原则进行界定，参照供用电合同的有关规定可知，供用电合同违约责任的归责原则是严格责任原则。如《电力法》第59条规定："电力企业或者用户违反供用电合同，给对方造成损失的，应当依法承担赔偿责任。"因此，供用水合同违约责任的归责原则是严格责任原则。从另一个方面讲，适用这种原则可以免除原告对被告有无过错的举证责任，有利于诉讼的进行，同时将不履行与违约责任直接相连，有利于督促当事人严肃对待合同。

二、供用水合同违约责任的形态

（一）预期违约

预期违约是指合同有效成立后至合同履行期限届满前，一方当事人以言词或行为向另一方当事人表示其将不按约定履行合同义务。例如用水人在水费缴纳期限届满之日前明确表示不支付该期水费。

（二）实际违约

实际违约可以分为以下几种：

（1）不履行。不履行包括履行不能和拒绝履行。履行不能是指当事人在客观上已经没有履行能力。在供用水合同的履行过程中，若供水人的供水能力丧失或用水人支付水费的能力丧失，都属于履行不能。拒绝履行是指在履行期限届满后，一方当事人无正当理由拒绝履行合同义务。此种情况对供用水双方都有可能存在，如用水方有支付能力拒绝支付水费或供水方无正当理由拒绝供水，这就是现实中大量存在的拖欠水费和无故停水问题。

（2）迟延履行。迟延履行是指合同履行期限届满而当事人未履行合同义务，理论上包括债务人迟延履行和债权人迟延受领。在供用水合同中，主要表现为债务人迟延履行，即合同履行期限届满，或者合同未定履行期限，在债权人指定的合理期限届满时，债务人能履行债务而未履行。

（3）不适当履行。不适当履行又称不完全履行，是指债务人虽然履行了债务，但其履行不符合合同约定或法律规定。主要包括以下几种情形：①部分履行，即合同虽然履行，但履行不符合数量规定，或者说履行存在数量不足；②瑕疵履行，即交付的标的物不符合合同规定的质量要求，如供水水质不合格造成用水人无法饮用；③加害履行，是指债务人因交付的标的物缺陷而造成他人的人身、财产损害的行为，如供水水压骤然升高造成正在运转的机器设备或人身损害；④违反附随义务的行为，主要指违反法定的通知、协助、保密等义务的行为，如供水企业停水前的通知义务、供水企业铺设供水管线时用水人给予便利的义务等。

三、供用水合同违约责任的形式

违约责任的形式，即承担违约责任的具体方式。承担违约责任的方式包括继续履行、采取补救措施、赔偿损失、支付违约金等。

（一）继续履行

违约方违反合同约定，不履行合同时，如果违约方有履行能力，对方认为实现合同权利对自己是必要的，有权要求违约方继续履行合同。如用水人延迟缴费，供水人可以要求其继续履行合同约定的缴费义务。违约方支付了违约金或赔偿金并不当然免除其继续履行合同的义务。对于金钱债务应继续履行，非金钱债务除了不能强制履行的情况外也应继续履行。不能强制履行的情形是指：法律上或事实上不能履行；债务的标的不适于强制履行或履行费用过高；债权人在合理期限内未要求履行。总之，债权人请求继续履行应当具备可能性和必要性。

（二）采取补救措施

违约补救措施是指当事人因不履行合同或不完全履行合同给对方造成损失或即将造成损失时，所采取的积极挽救或减少对方损失的措施。包括停止违约行为、消除妨碍、恢复质量标准、减少价款或报酬等。

（三）赔偿损失

当事人一方违反合同的约定造成对方财产上的损失时，对方有权要求违约方承担损害赔偿责任。《城市供水水质管理规定》第32条规定："因城市供水单位原因导致供水水质不符合国家有关标准，给用户造成损失的，应当依法承担赔偿责任。"赔偿损失最鲜明的特点就是其补偿性，赔偿的范围相当于违约所造成的损失，包括合同履行后可以获得的利益，这就是完全赔偿的原则。但也有限制：合理预见规则和减轻损失规则。合理预见规则，即损害赔偿额不得超过违约一方订立合同时预见到或者应当预见到的因违约可能造成的损失；减轻损失规则，即当事人一方违约后另一方应当采取适当的措施防止损失扩大，没有采取措施防止损失扩大的，不得就扩大的损失要求赔偿。当事人一方因防止扩大损失而支出的合理费用，由违约方承担。

（四）支付违约金

违约金是由当事人约定的或法律直接规定的，一方当事人违约时向另一方当事人支付一定数额的金钱或其他给付。违约金是一种最常见的违反合同的责任形式。《合同法》第114条规定："当事人可以约定一方违约时应当根据违约情况向对方支付一定数额的违约金，也可以约定因违约产生的损失赔偿额的计算方法。约定的违约金低于造成的损失的，当事人可以请求人民法院或者仲裁机构予以增加；约定的违约金过分高于造成的损失的，当事人可以请求人民法院或者仲裁机构予以适当减少。当事人就迟延履行约定违约金的，违约方支付违约金后，还应当履行债务。"在供用水合同中，应当将双方约定的违约金条款明确写进合同中。

四、供用水合同违约责任的免责事由

供用水合同虽然采取了严格责任原则，但并不意味着违约方在任何情况下均须对其违约行为负责。在法律规定有免责条件的时候，当事人不承担违约责任；在当事人以免责条款排除或限制其未来责任的情况下，也可能不承担违约责任或只承担一部分违约责任。

（一）法定的免责事由——不可抗力

所谓不可抗力，是指不能预见、不能避免并不能克服的客观情况。其含义有三：①不可预见性。法律要求构成不可抗力的事件必须是有关当事人在订立合同时，对这个事件是否会发生是不可能预见到的。②不可避免性。合同生效后，当事人对可能出现的情况尽管采取了及时合理的措施，但客观上并不能阻止这一情况的发生，这就是不可避免性。如果一个事件的发生完全可以通过当事人及时合理的作为而避免，则该事件就不能认为是不可抗力。③不可克服性。不可克服性是指合同的当事人对于事件所造成的损失不能克服。如果某一事件造成的后果可以通过当事人的努力而得到克服，那么这个事件就不是不可抗力事件。

不可抗力的表现形式有两类：一是自然原因，如洪水、地震、干旱、暴风雪等人类无法控制的大自然力量所引起的灾害事故；二是社会原因，如战争、暴乱、政府禁令等引起的。根据《合同法》第117条的规定，“因不可抗力不能履行合同的，根据不可抗力的影响，部分或者全部免除责任，但法律另有规定的除外。当事人迟延履行后发生不可抗力的，不能免除责任。”供水企业因发生灾害等原因停止供水的，应当及时抢修，并在抢修的同时通知用水单位和个人，尽快恢复正常供水。未及时抢修造成用水人损失的，应当承担损害赔偿责任。

（二）法定的免责事由——受害人的过错

受害人过错，是指受害人对违约行为或违约损害后果的发生或扩大存在过错。将受害人的过错作为抗辩事由体现了法律对当事人过错的谴责。供用水合同违约责任虽然采取严格责任原则，但受害人的过错可以成为违约方全部或者部分免除责任的依据。

（三）约定的免责事由——免责条款

免责条款，是当事人以协议排除或限制其未来责任的合同条款。民法实行自愿原则，民事主体可以依照自己的意愿放弃民事权利，免除他人的民事义务、民事责任。因此，当事人在订立合同时，可以约定免责条款，并奉行合同自由原则。当免责条款约定的情形出现时，当事人不承担违约责任。但是，免责条款也不是万能的，它受到两个方面的限制：

（1）《合同法》第53条规定："合同中的下列免责条款无效：（一）造成对方人身伤害的；（二）因故意或者重大过失造成对方财产损失的。"供用水合同中，免除造成对方人身伤害、因故意或重大过失造成对方财产损失的违约责任的免责条款无效，当事人仍然承担损害赔偿责任。

（2）供用水合同通常为格式合同。《合同法》第40条规定："格式条款具有本法第五十二条和第五十三条规定情形的，或者提供格式条款一方免除其责任、加重对方责任、排除对方主要权利的，该条款无效。"若格式条款违反公平原则，免除自身责任、加重对方责任或排除对方主要权利的，该条款无效。

第六节　供用水合同纠纷处理

一、供用水合同责任主体纠纷——洛阳北控水务公司诉河南润升房地产公司供用水合同案[1]

【案情】

1997年6月至2000年5月，河南润升房地产开发有限公司（以下简称润升公司）先后向原告洛阳北控水务集团有限公司（以下简称北控公司）申请接水，用水地址分别为被告润升公司开发的七个小区。2003年3月，润升公司与腾祥公司分别签订《物业管理服务委托合同》，约定由腾祥公司对润升公司开发的七个小区实施物业管理，并约定由腾祥公司负责向业主收取水费、电费等。2007年3月，腾祥公司在结清所有水费的情况下终止了对上述小区的物业服务，撤出上述小区。同年4月，润升公司与置鑫公司签订《物业管理服务委托合同》，约定置鑫公司对前述七个小区实施物业服务。置鑫公司分别于2008年12月31日、2009年8月31日、2009年11月30日、2010年6月1日终止物业服务合同，退出润升花苑小区、向阳小区、天津路5号院及新唐村小区的物业管理。截至2011年5月，置鑫公司对上述小区实施物业服务期间，欠交水费共计322 773.8元；置鑫公司撤出润升花苑小区、向阳小区、天津路5号院及新唐村小区后，上述四小区欠交水费金额共计54 778.5元。北控公司向洛阳市涧西区人民法院起诉，要求被告润升公司偿还上述欠交水费及利息。

---

〔1〕 该案例来源于北大法宝，案号：［2011］涧民二初字第284号；［2012］洛民终字第1529号。

【审判】

涧西区人民法院认为：被告润升公司作为润升花苑、唐村小区、向阳小区等的开发单位，其开发房地产项目时在原告处申请自来水接水，双方事实上已形成了供用水合同关系，在润升公司完成开发项目并销售商品房后，与物业服务企业签订了《物业管理服务委托合同》，双方已形成了委托合同关系。目前，上述小区未进行水网改造、水表未出户，原告北控公司无法向终端用水人，即业主收取水费，置鑫公司作为物业服务企业，根据目前的交易习惯，有义务对其服务的小区业主代收水费，并及时交予供水人，置鑫公司未及时交纳水费，故被告润升公司作为委托人应对受托人拖欠水费的行为承担付款责任。

涧西区人民法院判决：被告润升公司对拖欠的水费37.75523万元承担付款责任。

一审宣判后，原告北控公司与被告润升公司均向洛阳市中级人民法院提起上诉。洛阳中院经审理后，终审判决：驳回上诉、维持原判。

【评析】

本案审理过程中，存在三种观点：第一种观点认为，小区业主作为终端用水人，应为与水务集团建立供用水合同关系的相对方，并应承担支付水费的义务。第二种观点认为，小区的物业服务企业应承担支付拖欠水费的责任。第三种观点认为，小区的开发商即被告润升公司应是支付拖欠水费的义务人。该案件的判决采纳了第三种观点，理由如下：

首先，本案中所涉小区均系20世纪90年代建设，由于特殊的历史背景，供水合同不规范，自来水公司事实上均是通过用水人填写用户申请书的形式开通供水；而且，润升公司至原告处申请自来水接水，安装总水表，故原告北控公司与被告润升公司已形成了事实上的供用水合同关系。根据合同的相对性，润升公司应承担支付拖欠水费的责任。上述小区在未进行水网改造的情况下，原告水务集团并未掌握小区业主分户水表的使用情况，因此向终端用水人直接收取水费不存在可行性。本案中，上述小区目前未成立业主委员会，根据《物业管理条例》中的规定，建设单位在小区未成立业主委员会之前有义务选聘物业服务企业对所建小区进行物业服务管理，而本案中的腾祥物业公司和置鑫物业公司均是被告润升公司选聘，并先后签订了《物业管理服务委托合同》，物业公司进驻上述小区进行物业服务，二者之间形成委托合同关系，委托人应对受托人的相关行为负责。

其次，小区物业服务企业并未与原告北控公司签订供用水合同，原告也并未委托物业服务企业对小区业主进行代收、代缴水费，故让物业服务企业支付拖欠水费无法律依据。物业服务企业系受小区建设单位的委托对小区进行物业服务，与原告建立供用水合同的相对人应是被告润升公司，被告润升公司与物业服务企业之间系委托合同关系，根据法律规定，受托人履行义务不符合约定的，委托人应承担违约责任。因此，被告润升公司应承担支付拖欠水费的责任。其承担责任后，可根据委托物业服务合同及具体情况向物业公司追偿。

二、停水通知纠纷——瑞金市天元食品公司诉瑞金闽兴水务公司供用水合同案〔1〕

【案情】

瑞金市天元食品有限公司（下称天元公司）是瑞金市政府

〔1〕 该案例来源于北大法宝，案号：［2011］瑞民二初字第795号；［2012］赣中民二终字第38号。

指定的生猪定点代宰企业，自2005年开始，该公司与瑞金市闽兴水务有限公司（水务公司）建立了供用水合同关系，生产经营中用水由后者供应，天元公司每月按时支付水费。2011年7月20日，水务公司在电视上发布临时停水消息：2011年7月21日晚10时至2011年7月22日晚10时将全城停水，要求用户做好停水准备。水务公司未在7月22日晚上10时恢复供水，导致天元公司7月23日凌晨因无水而未经营屠宰业务。

天元公司向瑞金市人民法院提起诉讼，请求判令被告赔偿原告损失共计4.0982万元，本案的诉讼费用由被告承担。

【审判】

瑞金法院经审查，天元公司7月份平均每天宰猪106头，而按照瑞金市物价局瑞价发［2009］73号文件《关于制定生猪代宰服务费的通知》，每头猪的代宰费为50元/头，过磅费2元/头，过磅自愿。另，水务公司停水系因施工单位承建的供水系统基坑壁坍塌造成。

瑞金法院认为，原告瑞金市天元食品有限公司与被告瑞金市闽兴水务有限公司建立了合法有效的供用水合同关系，被告应向原告提供不间断供水，原告应该按期向被告缴纳水费。被告未在公告公示的期间内向原告恢复供水，导致原告因为停水而不能在7月23日凌晨正常营业，故被告应对原告因停水造成的合理损失承担赔偿责任。根据原告提供的商品购销情况月报表统计，2011年7月份，原告屠宰生猪的平均数为106头，按照瑞金市物价局瑞价发［2009］73号文件规定每头猪代宰费50元计算，原告的损失为5300元。因过磅为自愿，过磅费不属于原告必然存在的损失，故原告主张的过磅费不予支持。根据法律规定：损失赔偿范围不得超过违反合同一方订立合同时预见到或者应当预见的因违反合同可能造成的损失，根据合同相对性的原理，被告在违反合同时不可能知道违约行为将会给代宰户造成的各种损失，故原告要求被告赔偿停水给代宰户造成的损失共计34 038万元不予支持。被告主张本案属于自然灾害导致无法恢复供水，本院认为，自然灾害是指台风、洪水、冰雹等，本案的基坑壁坍塌系施工单位所造成的，不属于自然灾害，也不属于不可抗力。

瑞金法院判决：一、被告瑞金市闽兴水务有限公司应在本判决生效后十日内赔偿原告瑞金市天元食品有限公司损失5300元；二、驳回原告的其他诉讼请求。

被告瑞金市闽兴水务有限公司不服，向江西省赣州市中级人民法院提起上诉。赣州市中级人民法院终审判决：驳回上诉，维持原判。

【评析】

本案的争议焦点有二：

（1）被告因第三人的原因导致违约，是否应承担赔偿原告损失的违约责任。针对此焦点，有两种意见。第一种意见认为被告不及时恢复供水系因第三人的原因造成的，被告没有过错，故不应承担原告的损失；第二种意见认为根据合同的相对性，被告应承担原告的损失。

根据《合同法》第107条的规定，我国合同法对违约责任采用的是无过错原则或严格责任原则，即无论违约方是否存在过错，均应对违约行为承担违约责任，除非存在法定的免责事由，本案中被告虽无过错，但也应对原告承担违约责任。另，《合同法》第121条规定：“当事人一方因第三人的原因造成违约的，应当向对方承担违约责任。当事人一方和第三人之间的纠纷，依照法律规定或者按照约定解决”。本案中被告因第三人的原因造成迟延供水导致违约，且第三人的原因并不属于不可抗力的事由，故被告仍应当赔偿原告的损失。

（2）原告的损失如何确定。原告主张以124头生猪来计算代宰费用的损失，而被告主张原告于2011年7月23日当日进行了正常的屠宰作业，没有损失，不应得到赔偿。笔者认为，原告是政府指定的屠宰生猪的企业，每天送来屠宰的生猪众多，而且数量不是固定的。根据原、被告双方提供的证据可以确定7月份原告日平均屠宰生猪的数量为106头，停水当天原告并未营业，根据公平原则，应以7月份日平均屠宰生猪的数量来确定原告因被告停水造成的损失，按照每头猪代宰费50元计算，原告损失共计5300元。

三、二次供水纠纷——江苏省南京市自来水总公司与鸿意地产发展有限公司供水合同纠纷[1]

【案情】

原告：江苏省南京市自来水总公司（以下简称自来水公司）。

被告：鸿意地产发展有限公司（以下简称鸿意公司）。

第三人：广东省深圳市鹏基物业管理服务有限公司南京分公司（以下简称深圳鹏基南京分公司）。

第三人：南京鹏基物业管理服务有限公司（以下简称南京鹏基公司）。

2001年6月，自来水公司与鸿意公司就秦淮区龙蟠中路459号枫丹白露小区签订供用水协议，双方约定：自来水公司接受

〔1〕 该案例来源于北大法宝，案号：［2010］秦商初字第329号；［2011］宁商终字第437号。

鸿意公司申请，向鸿意公司总表计量供水，鸿意公司在其经营区域内实行户表自抄，鸿意公司按总表计量值和物价部门核准水价，及时向自来水公司缴纳水费；鸿意公司所辖经营区域经营主体发生变更时，鸿意公司须在与业主终止合同或与新的经营主体订合同之前，与自来水公司办理合同变更（终止）手续，并积极协助自来水公司与新的经营主体订立供水合同。之后双方形成供水合同关系。2002 年 9 月 17 日，自来水公司与深圳鹏基南京分公司就该小区供水又签订合同，约定自来水公司向深圳鹏基南京分公司所辖区域供水，自来水公司委托深圳鹏基南京分公司向其所辖区域内住户抄收水费，并按住户户内分表计量收取水费，自来水公司按其所辖区域的注册登记水表作为与深圳鹏基南京分公司结算水费的依据，实收 90%，优惠 10%，其中 2% 为深圳鹏基南京分公司的劳务费；双方盖章后，鸿意公司在此协议书上盖章。此后，该小区的水费长期由深圳鹏基南京分公司代收代缴。

自 2008 年 7 月以后，该小区开始拖欠水费。为此，原告自来水公司诉至法院，称其与鸿意公司于 2001 年 6 月签订供用水协议后，双方即形成供水合同关系，但鸿意公司自 2008 年 7 月开始拖欠水费。截至 2010 年 6 月，鸿意公司已累计拖欠水费 558 628.3 元。请求法院判令：鸿意公司向其支付拖欠的水费 558 628.3 元及违约金 111 725.66 元。

被告鸿意公司答辩称，其与自来水公司于 2001 年 6 月签订的供水合同已经终止，现系物业公司接受自来水公司委托收取水费，自来水公司不应向鸿意公司主张水费。

第三人深圳鹏基南京分公司答辩称，其是受鸿意公司的委托向涉案小区内的住户收取水费，不应该承担支付水费的责任。

第三人南京鹏基公司答辩称，本案与其无关。

【审判】

江苏省南京市秦淮区人民法院经审理认为，自来水公司根据双方2001年6月签订的供用水合同，要求鸿意公司给付所欠的水费及违约金，但有证据证明2002年后自来水公司又与深圳鹏基南京分公司签订协议书，委托深圳鹏基南京分公司向涉案小区收取水费。自来水公司和深圳鹏基南京分公司对此认为是受鸿意公司委托，代鸿意公司向小区业主收水费，但未提供充分证据证明鸿意公司和深圳鹏基南京分公司委托收取水费关系存在，故自来水公司诉请鸿意公司给付2008年起拖欠水费和违约金，证据不足。法院判决驳回自来水公司的诉讼请求。

自来水公司不服一审判决，向南京市中级人民法院提起上诉。江苏省南京市中级人民法院经审理后判决：驳回上诉，维持原判。

【评析】

在房地产开发商出资建设中高层或高层住宅小区的过程中，由于其建筑高度超过城市供水服务水压的标准（通常为七层以上），市政供水系统的输送压力不能直接将水输送到七层以上的终端用户，因此需要在传输管道中采用泵压等技术手段将水源输送至终端用户，这种供水方式被称为二次供水。二次供水设施包括泵房、储水设施、加压和水处理设备、电气和自控系统、输水管线等。与二次供水相对应的概念是一次供水或直供水，即自来水公司将水通过规定的设计标准和管道自然压力送到终端用户的供水方式。

供水方式的不同带来收费模式的差异：直供水以户表计量，由住户直接向自来水公司缴纳；二次供水是以总表计量，由经营单位从住户收取水费后再向自来水公司缴纳。城市二次供水管理是当前国内许多大中城市供水管理中的一大难题，普遍存在产权不清、收费混乱、管理不善、水质污染等问题。随着国务院《物业管理条例》等法律法规的出台，城市中高层或高层住宅“总表制”供水问题日益显现，特别是当二次供水管线及相关设施、设备出现跑水、漏水时，不仅面临巨额水费如何承担问题，更牵涉二次供水管线及相关设施、设备的维修、养护及改造等深层次问题。2008年4月1日《南京市居民住宅二次加压供水管理办法》实施后，新建的中高层或高层住宅小区按规定统一要将二次供水设施委托给自来水公司管理，并由自来水公司抄表到户，以户表计量，基本上解决了二次供水管理不善的问题，但在此以前建设的住宅小区遗留下来的问题依然存在。本案就是多个中高层和高层住宅小区因二次供水区域内公共管道跑水、漏水造成巨额水费由谁承担引发的诉讼案件之一。

此类案件的共同特点是：开发商在完成居民小区的开发建设时，与自来水公司签订二次供水合同，水费以总表计量，由开发商按时向自来水公司缴纳；小区交付业主后，水费由物业公司从住户代收，再向自来水公司代缴。不同之处又分为三种：第一种情形是小区交付后，开发商与自来水公司之间的供水合同未作任何变动；第二种情形是小区交付后，开发商与自来水公司进行了供水合同过户变更；第三种情形是小区交付后，开发商与自来水公司虽未办理过户变更手续，但开发商、自来水公司、物业公司三方就水费抄收和水费结算方式达成新的协议，即趸售协议。对此类案件的处理，存在两种观点：第一种观点认为，开发商在交付小区后已不再是实际用水人，各方对此均是明知的，根据“谁用水、谁付费”的原则，水费应由全体业主承担；第二种观点认为，根据合同相对性原则，开发商作为供水合同相对方，在未变更供水合同主体的情况下仍应依约承担水费缴纳义务。南京市中级人民法院经审判委员会讨论决定，采纳了第二种观点，确立了处理此类案件的基本原则：以开发商与自来水公司是否签订书面变更或终止供水合同为标准，未变更的由开发商承担责任，已变更的由新的合同主体承担责任；自来水公司与物业公司、开发商三方签订趸售协议的，应视为已经变更了供水合同主体。

本案中需要注意的有以下几个方面：

第一，供水合同是确定供水法律关系的基础。开发商与自来水公司签订的供水合同是双方真实意思表示，不违反法律、行政法规的规定，应合法有效。根据供水合同约定，开发商按总表计量缴纳水费，因此，开发商在未变更供水合同主体前不能免除其缴纳水费的合同义务。

第二，物业公司在供水合同关系中处于委托代理地位。虽然物业公司与小区业主在人格上是各自独立的民事主体，但物业公司并不是单纯的终端用水大户，其与自来水公司签订的供水合同，实质上是当时代表小区业主同自来水公司签订供水合同，物业公司在当时是小区业主的代表，在法律上也符合隐名代理的构成要件。一方面，物业公司代表自来水公司向小区业主行使收取水费的权利，另一方面，物业公司又代表小区业主向自来水公司履行缴纳水费的义务。各方对物业公司代收代缴都是明知的。《物业管理条例》第45条规定："物业管理区域内，供水、供电、供气、供热、通信、有线电视等单位应当向最终用户收取有关费用。""物业服务企业接受委托代收前款费用的，不得向业主收取手续费等额外费用。"可见，具备向终端用户收取水费的仍然是自来水公司，物业公司只有委托代收的资格，而不具备经营的资格。

第三，小区业主是供水关系的最终用户。《物业管理条例》中规定供水单位应向最终用户收取有关费用，这里的最终用户应是指实际使用的、具有独立人格的终端用户——小区业主。二次供水设施是由开发商出资建设，自行委托设计、施工验收的，小区交付后，该水管网线及相关设施、设备的产权随着商品房销售而最终转移到小区全体业主。《物业管理条例》第27条规定："业主依法享有的物业共用部位、共用设施设备的所有权或使用权，建设单位不得擅自处分。"物权法规定："业主可以自行管理建筑物及其附属设施，也可以委托物业服务企业或者其他管理人管理。"根据民法原理及相关法律规定，财产所有权人在享有财产的占有、使用、收益、处分权的同时，也应履行维修养护的责任，因此，小区业主基于二次供水设施的物权，对公共水管跑水、漏水发生的水费应当承担相应的责任；自来水公司与开发商签订供水合同约定由开发商按总表计量缴纳水费的，在供水合同主体变更前，开发商缴纳水费的合同义务不能被免除；二次供水设施已委托给自来水公司管理的，公共水管跑水、漏水发生的水损应由自来水公司自行承担。

当然，本案的实质问题尚有待进一步解决。从表面上看，各方争议焦点是关于拖欠水费应由谁来负担的问题，但实质问题是二次供水设施的改造问题，因为水费的承担取决于供水方式，而供水方式又牵涉二次供水设施的改造。如果不改变供水方式，继续按总表计量收费，那么，二次供水设施的维修、养护问题就无法解决。为此，住房城乡建设部、国家发展改革委、公安部、国家卫生计生委于2015年联合下发《关于加强和改进城镇居民二次供水设施建设与管理确保水质安全的通知》，各地方政府也纷纷制定二次供水管理办法，以解决居民小区二次供水设施的建设、改造、运行、维护及监督管理等问题。

四、提前恢复供水损害赔偿纠纷[1]

【案情】

某市A区一自来水公司于2000年11月16日在一住宅小区内的每幢楼公共通道处张贴《停水通知》，告知“因安装改管所需，定于11月17日9时至11月18日9时停水，特此通知，并请各户注意贮水备用。”11月17日中午，租赁该小区内第9幢楼305室的承租户周某欲烧开水，打开水龙头放水未果，却未及时关上水龙头。17日晚18时自来水公司因安装改管工作提前完成即恢复供水，而此时，周某外出未归，家中无人。自来水外溢并渗流至楼下205室住户杨某家，致其室内装潢及家用电器等遭受损害，经评估共计价值人民币9890元。杨某遂向法院起诉要求305室房屋所有权人张某、承租人周某及自来水公司共同承担赔偿责任。

【审判】

就本案中自来水公司是否应承担违约责任，合议庭讨论中形成了两种意见。持肯定说者认为自来水公司发出的《停水通知》虽系履行特殊情况下的停水告知义务，但同时也是对供水合同的变更，即供水连续性中断24小时。自来水公司未能按《停水通知》确定的时间履行且没有再行通知，无论提前供水或延迟供水均应视为违约行为。同时自来水公司未能履行《合同法》第60条规定的其在合同履行过程中的附随义务，提前供水未能通知用户，存在过错并造成用户财产损失，自来水公司应承担全部责任。持否定说者认为自来水公司发出的《停水通知》

〔1〕该案例来源于 http://www.110.com/ziliao/article-233872.html.

并非合同，《停水通知》中确定的停水时间并非使自来水公司承担连续停水24小时的义务，故其提前恢复供水并非违约。自来水公司提前恢复供水是一种有利于公益的积极行为，其并无过错。且本案损害事实的发生直接的、根本的原因在于承租人周某的过错行为，自来水公司提前恢复供水仅是损害发生的条件。故自来水公司不应承担赔偿责任。

法院经审理认为，自来水公司提前恢复供水的行为与原告的财产受损之间不存在必然因果关系，且提前恢复供水是为了公益之目的，其主观上不存在过错，故不应承担责任。305室房屋所有权人张某对原告的财产损失不存在过错，也不应承担责任。被告周某未及时关闭水龙头有过错，且与原告财产损失有因果关系，故判决其承担损害赔偿责任。

【评析】

本案之焦点在于自来水公司发出《停水通知》后提前恢复供水行为的性质、自来水公司提前恢复供水是否有过错、过错行为与损害之间的因果关系如何认定。

1. 停水通知系民法上之单方法律行为，并非对原供水合同之变更。提前恢复供水系自来水公司依诚实信用原则履行其附随义务，并非违约

本案中自来水公司为安装施工之需要发出《停水通知》，固然是根据我国《合同法》及《城市供水条例》之规定履行法定通知义务，但以法律行为的标准来衡量，通知是一方当事人之意思表示，该意思表示无需相对人之意思表示回应即可发生法律效力。因此自来水公司为安装施工之需要发出《停水通知》的行为应为单独法律行为，并非双方当事人关于合同变更的约定，自来水公司当然也无需承担因合同变更产生的新的义务——即持肯定说一方所理解的连续性中断供水24小时。

自来水公司在供水合同中的主要义务即在于按照一定水质、水压连续供水，虽因法定事由得以暂停供水，但在作为法定事由的维修施工完成后，自当及时恢复供水，以尽合同义务，《合同法》及《城市供水条例》虽然就自来水公司停水后如何恢复供水未示明文，但结合《城市供水条例》第22条后半段关于发生灾害及紧急事故情况下，应在抢修后尽快恢复供水的条文精神及依体系解释的方法，作上述推论应属合理解释。此外以合同附随义务的履行观之，合同双方对合同的履行均应以诚信原则为之，双方均负有协助、照顾的义务。自来水公司的停水行为虽为合法，但其毕竟造成了广大用户的生活及生产之不便，为供水合同履行之特殊状态，应尽早结束，如此方合乎供水合同之目的，合乎诚信原则之精神。

2. 自来水公司提前恢复供水并无过错

本案中，用户家中的水龙头应当在不使用期间关闭，这是自来水用户所应具备的最基本的义务，亦为生活中常人共知的基本状态。如前所述，自来水公司提前恢复供水系依诚信原则履行义务的行为，其不应对个别用户可能存在的水龙头未关闭的状态负有注意义务。事实上，如果要求自来水公司负有此等注意义务，并要求其在提前恢复供水前通知，实践中必然导致其按照预定时间恢复供水。如此，因个别用户的过失可能产生的意外之损害仍不免发生，而自来水公司的经济利益及广大用户生活、生产之便利却已受损害。就个人利益与社会利益之衡量而论，自应两害相权取其轻。故自来水公司对杨某的财产损害并无过错，唯承租户周某因其基本义务之违反，而应承担过失之责。

3. 提前恢复供水与原告之财产损害不具有因果关系

依相当因果说，确定行为与结果之间有无因果关系，要依行为时的一般社会经验及知识水平作为判断标准，认为特定行为通常有引起某种损害结果的可能性，而在实际上该行为确实引起了该损害结果，则可认定因果关系。本案中，承租户周某的过失行为不仅现实的造成了原告的财产损失，而且以通常生活观念衡量，也存在发生损害的可能性，故其过失行为与原告的损害事实存在因果关系。而自来水公司的行为在通常情况下，并无造成他人财产损害的可能，故不存在必然的因果关系。

综上，自来水公司提前恢复供水系合法行为，并无过错，其行为与原告之损害也无因果关系，故不应承担损害赔偿责任。

五、共用供水管道维修责任纠纷——徐州市自来水总公司诉陈某健等供用水合同纠纷案〔1〕

【案情】

原告：徐州市自来水总公司。

被告：陈某健、杜某丽、张某华、满某胜、韩某营、满某南。

陈某健等六被告所居住的莲花井小区 7 号楼 1 单元是六被告通过购买公有住宅取得的，原告徐州市自来水总公司与六被告自 1995 年即建立了供用水关系。2004 年 2 月，原告的水表至六被告住房外墙之间水管破裂漏水，原告于 2004 年 2 月 16 日正常抄表时，发现被告所用单元水表指数为 4030 吨，减去 1 月用水指数 855 吨，实际用水为 3175 吨。随后在送达水费通知单时提醒被告注意，水费通知单同时注明交费日期、交费地点和单价每吨 1.90 元。被告以不承担漏水损失为由，没有在规定的 3 月 3 日之前交纳水费，后经原告多次催交，但一直未付。原告

〔1〕 该案例来源于 http：//www.66law.cn/domainblog/130370.aspx.

遂诉至法院，请求人民法院依法判令六被告连带偿还拖欠原告水费6032.50元，滞纳金7389.80元，合计13 422.30元，并负担诉讼费。

【审判】

徐州市云龙区人民法院经审理认为：根据《城市供水条例》第28条规定，用水单位自行建设的与城市公共供水管道连接的户外管道及其附属设施，必须经城市自来水供水企业验收合格并交其统一管理后，方可使用。建设部《公有住宅售后维修养护管理暂行办法》第6条规定："公有住宅出售后，住宅共用部位和共用设施设备的维修养护由售房单位承担维修养护责任，也可以由售房单位在售房时委托房地产经营管理单位承担维修养护责任。"本案争议涉及的漏水位置在原告的水表至被告住房外墙之间，该位置的水管属于住宅的共用设施设备。根据上述法规和部门规章的规定，本案漏水位置的水管的维修义务不应由六被告承担。因此，原告要求六被告承担漏水水费及滞纳金的诉讼请求不能成立，依法不予支持。关于漏水量与正常用水量的确定，六被告根据以往的正常用水量确定2004年2月份共同用水50吨无不妥，对原告要求六被告支付该部分水费的主张予以支持。发生漏水时，供用水关系的双方当事人一方是原告，另一方是六被告，是六被告共同与原告发生的供用水关系，不是六被告分别与原告发生的供用水关系。因此，对于应当支付的水费六被告应共同向原告承担连带责任。依照上述法规及规章的规定判决：被告陈某健、杜某丽、张某华、满某胜、韩某营、满某南于判决生效十日内共同连带付给原告徐州市自来水总公司水费95元；驳回原告对六被告的其他诉讼请求。

徐州市自来水总公司不服一审判决，向徐州市中级人民法院提起上诉。徐州市中级人民法院经审理后作出判决：驳回上诉，维持原判。

【评析】

近年来，随着我国住房制度改革的推进，逐步出售公有住房产权，提高居民住房的自有率成为推动城镇住房制度改革纵深化的重要举措。但是围绕公有住房买卖、售后共用设施的维修和养护管理等相关争议也随之出现。本案是一起涉及公有住宅售给私人后的供水合同纠纷案，具有一定的典型性。本案的争议焦点是：漏水所产生的费用应不应该由六被告承担以及共用供水管道的维修责任。

1. 共用供水管道的维修责任认定

本案出现争议的共用供水管道是指总水表至六被告住房外墙之间的供水管道。建设部《公有住宅售后维修养护管理暂行办法》对于自用、共用设施作了明确的界定，该办法第4条规定："本办法所称住宅的自用部位和自用设备，是指户门以内的部位和设施，包括水、电、气户表以内的管线和自用阳台。……住宅的共用设施设备，是指共用的上下水管道、落水管等。"本案中，六被告所居住的莲花井小区7号楼1单元是六被告通过购买公有住宅取得，符合规定的适用条件，因此，总水表至六被告住房外墙之间的供水管道是共用供水管道。根据上述办法第6条的规定，本案漏水位置的水管维修义务不应由六被告承担。

本案中，争议双方当事人于1995年已经建立了供水合同关系，自来水公司一直正常供水并收取水费，由此可以认定为早在1995年自来水公司对于与城市公共供水管道相连的莲花井小区7号楼1单元的户外管道已经进行了验收并合格，并交由自来水公司统一管理。自来水公司对供水管道的管理，理应包括定期检查、及时排除故障，使之能正常供水。因此，本案中的六被告无维修该部分水管的责任。六被告对于漏水部位的共用水管没有维修养护的责任，原告要求六被告承担漏水的损失自然是于法无据的。

2. 如何合理确定六被告应承担的水费

六被告对于漏水的损失不承担责任，但对3175吨水中的正常使用消耗的自来水仍应有交纳水费的义务。如何合理确定六被告应承担的水费数额成为本案一个难点。对此，庭审中，六被告陈述每月正常用水量40余吨，对于六被告的这一主张原告亦未提出异议。可以参照六被告发生争议前几个月的平均用水量来确定六被告水费承担数额。鉴于2月份不是用水高峰月份，六被告又自愿按照50吨支付水费，按此数额确定六被告承担水费费用并无不妥。

3. 六被告应否承担连带责任

对于六被告自愿按消费50吨自来水交纳的水费，六被告之间应如何承担，存在两种意见：一种意见是按份承担，如不能确定各户用水量，由各户均摊。理由是应认定六户与自来水公司分别订立了供水合同而不是一个总合同，六户应按合同分别按份承担水费。一种是六被告应向自来水公司承担连带责任。

本案判决采纳了第二种意见。本案六户被告虽然分别购买公有住宅，但是仍然共用一块总的水表，并没有分户，自来水公司与六被告之间的结算水费是以六户共用的一块总水表为依据的，在供水关系上，其实六户是作为一个集体用户与自来水公司发生供用水关系的。如果认定六户与自来水公司分别订立了供水合同关系显然与事实不符。因为如果认定每户单独与自来水公司形成供水合同，则本案中被诉的主体就应是每一个用户，而本案原告也是将六被告作为一个共同体诉至法院的。因此，应当认为六被告是一个共同体或集体用户，以莲花井小区7号楼1单元的名义与自来水公司签订了供水合同，合同关系的一方是自来水公司，另一方则是作为一个整体的该单元六户居民。自来水公司每月以总水表的读数为依据向六户收取水费，而不是按照六户室内的水表结算，同样，六被告也不是分别向自来水公司交纳水费，而是按照总水表的数额一次性集体交纳。因此，应认定六被告连带承担正常用水的费用。

Reference

参考文献

一、中文著作

[1] 蔡运龙:《自然资源学原理》，科学出版社 2005 年版。
[2] 谢剑主笔:《应对水资源危机：解决中国水资源稀缺问题》，中信出版社 2009 年版。
[3] 成红、陶蕾、顾向一:《中国节水立法研究》，中国方正出版社 2010 年版。
[4] 崔建远:《准物权研究》（第 2 版），法律出版社 2012 年版。
[5] 胡德胜:《生态环境用水法理创新和应用研究》，西安交通大学出版社 2010 年版。
[6] 吕忠梅等:《超越与保守——可持续发展视野下的环境法创新》，法律出版社 2003 年版。
[7] 黄锡生:《水权制度研究》，科学出版社 2005 年版。
[8] 李雪松:《中国水资源制度研究》，武汉大学出版社 2006 年版。
[9] 王新程:《水资源有计划市场配置理论》，中国环境科学出版社 2005 年版。
[10] 许有鹏等:《城市水资源与水环境》，贵州人民出版社 2003 年版。
[11] 沈大军、孙雪涛:《水量分配和调度》，中国水利水电出版社 2010 年版。
[12] 王文宇:《民商法理论与经济分析》，中国政法大学出版社 2002

年版。

[13] 常云昆：《黄河断流与黄河水权制度研究》，中国社会科学出版社2001年版。

[14] 冯尚友：《水资源持续利用与管理导论》，科学出版社2004年版。

[15] 王利明：《民法总则研究》（第2版），中国人民大学出版社2012年版。

[16] 谢在全：《民法物权论》（上册），中国政法大学出版社1999年版。

[17] 李小云：《参与式发展概论》，中国农业大学出版社2001年版。

[18] 黄建初：《中华人民共和国水法释义》，法律出版社2003年版。

[19] 李晶、宋守度：《水权与水价》，中国发展出版社2003年版。

[20] 崔建远：《合同法》，北京大学出版社2013年版。

[21] 崔建远：《自然资源物权法律制度研究》，法律出版社2012年版。

[22] 王利明：《物权法研究》，中国人民大学出版社2002年版。

[23] 单平基：《水资源危机的私法应对——以水权取得及转让制度研究为中心》，法律出版社2012年版。

[24] 中华人民共和国水利部编：《2016中国水利统计年鉴》，中国水利水电出版社2016年版。

[25] 张穹、周英主编：《取水许可和水资源费征收管理条例释义》，中国水利水电出版社2006年版。

[26] 王利民：《物权本论》，法律出版社2005年版。

[27] 吕忠梅：《长江流域水资源保护立法研究》，武汉大学出版社2006年版。

[28] 王利明：《合同法研究》（第二卷），中国人民大学出版社2003年版。

[29] 王利明：《合同法研究》（第一卷），中国人民大学出版社2002年版。

[30] 崔建远：《合同法总论》（上卷），中国人民大学出版社2008年版。

[31] 杨培岭：《水资源经济》，中国水利水电出版社2012年版。

[32] 李永中等：《黑河流域张掖市水资源合理配置及水权交易效应研究》，中国水利水电出版社2015年版。

[33] 汪恕诚：《资源水利——人与自然和谐相处》，中国水利水电出版社2003年版。

［34］才慧莲：《我国跨流域调水水权管理准市场模式研究》，中国地质大学出版社 2013 年版。
［35］傅静坤：《二十世纪契约法》，法律出版社 1997 年版。
［36］刘世庆等：《中国水权制度建设考察报告》，社会科学文献出版社 2015 年版。
［37］水利部黄河水利委员会：《黄河水权转换制度构建及实践》，黄河水利出版社 2008 年版。
［38］李锡鹤：《民法原理论稿（第二版）》，法律出版社 2012 年版。
［39］肖国兴、萧乾刚编：《自然资源法》，法律出版社 1999 年版。
［40］苏永钦：《走入新世纪的私法自治》，中国政法大学出版社 2002 年版。
［41］王树义：《俄罗斯生态法》，武汉大学出版社 2001 年版。
［42］吕忠梅：《沟通与协调之途——论公民环境权的民法保护》，中国人民大学出版社 2005 年版。
［43］裴丽萍：《可交易水权研究》，中国社会科学出版社 2008 年版。
［44］尹田：《法国物权法》，法律出版社 1997 年版。
［45］邓海峰：《排污权：一种基于私法语境下的解读》，北京大学出版社 2008 年版。
［46］张广兴：《债法总论》，法律出版社 1997 年版。
［47］朱庆育：《民法总论》，北京大学出版社 2013 年版。
［48］魏振瀛主编：《民法》（第 4 版），北京大学出版社 2010 年版。
［49］谢文轩：《水权使用者的社会责任论》，黄河水利出版社 2011 年版。
［50］王晓东：《中国水权制度研究》，黄河水利出版社 2007 年版。
［51］马国忠：《水权制度与水电资源开发利益共享机制研究》，西南财经大学出版社 2010 年版。
［52］姚傑宝等：《流域水权制度研究》，黄河水利出版社 2008 年版。
［53］朱珍华：《水权研究》，中国水利水电出版社 2013 年版。
［54］黄亚军：《微观经济学》，高等教育出版社 2000 年版。
［55］柳长顺等：《西北内陆河水权交易制度研究》，中国水利水电出版社 2016 年版。

[56] 王亚华:《水权解释》，上海人民出版社2005年版。

[57] 竺效:《生态损害的社会化填补法理研究》，中国政法大学出版社2007年版。

[58] 邱振华等:《供水服务的模式选择》，中国建筑工业出版社2012年版。

[59] 姚金海:《水权运营导论》，华中师范大学出版社2011年版。

[60] 王小军:《美国水权制度研究》，中国社会科学出版社2011年版。

[61] 汪劲:《环境法学》，北京大学出版社2006年版。

[62] 吕忠梅:《环境法原理》，法律出版社2007年版。

[63] 齐树洁、林建文:《环境纠纷解决机制研究》，厦门大学出版社2005年版。

[64] 苏永钦:《私法自治中的经济理性》，中国人民大学出版社2004年版。

[65] 崔建远:《土地上的权利群研究》，法律出版社2004年版。

[66] 黄建初:《中华人民共和国水法释义》，法律出版社2003年版。

[67] 李永中等:《黑河流域张掖市水资源合理配置及水权交易效应研究》，中国水利水电出版社2015年版。

[68] 杨培岭:《水资源经济》，中国水利水电出版社2012年版。

[69] 汪恕诚:《资源水利——人与自然和谐相处》，中国水利水电出版社2003年版。

[70] 才慧莲:《我国跨流域调水水权管理准市场模式研究》，中国地质大学出版社2013年版。

[71] 熊向阳:《水权的法律和经济内涵分析》，中国人民大学出版社2002年版。

二、外文译著

[1] [澳] 科林·查特斯、[印] 萨姆尤卡·瓦玛:《水危机：解读全球水资源、水博弈、水交易和水管理》，伊恩、章宏亮译，机械工业出版社2012年版。

［2］［英］朱迪·丽丝：《自然资源、分配、经济学与政策》，蔡运龙等译，商务印书馆 2005 年版。
［3］［美］阿兰·兰德尔：《资源经济学》，施以正译，商务印书馆 1989 年版。
［4］［英］艾琳·麦克哈格等：《能源与自然资源中的财产和法律》，胡德胜、魏铁军译，北京大出版社 2014 年版。
［5］［奥］弗·维赛尔：《自然价值》，陈国庆译，商务印书馆 1991 年版。
［6］［韩］金东熙：《行政法》（Ⅰ），赵峰译，中国人民大学出版社 2008 年版。
［7］［德］海因·克茨：《欧洲合同法》（上卷），周忠海等译，法律出版社 2001 年版。
［8］［日］我妻荣：《债权在近代法中的优越地位》，王书江译，中国大百科全书出版社 1999 年版。
［9］［德］迪特尔·梅迪库斯：《德国债法总论》，杜景林、卢谌译，法律出版社 2004 年版。
［10］［日］原田尚彦：《环境法》，于敏译，法律出版社 1999 年版。
［11］［美］理查德·T. 伊利、［美］爱德华·W. 莫尔豪斯：《土地经济学原理》，滕维藻译，商务印书馆 1982 年版。

三、中文论文

［1］黄锡生、王江："自然资源物权制度的理论基础研究"，载《河北法学》2008 年第 5 期。
［2］刘练军："自然资源国家所有的制度性保障功能"，载《中国法学》2016 年第 6 期。
［3］王涌："自然资源国家所有权三层结构说"，载《法学研究》2013 年第 4 期。
［4］税兵："自然资源国家所有权双阶构造说"，载《法学研究》2013 年第 4 期。
［5］魏鹏程、郭宗璐："论法学意境中的自然资源概念"，载《经济研究导

刊》2009 年第 27 期。

[6] 张璐:“自然资源作为物权客体面临的困境与出路”，载《河南师范大学学报（哲学社会科学版）》2012 年第 1 期。

[7] 陈甦:“体系前研究到体系后研究的范式转型”，载《法学研究》2011 年第 5 期。

[8] 张乾元、王修贵:“节约型社会建设的先导性探索——节水型社会建设的实践经验和政策取向”，载《科技进步与对策》2005 年第 11 期。

[9] 刘丹等:“‘节水型社会’建设模式选择研究”，载《中国农村水利水电》2004 年第 12 期。

[10] 代志刚:“浅析制度建设在节水型社会中的重要性”，载《科技信息（学术版）》2008 年第 7 期。

[11] 陈映霞:“一种新型的人类生态主义——从两点论和重点论的辩证观点看可持续发展”，载《怀化师专学报》2002 年第 3 期。

[12] 汪恕诚:“水权和水市场——谈实现水资源优化配置的经济手段”，载《水电能源科学》2001 年第 1 期。

[13] 关涛:“民法中的水权制度”，载《烟台大学学报（哲学社会科学版）》2002 年第 4 期。

[14] 姜文来:“水权及其作用探索”，载《中国水利》2001 年第 2 期。

[15] 蔡守秋:“论水权体系和水市场”，载《中国法学》2001 增刊。

[16] 刘立、罗文君:“水资源物权客体分析”，载《湖北教育学院学报》2007 年第 11 期。

[17] 陈琴:“构建我国水权法律制度体系的初步设想”，载《中国水利》2003 年第 7 期。

[18] 蔡守忠、郭欣红:“环境保护协定制度介评”，载《重庆大学学报（社会科学版）》2005 年第 1 期。

[19] 钱水苗、巩固:“论环境行政合同”，载《法学评论》2004 年第 5 期。

[20] 孙笑侠:“契约下的行政——从行政合同本质到现代行政法功能的再解释”，载《比较法研究》1997 年第 3 期。

[21] 江平:“民法典：建设社会主义法治国家的基础——关于制定民法典

的几点意见”，载《法律科学》1998年第3期
[22] 郭红欣：“环境保护协定制度的构建”，载《王曦：“环境法系列专题研究第一辑》，科学出版社2005年版。
[23] 崔建远：“自然资源物权之剖析”，载《法学经纬》（第1卷），法律出版社2010年版。
[24] 吴丹：“流域初始水权配置方法研究进展”，载《水利水电科技进展》2012年第2期。
[25] 王治：“制度创新是建设节水型社会的关键”，载《水利发展研究》2005年第7期。
[26] 王瑜：“功能分析视角下我国水权法律制度及其完善路径”，载《河北法学》2014年第3期。
[27] 曹可亮、金霞：“水资源所有权配置理论与立法比较法研究”，载《法学杂志》2013年第1期。
[28] 陈晓景：“生态环境用水法律政策与应用研究”，载《法学杂志》2011年第11期。
[29] 黄萍：“水资源利用市场化下的水权及其类型化探讨”，载《生态经济》2012年第9期。
[30] 张炳淳：“我国当代水法治的历史变迁和发展趋势”，载《法学评论》2011年第2期。
[31] 刘嘉：“水权概念和体系的探析——基于自愿水与产品水划分视角”，载《当代财经》2012年第6期。
[32] 王洪亮：“论水权许可的私法效力”，载《比较法研究》2011年第1期。
[33] 彭诚信、单平基：“水资源国家所有权理论之证成”，载《清华法学》2010年第6期。
[34] 余文华：“国外水权制度的立法启示”，载《法制与社会》2007年第11期。
[35] 宋志红：“国有土地使用权出让合同的法律性质与法律适用探讨”，载《法学杂志》2007年。
[36] 陈晨：“我国水资源管理市场化的法律制度研究”，载《哈尔滨学院

学报》2007 年第 1 期。

[37] 张亚男、王倩宜、欧玲："国外水权及水资源管理制度模式研究"，载《中国国土资源经济》2008 年第 1 期。

[38] 崔建远："水权与民法理论及物权法典的制定"，载《法学研究》2002 年第 3 期。

[39] 刘斌："我国未来水权制度理论浅析"，载《水利发展研究》2004 年第 1 期。

[41] 顾吉珉："出让合同性质辨析"，载《中国土地》2009 年第 5 期。

[42] 黄金平、邓禾："澳、美水权制度对构建我国水权制度的启示"，载《西南政法大学学报》2004 年第 6 期。

[43] 吕忠梅、刘长兴："试论环境合同"，载《现代法学》2003 年第 3 期。

[44] 汪恕诚："水权和水市场"，载《中国水利》2001 年第 11 期。

[46] 李焕雅、雷祖鸣："运用水权理论加强资源的权属管理"，载《中国水利》2001 年第 4 期。

[47] 于纪玉、刘方贵："水市场建立的支撑和保障体系"，载《水利经济》2003 年第 3 期。

[48] 赵时亮："代际外部性与不可持续发展的根"，载《中国人口、资源与环境》2003 年第 4 期。

[49] 金丹、龄嘉："我国国有土地使用权出让方式完善之我见"，载《湖北经济学院学报》2007 年第 4 期。

[50] 万马："巢湖流域取水权出让制度的应用研究"，载《水资源与水工程学报》2015 年第 2 期。

[51] 向朝晖："水权有偿出让的必要性及制度建设"，载《武汉大学学报（工学版）》2009 年第 4 期。

[52] 崔建远："关于水权争论问题的意见"，载《政治与法律》2002 年第 6 期。

[53] 裴丽萍："水权制度初论"，载《中国法学》2001 年第 2 期。

[54] 裴丽萍："可交易水权论"，载《法学评论》2007 年第 4 期。

[55] 曹明德："论我国水资源有偿使用制度"，载《中国法学》2004 年第

1 期。
[56] 崔建远："关于准物权转让的探讨"，载《河南省政法管理干部学院学报》2003 年第 6 期。
[57] 魏衍亮、周艳霞："美国水权理论基础、制度安排对中国水权制度建设的启示"，载《比较法研究》2002 年第 4 期。
[58] 刘倚源等："城市供水合同订立中使用强制缔约规则必要性"，载《北方经贸》2014 年第 10 期。
[59] 裴丽萍："水资源市场配置法律制度研究"，载《环境资源法论丛》（第一卷），法律出版社 2001 年版。
[60] 史际春、邓峰："合同的异化与异化的合同——关于经济合同的重新定位"，载漆多俊主编：《经济法论丛》（第一卷），中国方正出版社 1999 年版。
[61] 刘长兴："论环境资源的法律关系客体地位"，载《环境资源法论丛》（第 7 卷），法律出版社 2007 年版。
[62] 曹可亮："水权和水资源财产权概念比较法研究——兼论比较法研究中的概念移植问题"，载《环境资源法论丛》（第 8 卷），法律出版社 2010 年版。
[63] [澳] 阿勒克斯·加德纳："水资源法改革"，识摩竹译，载《环境资源法论丛》（第一卷），法律出版社 2001 年版。
[64] 蔡守秋："国外水资源保护立法研究"，载吕忠梅、徐祥民主编：《环境资源法论丛》（第 3 卷），法律出版社 2003 年版。
[65] 方芬："欧洲水政策历史研究"，载吕忠梅、徐祥民主编：《环境资源法论丛》（第 3 卷），法律出版社 2003 年版。
[66] 张炳淳："论环境民事合同制度"，2006 年全国环境资源法学研讨会（年会），2006. 8. 1012 · 北京。
[67] 梁剑琴："论环境行政合同的概念"，2006 年全国环境资源法学研讨会（年会），2006. 8. 1012 · 北京。
[68] 卫芷言："划拨土地使用权制度之归整"，华东政法大学 2013 博士论文。
[69] 陈娇："水的物权分析"，华东政法大学 2013 硕士论文。

[70] 吴薇:“论矿业权的民法规制”，南京师范大学 2011 硕士论文。
[71] 马东春:“水权管理制度中政府管理职能及模式研究”，清华大学 2008 硕士论文。
[72] 刘伟:“中国水制度的经济学分析”，复旦大学 2004 博士论文。
[73] 单平基:“水权取得及转让制度研究——以民法上水资源国家所有权之证成为基础”，吉林大学 2011 博士论文。
[74] 李沛霖:“我国环境行政合同制度研究”，南京林业大学 2008 年硕士论文。

Postscript
后　记

水资源的合理配置是通过政府的行政配置和市场配置有机结合实现的，其对应的法律制度分别是公法和私法。水资源市场配置对应的私法实现路径是水资源物权及其流转法律制度，涉及民法中的物权制度和合同制度。本书采用水合同概念涵摄水权出让合同、水权转让合同和供用水合同，并尝试探索其基本理论和具体制度。特别需要指出的是所谓“水合同”是一个总称谓、类概念，是一个开放性的主题，需要通过对实践中存在的其他“水合同”进行类型化研究而不断丰富和发展。囿于作者学识和能力所限，本书不足与错漏之处在所难免，期待学界同仁不吝赐教。

本书写作分工情况：第一章、第二章、第三章由马育红撰写；第四章、第五章、第六章由刘欢欢撰写。全书由马育红统稿并最后定稿。

作　者

2017 年 8 月 17 日